ZENBU E DE WAKARU 9 SUGOI HONE NO DOBUTSU ZUKAN
© MITSURU MORIGUCHI 2024

Originally published in Japan in 2024 by X-Knowledge Co., Ltd.
Korean translation rights arranged through BC Agency, SEOUL.

이 책의 한국어판 저작권은 BC에이전시를 통해 저작권자와 독점계약을 맺은 더숲에 있습니다.
저작권법에 의해 한국 내에서 보호를 받는 저작물이므로 무단전재와 복제를 금합니다.

일러두기

* 본문에 있는 용어는 《생물학 용어집》 3판(한국생물과학협회 엮음, 2015),
  《의학용어》 6판(Paula Bostwick, 2021), 《해부학용어》 6판(대한해부학회 엮음, 2014)을 참고해 정리했습니다.
* 각주는 옮긴이가 독자의 이해를 돕기 위해 덧붙인 것으로, 옮긴이가 작성하고 감수자의 확인을 거쳤습니다.

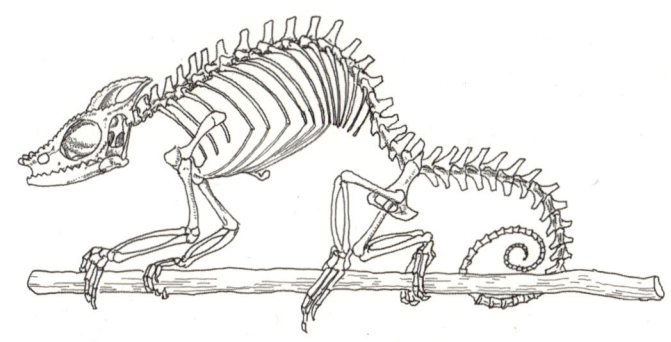

모리구치 미쓰루 지음
장하나 옮김
박경한 감수

더숲

저자의 말

한 번쯤 이런 책을 써보고 싶었다. 그리고 싶은 그림을 마음껏 그리고, 그 옆에 이런저런 설명을 덧붙인, 그림과 읽을거리가 모두 담긴 책 말이다.

이 책은 제목에서도 알 수 있듯이 '뼈'를 주제로 한다. 하지만 사람의 뼈에 대해서는 거의 다루지 않는다. 나는 대학을 졸업한 뒤 사립 중·고등학교에서 과학 교사로 근무했다. 학생들을 가르치면서 '조금 더 흥미를 끌 수 있는 수업 자료는 없을까?' 고민하던 중 우연히 마주친 주제가 바로 '뼈'였다. 별건 아니었지만 시청각 자료로 뼈를 보여주자 학생들은 흥미를 보이며, 자발적으로 수업을 도와주는 아이들까지 생기기 시작했다. 그렇게 하다 보니 어느새 나도 뼈에 빠져들었다. 나는 대학에서 식물생태학을 전공했다. 사람은 물론, 동물의 뼈에 대해서도 전문적으로 공부해 본 적은 없어서 뼈에 관한 전문서를 집필하기엔 역량이 부족하다고 느꼈다.

그럼에도 나는 오랫동안 뼈와 인연을 이어왔다. 지금은 대학에서 초등학교 교사를 지망하는 학생들에게 과학 수업 지도법을 가르치고 있다. 과학 실험실 한쪽에는 그동안 여기저기서 모은 뼈들과 내가 직접 만든 뼈 표본들이 교구로 정리되어 있다. 수업이 있을 때마다 선반 위에 놓인 그 뼈들을 꺼내 들고 교실로 향한다. 때때로 초등학교나 도서관 등에 초청받아 아이들에게 뼈에 관한 이야기를 들려주는 일도 있다. 나는 이런 활동을 '뼈 학교'라고 이름 붙였다.

그리고 그 뼈들을 지면으로도 소개해 보고 싶다는 생각에서 이 책을 쓰게 되었다. 이 책은 '뼈 교과서'라고 부를 수도 있을 것이다.

전문적으로 뼈를 공부해 온 것도 아니고, 뼈 연구자가 되는 것을 목표로 해 온 것도 아니기 때문에 처음에는 이 책 출간을 망설였다. 과학 실험실 안에는 사자나 코끼리의 뼈가 있을 리 없다. 그래서 아는 사람을 통해 동물원이나 박물관에 협조를 구해 소장된 표본을 보여줄 것과 스케치를 허용해 줄 것을 요청했다. 뼈에 관한 책들도 이것저것 찾아 읽으며 공부했다. 물론 그 모든 노력을 기울인다 해도 뼈의 모든 것을 담은 책을 쓰는 것은 불가능하다. 그만큼 뼈의 세계는 깊다. 그렇지만 그 깊이의 일단이나마 전할 수 있다면 이 책의 역할은 충분히 했다고 말할 수 있지 않을까 생각한다. 내가 가진 '전부'를 쏟아부은 이 책을 봐주는 것만으로도 더없이 기쁠 것이다.

모리구치 미쓰루

감수의 글

이 책은 다양한 동물의 뼈를 그림과 글로 풀어낸 특별한 탐구서이다. 과학자들만 접할 수 있는 뼈뿐 아니라 일상에서 만나는 동물의 뼈, 취미 활동 중 마주하는 뼈, 이웃사람들이 생계를 위해 잡은 동물의 뼈, 사고로 희생된 동물의 뼈까지 아우르며 설명하고 있다. 모두 나타나고 사라지며 순환하는 대자연의 일부이다. 이 책은 '뼈'라는 생명체들의 공통 주제를 통해 우리 인간이 만물의 영장이라 자부하지만, 엄연히 자연과 더불어 살아야 하는, 대자연의 또 하나의 일부분일 뿐이라는 사실을 알려준다.

저자는 일본 지방에서 자라며 생물학에 매료되었고, 중·고등학교 과학 교사로서 학생들과 함께 동물의 뼈를 연구했다. 현재는 오키나와 대학교에서 예비 과학 교사들을 지도하는 교수로 근무하며 동물 뼈를 주제로 여러 권의 과학서적과 교양서적을 출간한 재미있는 분이시다.

감수 과정에서 특히 놀라웠던 점은 저자의 모교인 시골 고등학교 과학실에 80~90년 전 제작된 오리너구리 박제 표본이 소장되어 있다는 사실이다. 현대 과학 발전에서 매우 중요한 희귀 동물이 시골 공립 고등학교에 있다는 점은 놀라운 일이다. 한국의 대학교나 연구소에서도 이런 사례를 본인은 들어본 적이 없다. 이런 투자와 혜안이 일본 청소년들이 과학의 꿈을 키우고, 오늘날 매년 노벨 과학상을 배출하는 밑거름이 되었을 것이다.

오늘날 한국 사회에는 자녀에게 의대 진학을 강요하는 부모도 적지 않다. 이들에게 동물 뼈에 관한 이 책은 시간 낭비처럼 여겨질 수 있으나, 진정한 의학 공부는 자연과 생명에 대한 이해와 애정, 끈기 있는 탐구심에서 시작된다는 점을 전하고 싶다. 그런 의미에서 이 책은 과학적 호기심과 생명 존중의 태도를 키우는 훌륭한 교본이 될 것이다. 사람은 동물에게서도 지혜를 얻는다.

이 책을 통해 저자가 뼈를 관찰하며 느꼈던 경이와 겸허함을 함께 경험하고, 우리 주변의 작은 생명들을 새로운 눈으로 바라보게 되기를 기대한다.

박경한(강원대학교 의과대학 교수)

차례

제1장 어류

척추동물의 기본 구조 22

연골어류

뼈의 시작 '연골과 경골'_귀상엇과 24
여러 번 자라나는 이빨_상어 26
심해를 갉아먹는 쿠키커터_검목상어 28
원시 형태의 심해 상어_주름상어 30
   Q. 이런 이빨을 가진 물고기, 뭔지 알겠어? 32

저자의 말 4
감수의 글 6

시작하며
뼈를 즐기기 위한 뼈의 기본

척추동물이 나타나기까지 14
척추가 있는 동물들 16
뼈는 살아 있다 18
기본 골격 20

경골어류

물고기 눈에는 뼈가 있다_황새치 34
'도미 속 도미'는 어깨뼈의 기원_빅아이엠퍼러 36
'이석'은 균형을 잡기 위한 기관_하스돔 38
   발견 노트 생선 즐겁게 먹는 방법 40
목 깊숙한 곳에 있는 이빨 '인두치'_잉어 42
날치목의 '인두치'_날치 44
갉아먹기의 비밀 '부리'_범프헤드비늘돔 46
텅텅 빈 심해어의 뼈_흰꼬리타락치 48
   Q. 자, 이 뼈는 어떤 물고기의 어느 부분일까? 49
최후의 방어법_은띠복 52
   Q. 가시복의 가시는 몇 개일까? 53
   발견 노트 집에서 패총 만들기 56

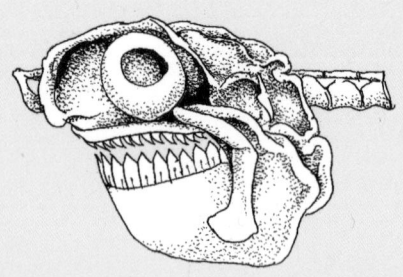

제2장 양서류와 파충류

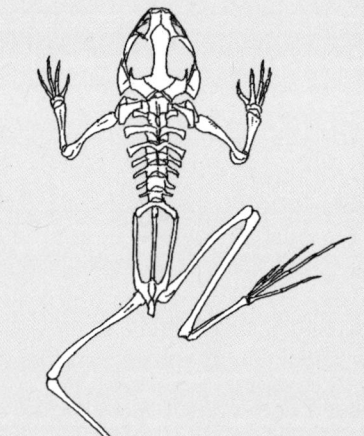

점프해서 이동하는 몸, 양서류 58
지상 생활에 더욱 적합한 몸, 파충류 59

도마뱀
나무 위 생활에 적응한 몸_카멜레온 60
　Q. 이런 뼈를 가진 동물은 뭘까? 61

뱀
　Q. 뱀의 몸, 어디부터 꼬리일까? 64
독 없는 뱀은 이빨이 많다_요나구니냄새뱀 66
지하 생활에 적응한 몸_장님뱀 67
　Q. 바다뱀의 몸, 육지에 사는 뱀과 무엇이 다를까? 68

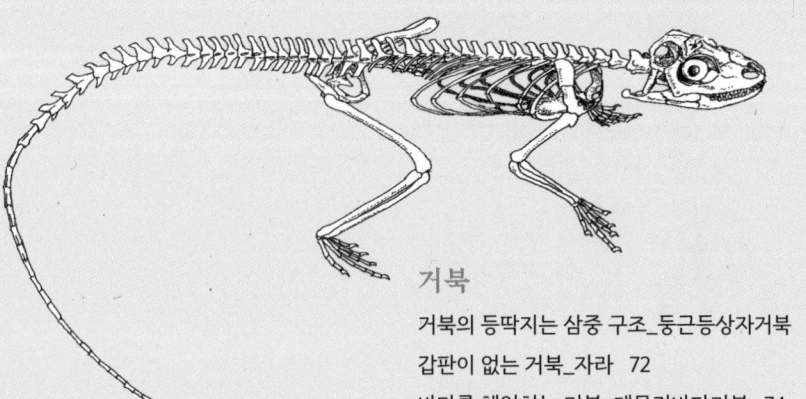

거북
거북의 등딱지는 삼중 구조_둥근등상자거북 70
갑판이 없는 거북_자라 72
바다를 헤엄치는 거북_메무리바다거북 74

악어
씹지 않고 통째로 삼킨다_악어 76
　발견 노트 뼈 채취의 실패와 고뇌 78
　　　　　쇠돌고래의 뼈 79

제3장 조류

우리 곁에 있는 하늘을 나는 공룡 80

몸을 구성하는 뼈
밤 사냥꾼의 뼈_올빼미 82
곤충 사냥꾼_솔부엉이 84
조류에만 있는 뼈, 차골_왕관앵무 86
소리를 듣는 뼈, 이소주_닭 88

식성의 다양성
'곧이곧대로 받아들이는' 뼈_민물가마우지 90
목숨을 건 다이빙으로 물고기를 잡다_갈색얼가니새 92
거꾸로 된 부리_플라밍고 94
  Q. 여러 가지 부리 모양, 무엇을 먹는 부리일까? 96
혀의 모양도 가지각색_멧도요 98

이동 방법의 다양성
활공 전문가의 에너지 절약 비행_레이산알바트로스 100
힘차게 잠수하는 골격_회색머리아비 102
바닷속을 '날아다니는' 새_임금펭귄 104
날지 않는 몸_타조 106

  발견 노트 뼈만 남은 새의 복원 108
  발견 노트 뼈 자료 수집과 실체 탐구 110
           바닷가에서 주운 뼈 111

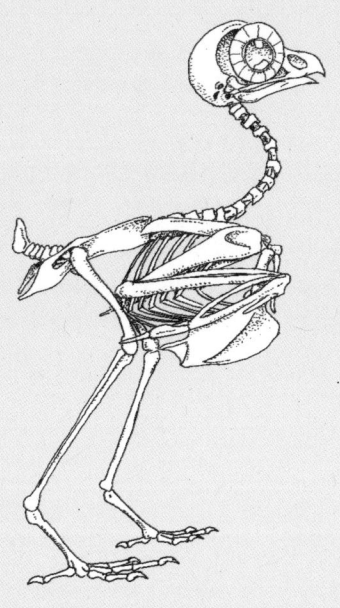

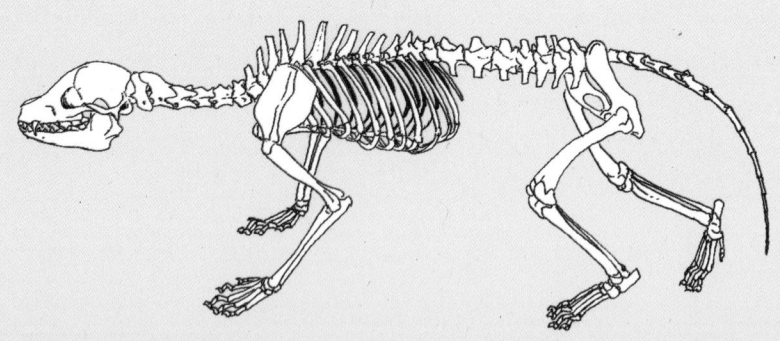

제4장 포유류

다른 모양의 이빨을 가진 동물 112

이빨
고양잇과의 사냥꾼_사자 114
갯과의 사냥꾼_늑대 115
잡식성 부류_이리오모테삵 116
거대한 산의 주인_불곰 118
  Q. 곰의 친척인 이 동물은 무엇일까? 119
사람과 가장 가까운 동물·유인원_고릴라 122
갑옷을 걸친 동물_아르마딜로 124
이빨이 필요 없다_큰개미핥기 126
앞니가 이중_집토끼 128
세상에서 가장 큰 설치류_카피바라 130
빨래판 같은 어금니가 생명_아시아코끼리 132
바다로 되돌아간 코끼리의 친척_듀공 134
  발견 노트 패총에서 출토된 듀공의 뼈 136
돌고래의 이빨은 동형치_돌고래 138
이빨이 자랑인 멧돼지_바비루사 140

뿔
코뿔소 뿔은 뼈가 아니다_흰코뿔소 142
  Q. 순록은 수컷과 암컷 중 어느 쪽에
    뿔이 있을까? 143
빠지지 않는 뿔_일본산양 146
피부와 털로 덮인 뿔_기린 148

네발·달리기
빠르게 달리기 위한 다리_말 150
손가락 수가 짝수_우제류 152
여러 가지 어깨뼈 154

네발·뛰어오르기
주머니를 지탱하는 뼈_캥거루 156

네발·굴파기
땅 파기의 달인_두더지 158

네발·매달리기
매달려 살아간다_나무늘보 160

네발·활공하기
활강하는 포유류_날다람쥐 162

네발·날기
새에 견줄 만한 비행 능력_박쥐 164

네발·헤엄치기
바다에 적응한 육식류_물범 166
육상 생활의 흔적을 가진 뼈_고래 168
  발견 노트 과학실의 표본 170
             변종된 뼈 171
  발견 노트 표본 작업의 동반자 172
             골격 표본 만들기 도구 173
나의 작업장_뼈 방 174

종 이름 찾아보기 176
참고 문헌 178

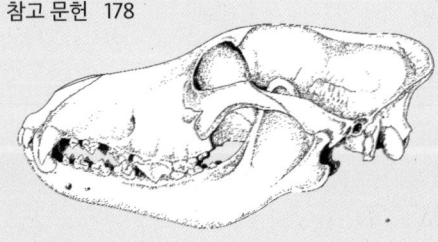

시작하며

뼈를 즐기기 위한 뼈의 기본

이 책에서는 척추를 가진 동물, 즉 척추동물의 골격 구조를 다양하게 소개한다. 본격적인 설명에 앞서 각 동물의 뼈를 이해하는 데 도움이 될 '척추동물 골격의 기본'을 정리했다.

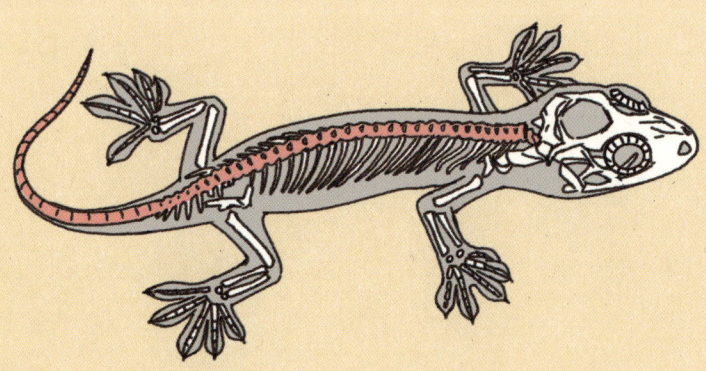

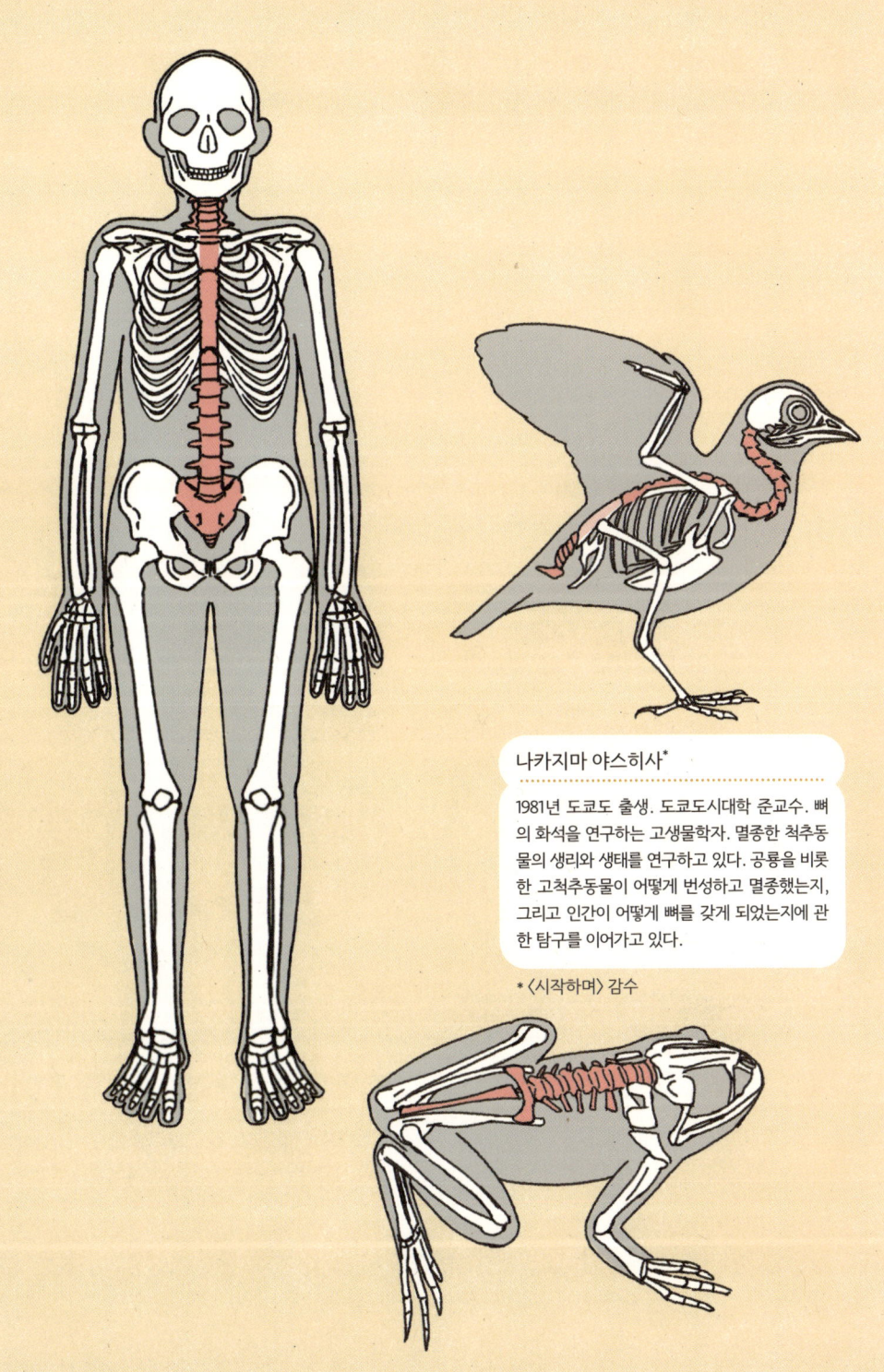

나카지마 야스히사*

1981년 도쿄도 출생. 도쿄도시대학 준교수. 뼈의 화석을 연구하는 고생물학자. 멸종한 척추동물의 생리와 생태를 연구하고 있다. 공룡을 비롯한 고척추동물이 어떻게 번성하고 멸종했는지, 그리고 인간이 어떻게 뼈를 갖게 되었는지에 관한 탐구를 이어가고 있다.

* 〈시작하며〉 감수

척추동물이 나타나기까지

지구는 지금으로부터 약 46억 년 전에 탄생했다. 갓 태어난 지구는 수많은 소행성의 충돌로 인해 마그마로 뒤덮였지만, 충돌이 잦아들고 점차 식어가면서 격렬한 비가 내리기 시작하더니 이윽고 바다가 생겨났다. 그 바다 어딘가에서 약 40억 년 전, 최초의 생명이 탄생했다는 것이 유력한 주장 가운데 하나다. 초기 생명체는 육안으로는 보이지 않을 정도로 작고, 단 하나의 세포로 이루어진 단세포 생물이었다. 그로부터 40억 년이 흐른 현재, 동물은 몸을 지탱하는 구조인 '골격'을 지니고 있다. 동물 중에는 골격으로 척추를 가진 종도 있고 그렇지 않은 종도 있는데, 사람처럼 척추를 가진 동물을 '척추동물'이라 부른다. 이제 척추동물이 등장하기까지의 변천 과정을 살펴보자.

선캄브리아 시대 (약 46억 년 전~5억 3,800만 년 전)

약 6억~5억 년 전

차르니아
몸이 부드럽다. 골격처럼 단단한 부분은 아직 없다.

약 5억 4,800만~ 5억 3,500만 년 전

클라우디나
석회질 껍데기를 가지고 있으며, 바위처럼 단단한 곳에 붙어 생활.

부드러운 몸을 지닌 원시 동물의 등장

선캄브리아 시대 말기에 접어들자, 처음에는 1mm도 되지 않는 미생물 수준이었던 생명체가 점차 육안으로 보일 정도로 커진 다세포 생물로 진화했다. 대부분은 얇은 시트 형태에 몸은 부드러웠다. 현재의 어떤 생물과 관계가 있는지조차 아직 밝혀지지 않은, 기묘한 생명체들이 선캄브리아 시대의 바다에 살고 있었다.

껍데기(외골격)를 지닌 동물의 등장

그때까지 부드러운 몸을 지닌 생물만 살던 평화로운 세계에 단단한 껍데기를 가진 생물이 모습을 드러냈다. 이 껍데기는 탄산칼슘·인산칼슘·규산칼슘 등 여러 무기질로 이루어진 광물질이었다. 처음에는 몸을 지탱하는 구조였을 가능성이 크지만, 동시에 몸을 보호하는 '갑옷'의 역할도 했을 것이다.

척추뼈를 가진 동물, 척추동물의 종 수

현재 지구에는 약 140만 종의 동물이 살고 있으며, 그 절반 이상을 차지하는 종이 척추뼈가 없는 절지동물이다. 그다음으로 많은 종은 척추뼈가 없는 연체동물로, 척추동물은 전체 동물 종의 약 4%에 해당하는 약 6만 2,000 종에 불과하다. 절지동물은 몸의 바깥에 단단한 껍데기 (외골격)를 지녀 몸을 지탱하는 반면, 척추동물은 몸 속의 뼈대(내골격)로 몸을 지탱한다. 우리 인간도 척추동물의 일원이다.

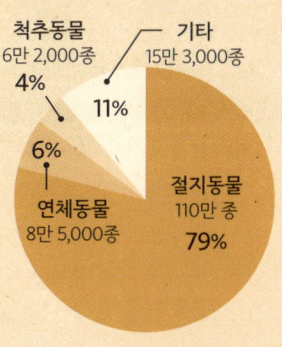

척추동물 6만 2,000종 4%
기타 15만 3,000종 11%
연체동물 8만 5,000종 6%
절지동물 110만 종 79%

캄브리아기 (약 5억 3,800만~약 4억 8,500만 년 전)

캄브리아기 전기
에오레드리키아
광물화된 단단한 외골격을 가진 절지동물로, 가장 오래된 삼엽충으로 알려져 있다.

단단한 껍데기와 눈을 지닌 동물의 다양화
몸의 바깥쪽이 단단한 껍데기로 보호되고, 안쪽에 근육이 붙으면서 더 크고 복잡한 형태로 진화되었다. 빠르게 헤엄치거나 먹이를 사냥하는 등 다양한 움직임이 가능해졌고, 눈의 탄생으로 다른 생물을 인식할 수 있게 되면서 먹고 먹히는 포식과 피식의 관계가 형성되었다. 이 과정에서 껍데기는 몸을 보호하는 중요한 구조로 자리 잡았다.

캄브리아기 중기
피카이아
몸을 지탱하는 원시 지지 기관을 몸 안에 가진, 초기의 척삭동물.

척삭동물의 등장
외골격은 없지만 척삭이라는 막대 모양의 지지 기관이 축이 되어 몸을 지탱하고, 그 주위로 근육이 발달하였다. 지금의 창고기류나 멍게의 유생과 같은 형태.

캄브리아기 중기
하이코우이크티스
가장 오래된 척추동물로 알려진 원시 어류.

척추동물의 등장
척삭 주위에 단단한 조직인 척추뼈가 마디 형태로 형성되면서 원시적인 척추동물인 어류가 탄생하였다. 어류에서 시작해 양서류·파충류·포유류·조류로 진화하며 점차 다양한 형태로 분화되어 갔다. 초기 척추동물은 턱이 없었고, 지금의 칠성장어와 비슷한 모습이었다.

척추가 있는 동물들

척추동물은 현재 약 6만 2,000종이 알려져 있으며, 어류·양서류·파충류·조류·포유류 다섯 그룹으로 분류된다. 가장 먼저 척추가 생긴 종은 어류이며, 양서류·파충류·조류·포유류가 진화했다. 몸속 뼈는 신체의 형태를 유지하고 움직임을 지탱한다. 현재 척추동물의 약 절반은 수중에 서식하는 어류이고, 어류에서 진화한 양서류가 약 3억 8,000만 년 전에 최초로 육지에 올라온 척추동물이다. 이 책에서는 이러한 척추동물의 골격에 대해 설명한다.

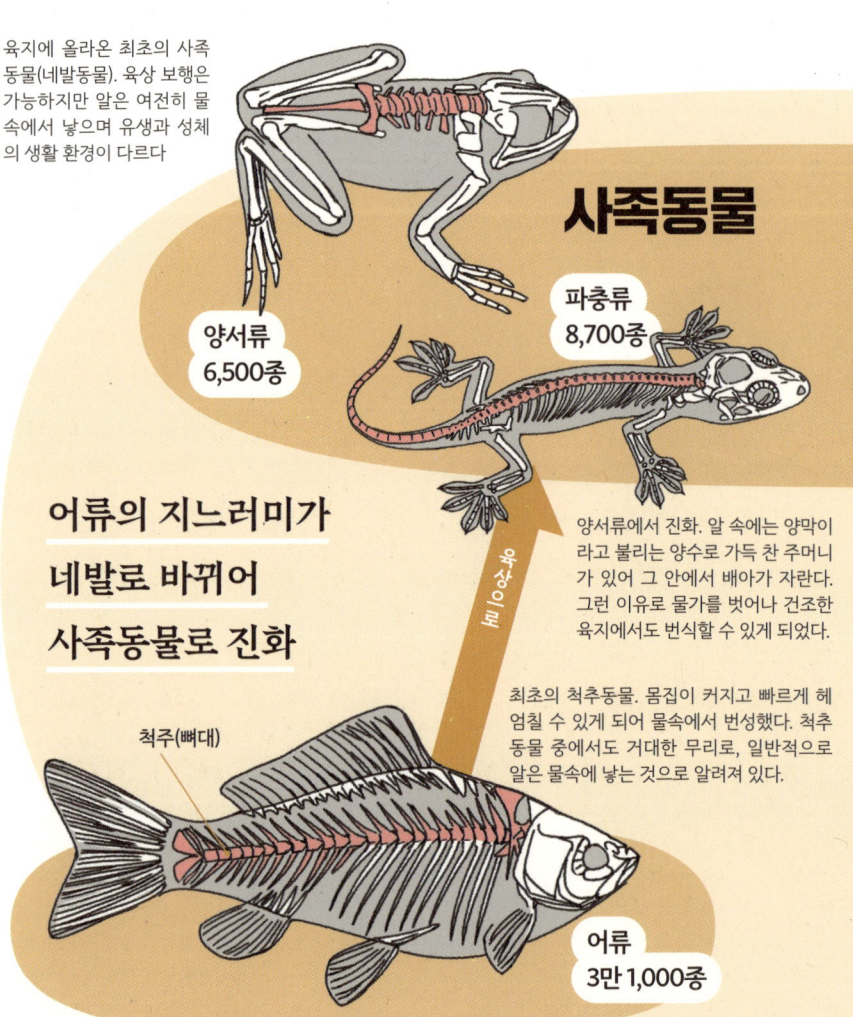

육지에 올라온 최초의 사족동물(네발동물). 육상 보행은 가능하지만 알은 여전히 물속에서 낳으며 유생과 성체의 생활 환경이 다르다

사족동물

양서류 6,500종

파충류 8,700종

어류의 지느러미가 네발로 바뀌어 사족동물로 진화

육상으로

양서류에서 진화. 알 속에는 양막이라고 불리는 양수로 가득 찬 주머니가 있어 그 안에서 배아가 자란다. 그런 이유로 물가를 벗어나 건조한 육지에서도 번식할 수 있게 되었다.

최초의 척추동물. 몸집이 커지고 빠르게 헤엄칠 수 있게 되어 물속에서 번성했다. 척추동물 중에서도 거대한 무리로, 일반적으로 알은 물속에 낳는 것으로 알려져 있다.

척주(뼈대)

어류 3만 1,000종

척추동물의 공통점

모든 척추동물의 공통점은 척추를 가지고 있다는 점이지만, 그룹마다 몸 구조나 생활방식에 차이가 있다. △는 해당 항목에서 소수파를 의미한다.

특징	어류	양서류	파충류	조류	포유류
척추가 있다	○	○	○	○	○
아가미로 호흡	○	○			
폐로 호흡	△	○	○	○	○
물속에 알을 낳는다	○	○			
육지에 알을 낳는다			○	○	△
태생	△	△	△		○
깃털이나 털이 있다				○	○

폐어(肺魚)* 등 원시 어류의 대부분은 폐를 가지고 있다(폐의 기원은 오래됨). 그리고 상어 같은 어류와 양서류·파충류의 일부도 태생인 경우가 있다. 또한 오리너구리 같은 단공류는 포유류지만 육지에서 반막란(半膜卵)**을 낳는다.

* 아가미뿐 아니라 폐로도 숨을 쉴 수 있는 물고기.
** 딱딱한 껍질이 아니라 가죽처럼 질긴 막으로 싸인 알.

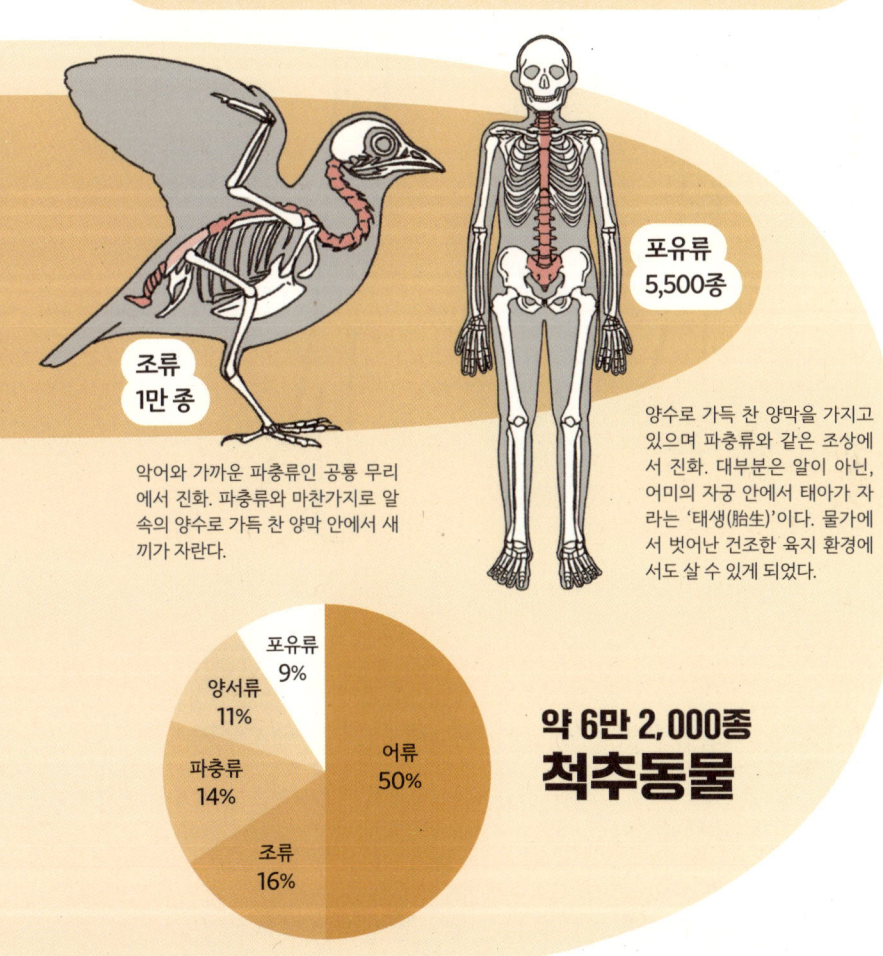

조류 1만 종
악어와 가까운 파충류인 공룡 무리에서 진화. 파충류와 마찬가지로 알 속의 양수로 가득 찬 양막 안에서 새끼가 자란다.

포유류 5,500종
양수로 가득 찬 양막을 가지고 있으며 파충류와 같은 조상에서 진화. 대부분은 알이 아닌, 어미의 자궁 안에서 태아가 자라는 '태생(胎生)'이다. 물가에서 벗어난 건조한 육지 환경에서도 살 수 있게 되었다.

- 포유류 9%
- 양서류 11%
- 파충류 14%
- 조류 16%
- 어류 50%

약 6만 2,000종 척추동물

뼈는 살아 있다

뼈 전체의 약 3분의 2는 잘 부러지지 않도록 해주는 콜라겐과 견고한 구조를 형성하는 인산칼슘으로 이루어진 매우 단단한 조직이다. 나머지 약 3분의 1은 수분으로 구성되어 있으며, 뼈모세포(조골세포)*와 혈구계 세포를 비롯한 혈액과 골수 속 수분은 뼈 내부에서 중요한 역할을 한다. 이러한 세포들의 작용 덕분에 뼈는 끊임없이 재생되고 변화한다.

* 새로운 뼈를 만드는 세포.

뼈끝
연골
뼈몸통

뼈끝선
뼈몸통과 뼈끝이 융합된 자국(성장판인 뼈끝판이 닫힌 흔적)

어린이의 팔다리뼈 → **성인의 팔다리뼈**

뼈는 성장한다

뼈는 유아기에서 성인으로 성장하는 과정에서 연골이 단단한 뼈조직으로 바뀌는 골화 과정을 거친다. 신생아의 팔다리는 대부분 연골로 이루어져 있으며, 유아기에 미네랄이 침착되어(광물화) 점차 단단한 뼈로 변한다. 노년기에는 다시 미네랄이 줄어들어 뼈가 약해진다. 성인의 뼈 개수는 보통 약 206개로 알려져 있으나, 개인에 따라 차이가 있다.

뼈는 재생된다

낡은 뼈조직이 파괴되고 흡수되는 동시에 새로운 뼈가 생성되는 과정을 통해 뼈조직이 끊임없이 재생된다. 뼈막 안에 있는 조골세포가 증식하면서 새로운 뼈조직이 형성된다. 성인의 경우 약 5년이면 뼈가 새로운 조직으로 교체된다. 금이 가거나 부러진 뼈가 회복되는 것도 바로 이러한 작용 덕분이다.

칼슘을 저장한다

생명 유지에 꼭 필요한 칼슘은 뼈에 저장되어 체내에 비축된다. 혈중 칼슘 농도가 높아지면, 남은 칼슘은 조골세포의 작용으로 뼈에 저장된다. 반대로 칼슘이 부족할 경우, 파골세포의 작용으로 뼈에 있던 칼슘이 빠져나와 온몸의 조직으로 운반된다.

혈액을 만든다

뼈의 표면은 단단한 막 형태의 조직인 '뼈막'으로 덮여 있고, 그 아래에는 뼈의 겉을 단단하게 감싸고 있는 '치밀뼈'가 위치한다. 그 안쪽에는 스펀지처럼 구멍이 숭숭 뚫린 '해면뼈'가 차 있다. 뼈 내부 공간에는 젤리 같은 형태의 골수가 들어 있으며, 이곳에서 적혈구, 백혈구, 혈소판 등 혈액 세포가 만들어진다.

뼈의 단면

- 뼈막(골막)
- 치밀뼈
- 해면뼈
- 골수가 차 있는 골수 공간

적혈구
산소와 이산화탄소를 운반한다.

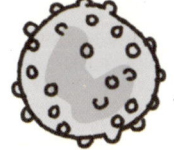

백혈구
세균이나 바이러스와 싸운다.

혈소판
출혈을 멈추게 한다.

성인의 경우, 조혈(피를 만드는 작용)은 주로 그림에 색이 칠해진 부분인 복장뼈(흉골)·갈비뼈·척추·골반 등 몸통의 중심에 있는 뼈에서 이루어진다.

태어난 직후에는 팔이나 다리의 긴뼈에서도 조혈이 이루어지지만, 성장함에 따라 조혈 기능을 잃게 된다.

기본 골격

척추동물의 겉모습은 매우 다양하지만, 공통 조상에서 비롯되었기 때문에 골격 구조의 기본 원칙에는 공통점이 있다. 여기에서는 '사람'의 골격을 예로 들고 있지만, 척추동물의 골격 구조는 몸의 중심을 따라 척추가 이어져 몸을 지탱하고, 그 끝에는 머리뼈가 있으며, 척추 주변에서는 다리(또는 지느러미나 날개)가 뻗어 있다는 점에서 같다. 이러한 기본 구조를 바탕으로 각 생물은 자신이 살아가는 환경에 맞게 다양한 변화를 겪는다. 무엇을 먹고 어떻게 움직이느냐에 따라 뼈의 형태와 구조도 달라진다. 이 책에서는 바로 그 뼈의 형태를 통해 생물의 삶과 특징을 읽어 내는 내용을 다룬다.

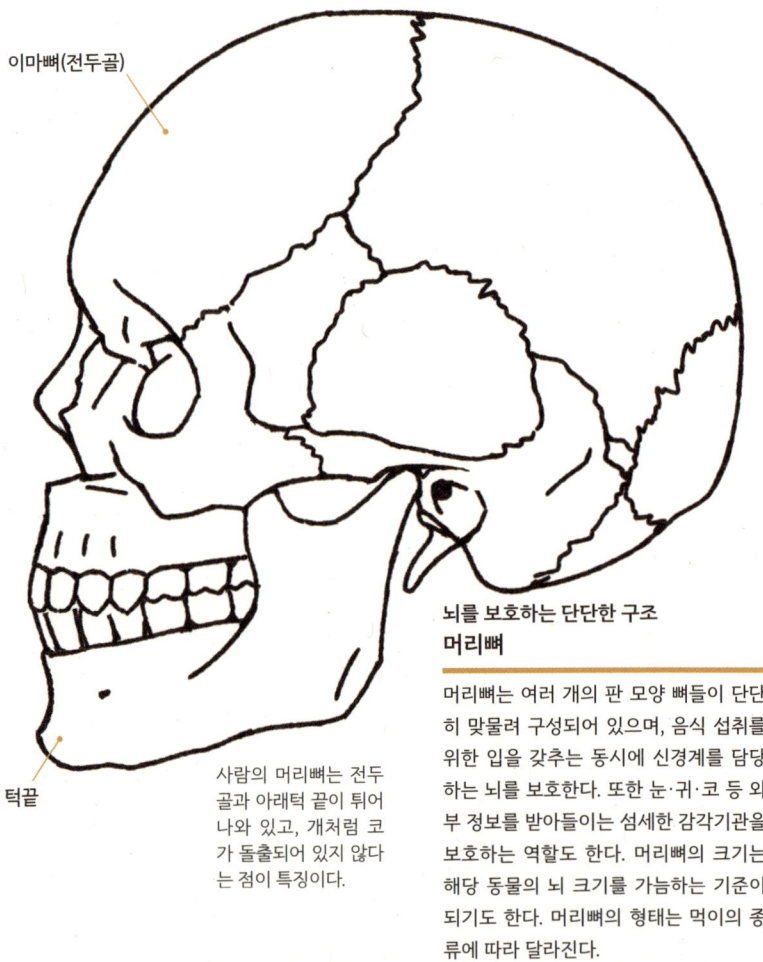

이마뼈(전두골)

턱끝

사람의 머리뼈는 전두골과 아래턱 끝이 튀어나와 있고, 개처럼 코가 돌출되어 있지 않다는 점이 특징이다.

뇌를 보호하는 단단한 구조
머리뼈

머리뼈는 여러 개의 판 모양 뼈들이 단단히 맞물려 구성되어 있으며, 음식 섭취를 위한 입을 갖추는 동시에 신경계를 담당하는 뇌를 보호한다. 또한 눈·귀·코 등 외부 정보를 받아들이는 섬세한 감각기관을 보호하는 역할도 한다. 머리뼈의 크기는 해당 동물의 뇌 크기를 가늠하는 기준이 되기도 한다. 머리뼈의 형태는 먹이의 종류에 따라 달라진다.

폐(허파)의 수축과 이완을 담당하는
갈비뼈

흉곽*은 움직임을 통해 폐의 수축과 이완, 즉 호흡을 돕는 중요한 역할을 한다. 또한 곡선을 이루는 여러 뼈들이 모여 바구니처럼 생긴 구조를 형성하며, 심장과 폐 등 생명 유지에 꼭 필요한 장기들을 갑옷처럼 감싸 보호한다.

* 가슴 속 중요한 장기를 보호하는 뼈 우리.

사람의 갈비뼈는 좌우 12쌍, 총 24개. 11번째와 12번째 쌍은 복장뼈와 연결되어 있지 않다.

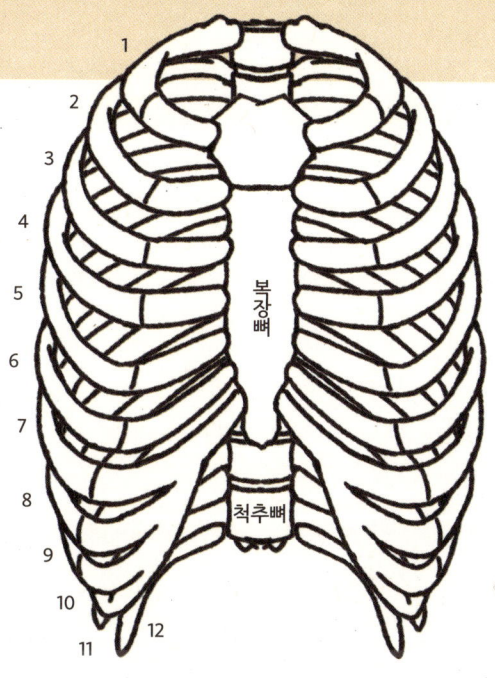

복장뼈

척추뼈

몸을 지탱하는 기둥
척추(척주)

머리 뒤쪽에서 꼬리 끝까지 이어진 척추는 몸의 중심축이 되어 몸통과 머리를 연결한다. 척추가 없으면 서거나 앉는 것도 불가능하다. 또한 척추는 뇌에서 이어지는 중추신경계인 척수를 보호하는 역할도 한다.

옆에서 본 사람의 척추는 무거운 머리를 지탱하기 위해 S자 모양으로 굽어 있으며 체중을 배와 등에 분산시킨다.

척추뼈
척추는 짧은 뼈들이 여러 개 이어져 있는 구조로, 이러한 구조 덕분에 몸을 유연하게 구부리거나 펼 수 있다.

움직이는
팔다리뼈

팔다리뼈는 어깨뼈와 엉치뼈에 연결되어 근육과 함께 걷거나 달리거나 헤엄치거나 물건을 잡거나 날갯짓을 하는 등 움직임을 만들어 낸다. 넓적다리뼈의 길이나 관절의 강도는 그 동물이 얼마나 크고, 어떤 방식으로 움직이는지를 알려주는 단서가 된다.

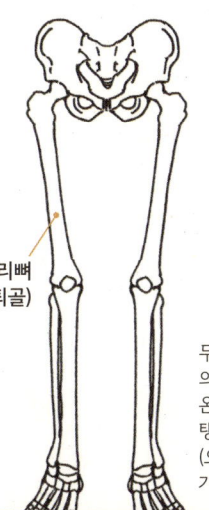

넓적다리뼈
(대퇴골)

두 발로 걷는 사람의 다리(왼쪽)는 온몸의 체중을 지탱하기 때문에 팔(오른쪽)보다 구조가 더 튼튼하다.

제1장 어류

척추동물의 기본 구조

척추동물은 일반적으로 어류·양서류·파충류·조류·포유류로 분류되며, 이 책 역시 이러한 분류 체계를 기준으로 각 장을 구성한다. 한편, 생물 계통에 따른 분류에서는 척추동물을 크게 턱이 없는 무악류와 턱이 있는 악구류로 나눈다. 악구류는 다시 연골어류·육기어류·조기어류로 구분된다. 무악류란 먹장어와 칠성장어류에 해당하며, 연골어류는 상어와 가오리류를 포함한다. 조기어류는 우리가 흔히 접하는 일반 어류를 말한다. 그리고 육기어류에는 폐어와 실러캔스 같은 어류뿐 아니라 이 계통에서 육상 생활에 적응하여 진화한 양서류·파충류·조류·포유류, 즉 사지동물도 포함된다. 사지동물은 모두 육기어류의 자손이므로 어류의 뼈는 척추동물 골격 구조의 기본이라 할 수 있다.

머리뼈
여러 개의 뼈가 결합되어 형성된다. 초기 어류에는 뼈로 된 갑옷처럼 온몸이 덮인 피갑어류라는 그룹이 있었는데, 머리뼈는 이 피갑 구조에서 유래한 것으로 여겨진다.

육간골
정어리 등 비교적 원시 어류에서는 갈비뼈(늑골) 외에도 상늑골이나 상신경골과 같은 뼈들이 근육 내에서 관찰된다. 이러한 늑골·상늑골·상신경골 등을 통틀어 육간골(肉間骨)이라 부른다.

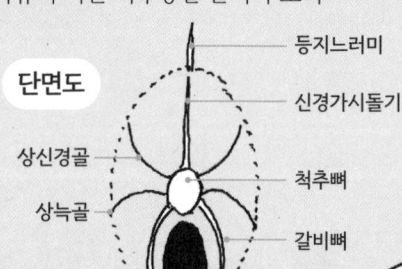

단면도
- 등지느러미
- 신경가시돌기
- 상신경골
- 척추뼈
- 상늑골
- 갈비뼈
- 내장

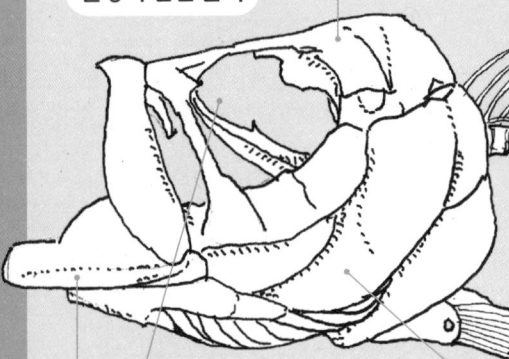

풀잉어 전신 골격

눈구멍(안와)
눈이 자리한 공간. 이 그림에는 보이지 않지만, 어류의 눈 주위에는 사람에게는 없는 강막륜(強膜輪)*이라는 구조가 있다[▶P.34].

*어류나 파충류, 조류 눈 속에 있는 얇은 뼈 테두리.

턱뼈
약 4억 2,300만 년 전, 턱을 지닌 어류인 악구류가 등장했다. 이들은 아가미를 지지하던 뼈가 변화하여 턱뼈를 이루게 된 계통으로, 초기 악구류의 형태를 오늘날까지 간직한 대표적인 예가 상어와 가오리 같은 연골어류다. 현재는 이 악구류가 척추동물의 주류를 이루며, 우리 인간 또한 턱뼈를 이 어류로부터 물려받았다.

아가미덮개
아가미를 덮고 있는 뼈. 아가미는 기본적으로 호흡 기관이지만, 일부 어류는 이 부위에 인두치(咽頭齒)*라 불리는 섭식 기능을 위한 구조가 발달해 있다[▶P.42].

*인두(목 안쪽)에 난 이빨. 이 이빨로 먹이를 잘게 부수거나 빻아서 삼키기 쉽게 한다.

가슴지느러미
좌우 한 쌍. 몸이 좌우로 흔들리지 않도록 자세를 안정시키고, 멈추거나 방향을 바꿀 때도 사용된다. 이 지느러미가 붙은 부위에는 사람으로 치면 팔을 지탱하는 어깨뼈나 빗장뼈(쇄골)의 기원이 된 뼈가 자리하고 있다[▶P.36].

풀잉어
Megalops cyprinoides

원시 어류로 당멸치목에 속하는 물고기다. 아프리카 연안에서 동남아시아, 오스트레일리아, 일본 남부 등의 바다에 분포하며 강으로도 들어가 서식한다. 뱀장어류와 마찬가지로 투명하고 납작한 형태를 지닌 레프토케팔루스(Leptocephalus)라 불리는 독특한 유생기를 거치는데, 이런 특성 때문에 뱀장어목 어류와 가까운 계통으로 여겨진다. 스포츠 낚시 대상으로 인기가 높은 어종이지만, 잔가시가 많아서 먹기가 어렵고, 개인적으로 먹어본 소감으로는 썩 맛있는 편도 아니었다.

34cm

등지느러미
주로 몸이 좌우로 흔들리지 않도록 자세 안정에 관여한다. 형태는 종에 따라 다양하다.

척추뼈
머리뼈의 뒤쪽 끝부분에서 꼬리 끝까지 몸의 중심선을 따라 일렬로 배열된 수많은 뼈로 이루어져 있다. 조기어류의 척추뼈는 대부분 단단한 뼈로 바뀌지만, 심해어 중 일부는 그 뼈가 다시 변하여 듬성듬성 속이 빈 구조가 되기도 한다 [▶P.48].

꼬리지느러미
추진력을 만들어 낸다. 꼬리지느러미가 두 갈래로 갈라진 물고기는 뛰어난 수영 실력을 자랑하는 반면, 꼬리지느러미가 둥근 물고기는 수영을 그리 잘하지 못한다.

뒷지느러미
자세 안정이나 방향 전환에 작용한다.

배지느러미
좌우 한 쌍. 자세를 안정시킨다.

육간골은 우리가 흔히 '잔가시'라고 부르는 뼈로, 먹을 때 불편한 가시예요 [▶P.40]. 멸치·꽁치·전갱이·청어 같은 물고기에 이 뼈가 있는데, 하모(갯장어)는 육간골이 아주 많아서 먹기 전에 뼈를 잘게 다지는 작업이 필요하죠.

뼈의 시작 '연골과 경골'

귀상엇과

척추동물의 뼈는 갑주어*의 갑옷처럼 표피에 형성되는 피골과 체내에 형성되는 뼈로 크게 나뉜다. 또한 체내에 형성되는 뼈는 처음에는 연골이었다가 나중에 경골로 바뀌기 때문에 연골성 뼈로 불린다. 머리뼈의 대부분은 피골이지만, 척추뼈나 갈비뼈, 다리뼈 등은 모두 연골성 뼈에 해당한다. 상어나 가오리 같은 연골어류는 척추뼈 등이 평생 연골 상태로 남아 있다. 상어 지느러미가 식용으로 사용되는 이유는 지느러미를 지탱하는 구조가 연골로 이루어져 부드럽기 때문이다. 이런 상어의 골격 표본을 만들 때는, 경골어류나 사지동물과 달리 익히면 턱을 이루고 있는 연골이 형태를 유지하지 못하므로 익히지 않은 상태에서 살을 제거한 뒤 약품 처리 등의 과정을 거쳐야 한다. 또한 연골어류인 상어의 척추뼈는 경골어류의 구조보다 훨씬 단순하다. 경골어류는 어류 분류에서 무악류와 연골어류를 제외한 물고기를 말한다.

* 고생대에 번성했던 원시 무악어류의 일종. 현재는 화석으로만 남아 있으며 몸의 표면이 단단한 비늘과 골질로 덮여 있다.

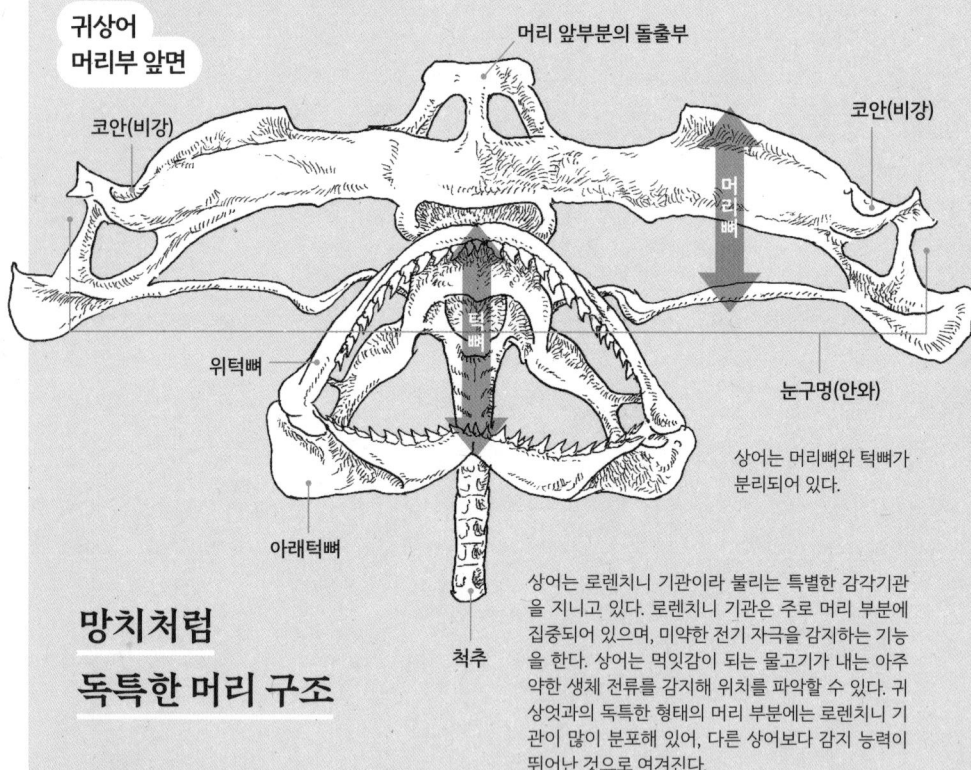

귀상어 머리부 앞면

- 머리 앞부분의 돌출부
- 코안(비강)
- 머리뼈
- 위턱뼈
- 턱뼈
- 눈구멍(안와)
- 아래턱뼈
- 척추

상어는 머리뼈와 턱뼈가 분리되어 있다.

상어는 로렌치니 기관이라 불리는 특별한 감각기관을 지니고 있다. 로렌치니 기관은 주로 머리 부분에 집중되어 있으며, 미약한 전기 자극을 감지하는 기능을 한다. 상어는 먹잇감이 되는 물고기가 내는 아주 약한 생체 전류를 감지해 위치를 파악할 수 있다. 귀상엇과의 독특한 형태의 머리 부분에는 로렌치니 기관이 많이 분포해 있어, 다른 상어보다 감지 능력이 뛰어난 것으로 여겨진다.

망치처럼 독특한 머리 구조

귀상엇과는 무리를 지어 행동한다.

귀상엇과
Sphyran zygaena

머리 모양이 종을 칠 때 사용하는 T자형 도구를 닮아서 *Sphyran*이라는 학명이 붙었다. 영어로는 해머헤드 샤크(Hammerhead Shark)라고 불린다. 양쪽 눈이 멀리 떨어져 있어 입체 시각에는 시각은 뛰어나지만, 정면은 오히려 시야의 사각지대가 된다.

머리 앞부분의 돌출부
홍살귀상어와 귀상어는 모두 머리 앞부분이 돌출되어 있지만, 그 돌출부 중앙이 움푹 들어간 것이 홍살귀상어, 움푹 들어가지 않은 것이 귀상어다.

아가미구멍
상어는 머리 양쪽에 5~7개의 아가미구멍이 있다. 가오리는 몸의 아래쪽에 아가미구멍이 열려 있다.

홍살귀상어 머리부 앞면

머리 앞부분의 돌출부 중앙이 움푹 들어가 있다.

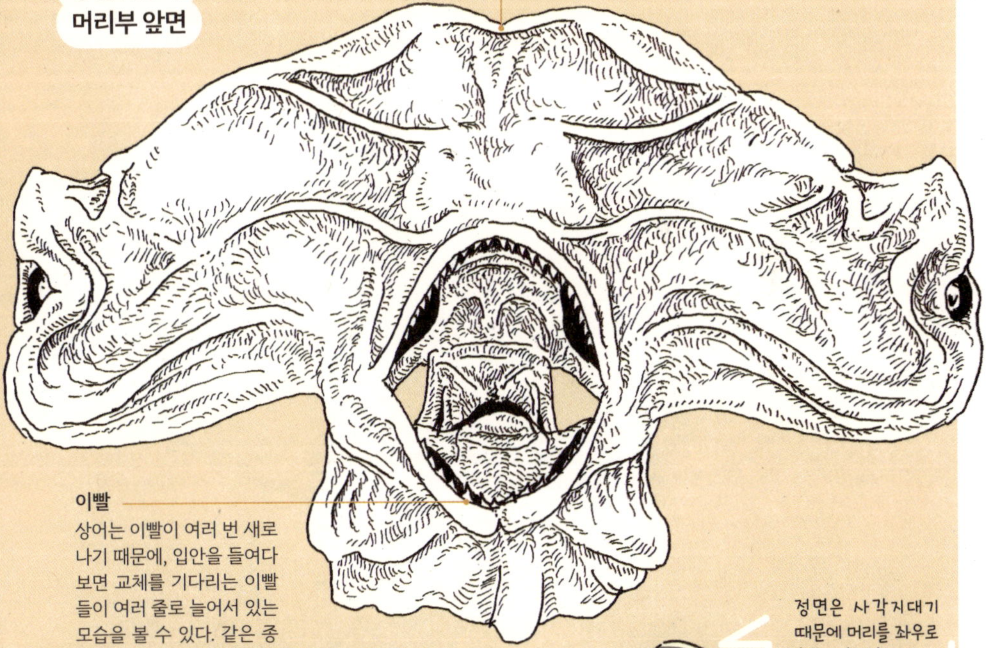

이빨
상어는 이빨이 여러 번 새로 나기 때문에, 입안을 들여다보면 교체를 기다리는 이빨들이 여러 줄로 늘어서 있는 모습을 볼 수 있다. 같은 종이라도 위턱과 아래턱의 이빨 형태가 다를 수 있으며, 턱의 중앙부와 주변부에 따라 이빨의 모양도 달라진다. 또한 상어는 종마다 이빨의 형태가 다르기 때문에 이빨 하나만 화석으로 출토되더라도 어떤 종류의 상어인지 밝혀낼 수 있기도 하다.

정면은 사각지대기 때문에 머리를 좌우로 흔들어 확인할 필요가 있어요.

여러 번 자라나는 이빨

상어

상어의 골격은 연골로 이루어져 있지만, 상어의 이빨은 사람과 마찬가지로 사기질(법랑질)·상아질·치수(치아속질)로 구성되어 있어 단단하다. 그 때문에 상어의 화석은 주로 이빨만 발견된다. 이는 상어의 이빨이 여러 번 다시 자라나는 성질과도 관련 있는 것으로 보인다. 사육 환경에 있는 레몬상어의 경우, 이빨이 7~8일마다 새로 바뀐다는 보고도 있다. 또한 이빨의 형태는 먹이의 종류와 밀접한 관련이 있다. 같은 상어라도 플랑크톤을 먹는 고래상어의 경우에는 이빨이 매우 작아 기능이 거의 없다.

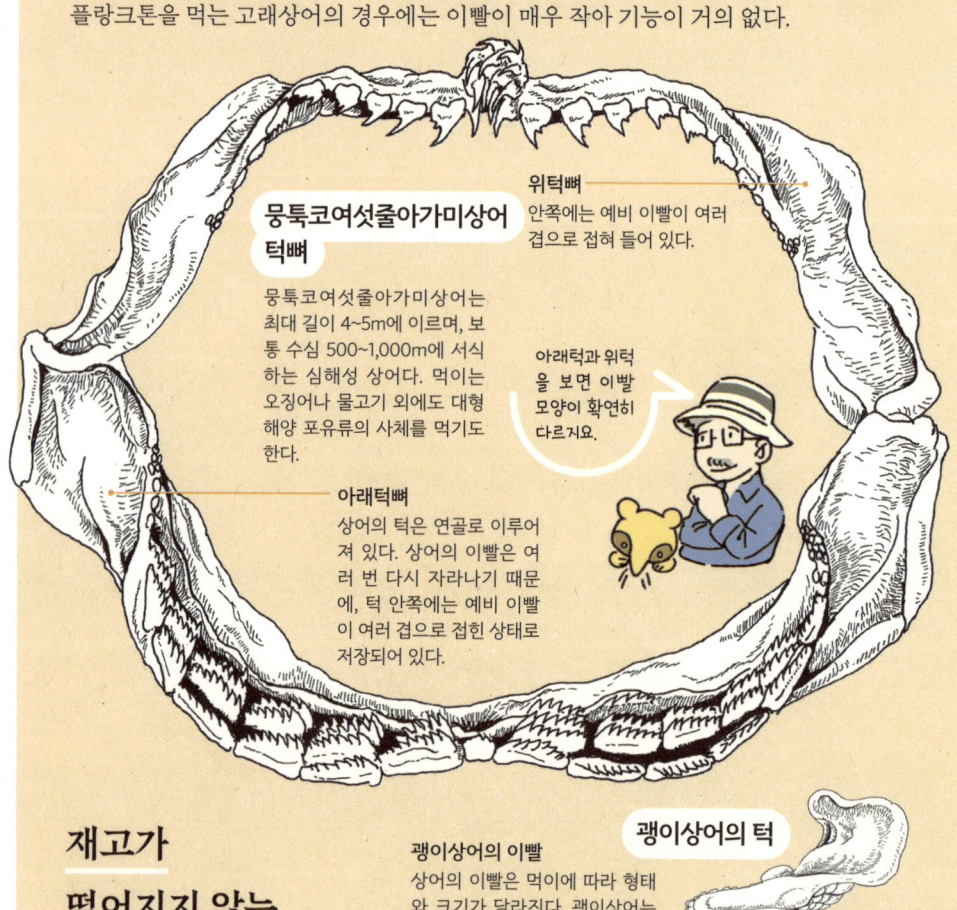

뭉툭코여섯줄아가미상어 턱뼈

뭉툭코여섯줄아가미상어는 최대 길이 4~5m에 이르며, 보통 수심 500~1,000m에 서식하는 심해성 상어다. 먹이는 오징어나 물고기 외에도 대형 해양 포유류의 사체를 먹기도 한다.

위턱뼈
안쪽에는 예비 이빨이 여러 겹으로 접혀 들어가 있다.

아래턱과 위턱을 보면 이빨 모양이 확연히 다르지요.

아래턱뼈
상어의 턱은 연골로 이루어져 있다. 상어의 이빨은 여러 번 다시 자라나기 때문에, 턱 안쪽에는 예비 이빨이 여러 겹으로 접힌 상태로 저장되어 있다.

괭이상어의 이빨
상어의 이빨은 먹이에 따라 형태와 크기가 달라진다. 괭이상어는 얕은 바닷가 둥지에서 서식하며, 작은 물고기뿐 아니라 성게·게·조개 등도 먹는다.

괭이상어의 턱

재고가 떨어지지 않는 교체 가능한 무기

상어 이빨의 화석

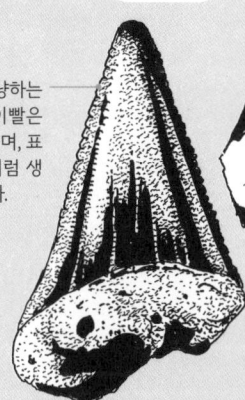

백상아리

물개 등도 사냥하는 백상아리의 이빨은 삼각형 모양이며, 표면에는 톱니처럼 생긴 부분이 있다.

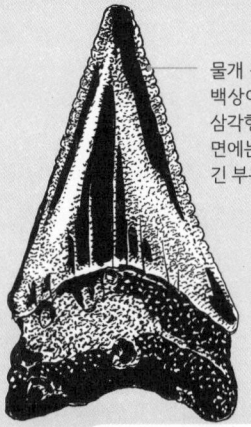

이것도 백상아리의 이빨 화석. 화석이 되는 과정에서 이빨이 마모되어 톱니 모양이 닳아 있다.

뭉툭코여섯줄아가미상어

톱니처럼 생긴 이빨 모양이 특징.

모래뱀상어

길고 날카로운 이빨.

괭이상어

단단한 껍데기를 가진 조개도 먹는 괭이상어의 이빨은 다른 상어와 달리 납작한 판처럼 생겼다.

청상아리

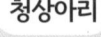
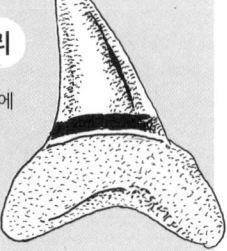

이빨 가장자리에 톱니가 없다.

귀상엇과 [▶P.20]

치근(이뿌리) 부분이 크다.

10mm

뱀상어

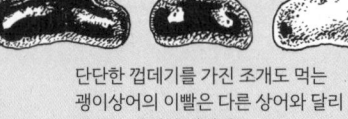
 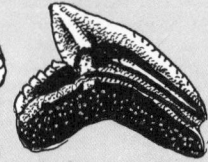

단단한 등딱지를 가진 바다거북을 먹는 뱀상어의 이빨은 백상아리처럼 크고, 가장자리에 톱니가 있다.

흉상어

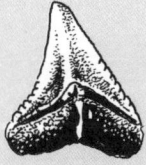 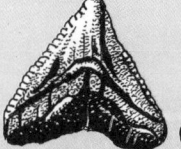 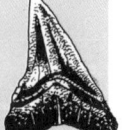

백상아리 등에 비하면 이빨이 작다.

심해를 갉아먹는 쿠키커터

검목상어

몸길이가 약 30~50cm로 그다지 크지 않은 검목상어는 자신보다 훨씬 큰 고래나 참치 같은 물고기를 사냥하는 것으로 알려져 있다. 그렇다고 통째로 먹는 것이 아니라 사냥감의 겉껍질과 살을 둥글게 도려내듯이 베어 먹는다. 실제로 검목상어를 해부해 보니, 위에서 주먹만 한 크기의 참치 살이 껍질째 발견되었다. 검목상어에게 물린 고래나 대형 어류의 몸에는 둥근 구멍 모양의 상처가 남아 있다. 이러한 독특한 식성과 그에 걸맞은 특수한 턱과 이를 지닌 검목상어는 영어로 '쿠키커터 샤크'라고도 불린다. 단, 큰 사냥감만 노리는 것은 아니고 오징어류도 잘 먹는다고 한다.

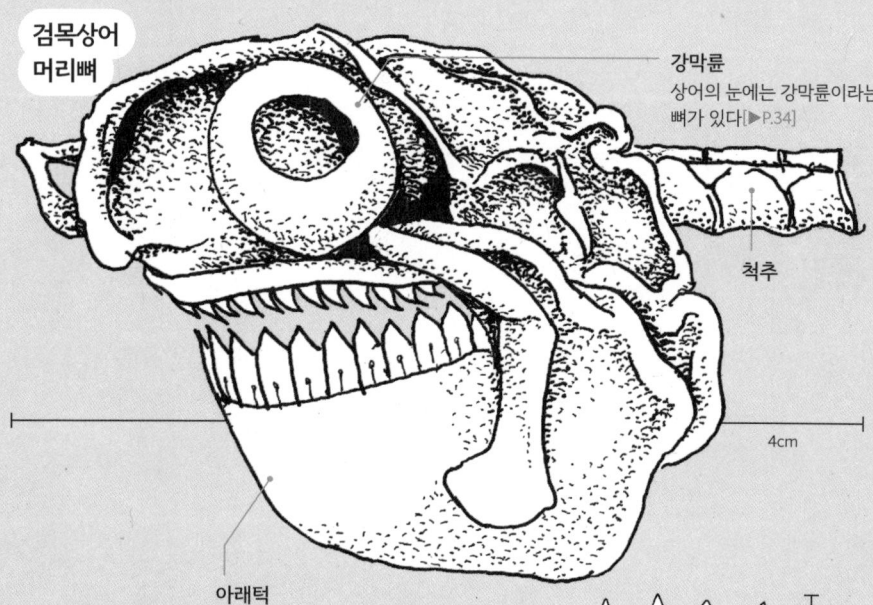

검목상어 머리뼈

강막륜
상어의 눈에는 강막륜이라는 뼈가 있다 [▶P.34]

척추

4cm

살점을 베어내는 큰 이빨

아래턱
검목상어는 턱을 사냥감에 밀착시킨 뒤 몸을 회전시키며 살점을 베어 낸다. 이때 사용하는 이빨은 아래턱에 있는데, 체격에 비해 매우 크다. 이 이빨은 상당히 날카로워서 검목상어를 만지다가 손가락이 베이기도 했다.

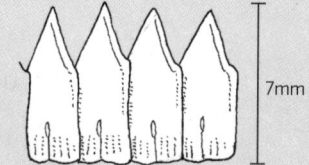

7mm

한 줄 전체가 통째로 교체되는 이빨
상어는 이빨을 여러 번 갈지만, 검목상어는 한 개씩이 아니라 한 줄 전체를 통째로 교체한다. 커다란 사냥감의 살점을 둥글게 도려내기 위해서는 이빨이 한 줄로 고르게 나 있어야 하기 때문이다. 빠진 이빨은 그대로 삼켜 칼슘 성분이 다시 흡수된다.

검은 띠 | 배쪽에는 가슴지느러미 앞쪽의 검은 띠를 제외하고 발광 기관이 있다. 다만, 그 역할은 아직 밝혀지지 않았다.

39cm

검목상어
Isistius brasiliensis

검목상어는 전 세계 열대에서 난온대 외양에 서식하며 좀처럼 눈에 띄지 않는다. 주로 수심 수백 미터 이내에서 생활하지만, 밤이 되면 해수면 가까운 곳까지 올라온다.

검목상어
머리뼈(정면)

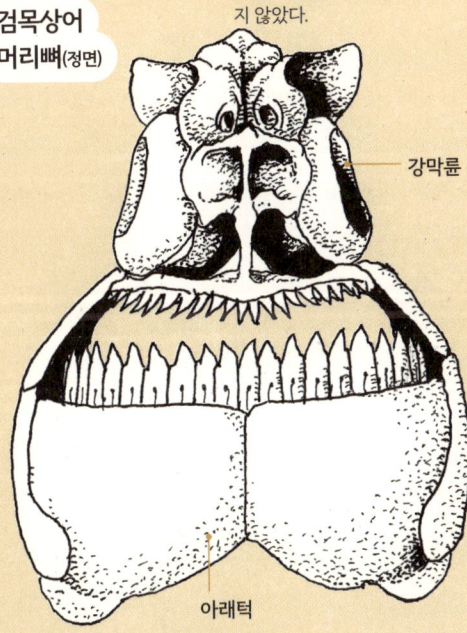

강막륜

아래턱

정면에서 보면 아래턱이 특이하게 발달한 모습이 눈에 띈다. 상어는 위턱과 아래턱의 이빨 모양이 다른 경우가 많은데, 검목상어의 경우 위턱의 이빨이 아래턱의 이빨보다 훨씬 작다. 이로 미루어볼 때, 큰 사냥감의 살을 도려내는 기능은 아래턱의 이빨이 담당하고 있다고 할 수 있다.

예전에는 오키나와 나하항 근처 어시장에 가면 자유롭게 경매를 견학할 수 있었어요. 그곳에서 몸에 둥근 구멍의 상처가 있는 참치나 황새치가 눈에 띄곤 했어요. 처음에는 그게 어떤 상처인지 도무지 알 수 없었지만, 나중에 그것이 검목상어의 소행이라는 사실을 알게 되었죠. 이렇게 오랫동안 풀리지 않던 수수께끼를 푸는 열쇠가 된 검목상어를 실제로 보고 싶다는 생각이 들더군요. 그래서 어류 연구자분을 통해 그물에 걸린 검목상어를 얻게 되었습니다.

어류 / 연골어류

원시 형태의 심해 상어
주름상어

암컷의 몸길이는 최대 2m에 달한다. 전 세계에 널리 분포하지만 쉽게 발견되지 않으며, 수심 50~1,500m 정도의 심해에 서식하는 상어다. 세계 최초로 발견되어 기록된 주름상어의 표본은 1845년 일본산으로, 이후에도 사가미만이나 스루가만에서 많은 주름상어가 잡혔다. 주름상어는 납작하고 길쭉한 머리와 몸을 가지고 있으며, 입은 머리 끝부분에 가늘게 벌어져 있어 다른 상어들과는 생김새가 상당히 다르다. 현생 상어 가운데 원시 그룹에 속하며, 신락상어목 주름상엇과로 분류되어 있다. 주름상어는 물고기 외에도 오징어 등을 먹는다. 사육 환경에서는 입을 벌린 채 헤엄치는 습성이 있으며, 이로 인해 먹이가 빨려 들어가는 것이 아닌가 하는 보고도 있다. 눈에 띄는 하얀 이빨은 사냥감을 유인하는 데 도움이 되는 것으로 보고되고 있다.

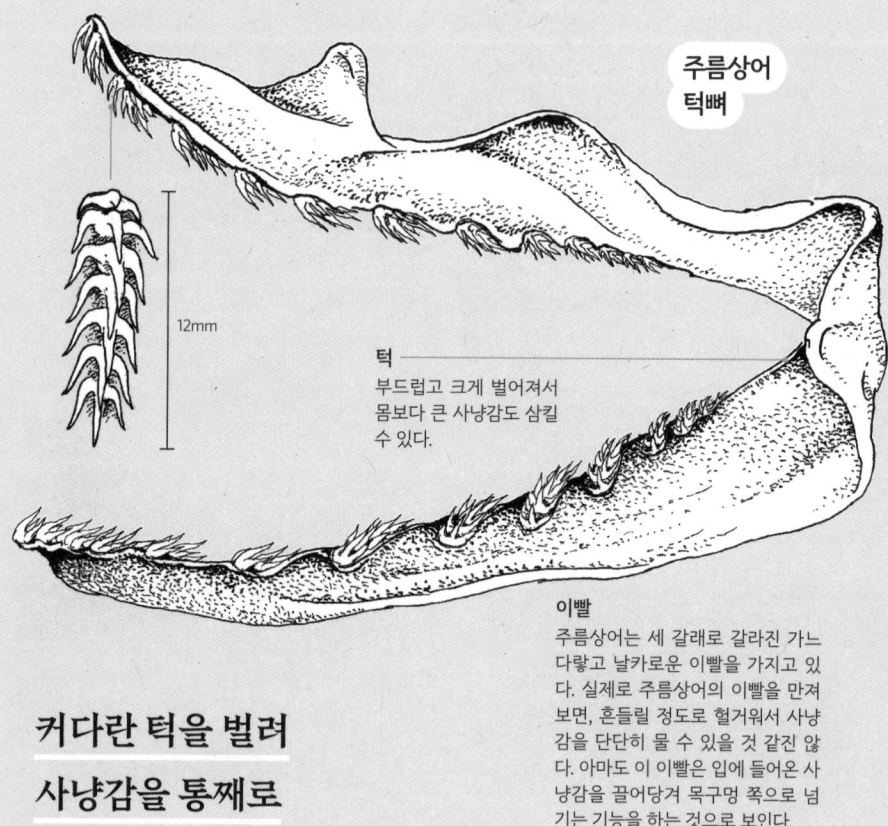

주름상어 턱뼈

12mm

턱
부드럽고 크게 벌어져서 몸보다 큰 사냥감도 삼킬 수 있다.

이빨
주름상어는 세 갈래로 갈라진 가느다랗고 날카로운 이빨을 가지고 있다. 실제로 주름상어의 이빨을 만져보면, 흔들릴 정도로 헐거워서 사냥감을 단단히 물 수 있을 것 같진 않다. 아마도 이 이빨은 입에 들어온 사냥감을 끌어당겨 목구멍 쪽으로 넘기는 기능을 하는 것으로 보인다.

커다란 턱을 벌려
사냥감을 통째로

주름 모양 아가미
주름상어는 아가미구멍이 여섯 쌍 있으며, 첫 번째 아가미구멍의 끝이 목까지 이어져 주름처럼 보이기 때문에 영어로는 '프릴 샤크(Frilled shark)'라고 불린다.

가느다란 몸을 꿈틀거리듯 움직이며 헤엄친다.

주름상어
Chlamydoselachus anguineus

주름상어를 해부했을 때 가장 눈에 띈 것은 커다란 간이었다. 간에 칼집을 넣자 투명한 기름이 흘러나왔다. 주름상어는 수영을 잘할 것 같은 체형은 아니다. 또 다른 상어들과 달리 부레가 없다. 활발하게 헤엄치지 않아도 간에 저장된 기름이 부력을 조절해 일정한 깊이에 머무를 수 있게 해 주는 것으로 보인다.

주름상어 턱뼈(정면)
세 갈래로 갈라진 작고 날카로운 이빨이 세로로 여러 줄 나란히 배열되어 있다.

Q 이런 이빨을 가진 물고기, 뭔지 알겠어?

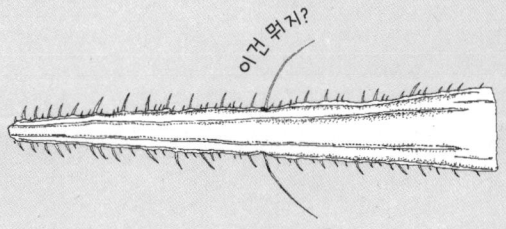
이건 뭐지?

뿔처럼 생긴 것에 이빨이 잔뜩 나 있군요

어류 / 연골어류

작은 것은 톱상어

미국에서 출판된, 전 세계 상어를 망라한 전문서 《세계의 상어(Sharks of the World)》에는 톱상어만 무려 9종류가 소개되어 있다. 그중 톱상어라는 종의 최대 몸길이는 약 1.5m 정도다. 대륙붕이나 대륙사면 상부의 모래와 진흙이 섞인 바닥에 서식한다. 얼굴 앞쪽에 가느다랗고 길게 튀어나온 입 끝으로 해저를 툭툭 치며, 바닥에 사는 작은 동물들을 잡아먹는다.

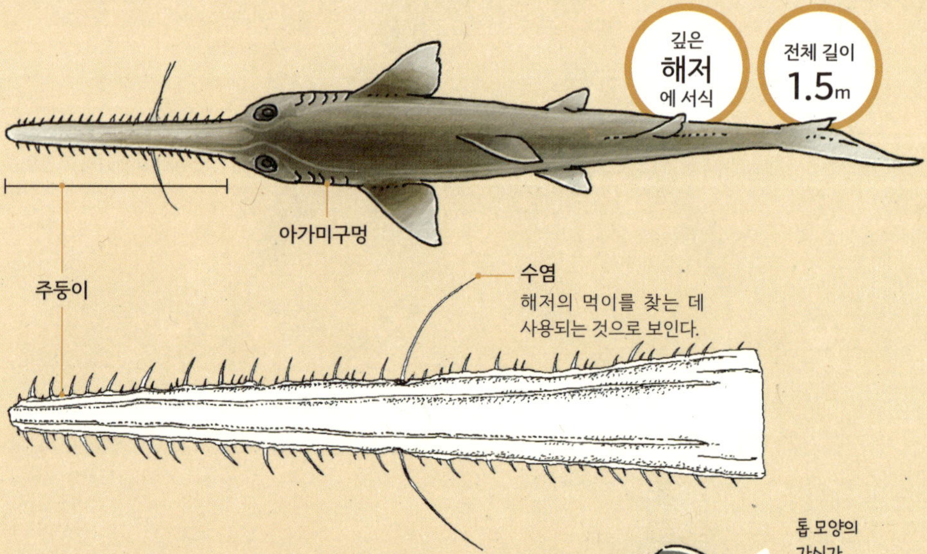

> 깊은 **해저**에 서식
> 전체 길이 **1.5m**

- 아가미구멍
- 주둥이
- 수염: 해저의 먹이를 찾는 데 사용되는 것으로 보인다.

> 톱 모양의 가시가 불규칙하게 나 있어요.

입 안에만 이빨이 있는 것은 아니다

상어의 피부는 까칠까칠하다. 그 이유는 피부에 '순린(楯鱗)'이라 불리는 단단한 비늘이 빽빽하게 나 있기 때문이다. 순린은 이빨과 마찬가지로 사기질·상아질·치수로 이루어져 있다. 다시 말해, 순린은 곧 이빨의 기원이라 할 수 있다. 몸 표면에 있던 순린 가운데 일부가 입안으로 들어가 사냥에 쓰이게 된 것이 오늘날의 이빨이라는 것이다. 이렇게 유래를 떠올려 보면, 톱가오리나 톱상어처럼 머리 앞쪽으로 길게 뻗은 주둥이에 이빨이 줄지어 나 있는 모습도 전혀 이상하지 않다.

큰 것은 톱가오리

톱가오리는 전 세계의 열대와 아열대 연안의 얕은 바다에서 하천까지 서식한다. 또 강을 통해 바다와 이어진 중앙아메리카의 니카라과호에서도 서식이 확인되었다. 일본에서는 1975년에 오카나와현의 이시가키섬 근해에서 길이 5m의 개체가 포획된 것이 유일한 기록이다. 참고로 이 개체는 현재 멸종위기종으로 분류되어 있으며 오키나와현 온나손에 있는 '호텔 미유키 비치'에 박제로 전시되어 있다.

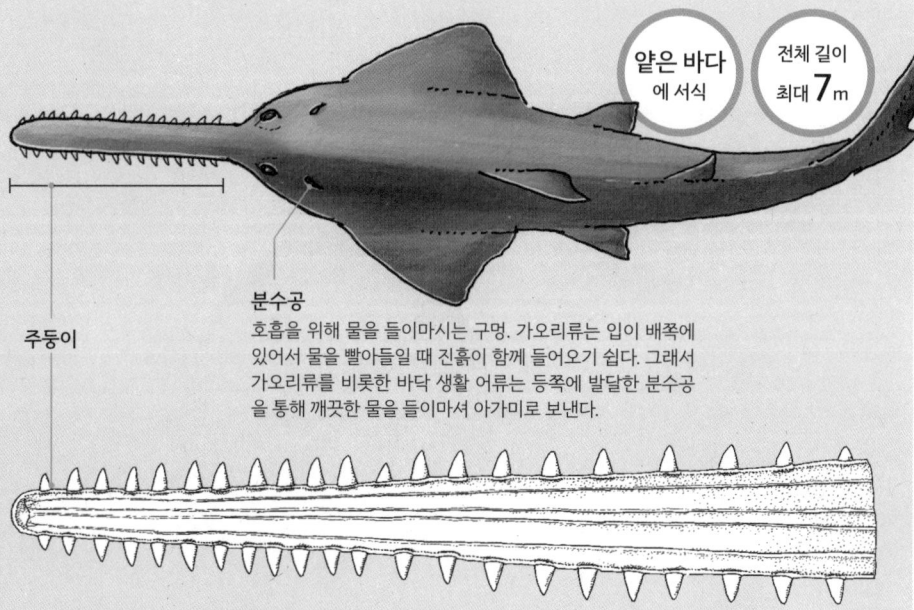

얕은 바다에 서식

전체 길이 최대 **7**m

주둥이

분수공
호흡을 위해 물을 들이마시는 구멍. 가오리류는 입이 배쪽에 있어서 물을 빨아들일 때 진흙이 함께 들어오기 쉽다. 그래서 가오리류를 비롯한 바다 생활 어류는 등쪽에 발달한 분수공을 통해 깨끗한 물을 들이마셔 아가미로 보낸다.

상어와 가오리의 차이는?

상어와 가오리는 모두 연골어류에 속한다. 상어의 몸은 보통 빠른 유영에 알맞은 유선형이며 가오리는 납작한 몸에 가느다란 꼬리를 지닌 형태가 일반적이다. 그러나 상어 가운데는 가래상어처럼 가오리를 닮은 체형을 지닌 것도 있다. 또 톱가오리는 주둥이에 난 톱 모양 때문에 상어를 연상시켜 톱상어와 혼동되기도 한다. 상어와 가오리의 겉모습에서 가장 큰 차이는 아가미구멍의 위치다. 상어는 아가미구멍이 몸 옆에 열려 있지만, 가오리는 배쪽에 열려 있다. 톱가오리 역시 아가미구멍이 배쪽에 있어 등에서는 보이지 않는다.

물고기 눈에는 뼈가 있다

황새치

생선조림을 먹어 본 사람이라면, 물고기 눈 주변에 링처럼 얇은 뼈가 있다는 걸 알 수 있을 것이다. 물고기 눈 주변에는 사람과는 달리 '강막륜'이라는 뼈가 있다. 사실 파충류나 조류의 눈 위에도 강막륜이 있다 [▶P.84]. 일반 물고기의 강막륜은 꽤 얇은 편이지만, 그중에는 꽤 단단한 것도 있다. 대형 어류인 돛새칫과는 상어와 함께 해양 먹이사슬의 최상위에 있다. 청새치나 흑새치는 표층에서 생활하지만, 황새치는 수심 200m보다 더 깊은 심해의 어두운 중층에서 먹이를 찾으며 산다. 황새치는 눈이 크다는 특징이 있고, 강막륜의 지름은 95mm에 달하기도 한다.

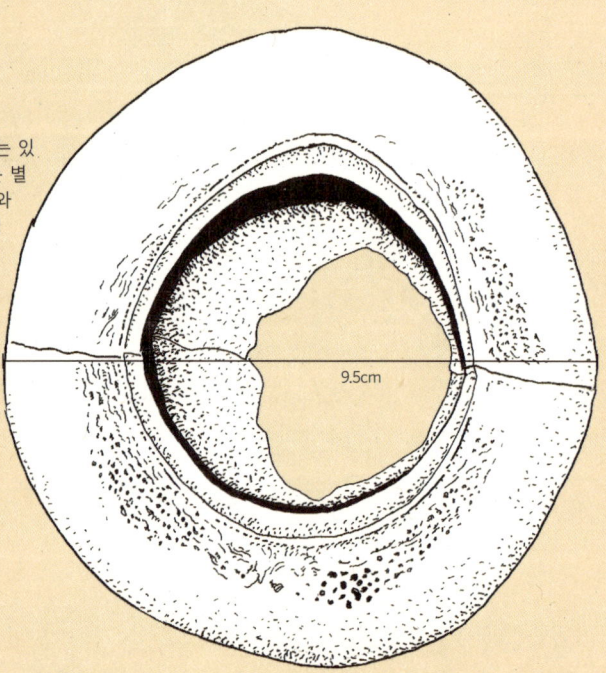

강막륜

황새치의 강막륜은 두께는 있지만, 다공질이라 무게는 별로 나가지 않는다. 오키나와의 어시장에서는 황새치 눈알만 빼서 판매하는 경우도 있다. 말랑말랑한 식감을 살린 조림을 만들면, 강막륜도 발라낼 수 있다.

9.5cm

배바닥을 뚫을 만큼 강한 수영 선수

여러 종류의 물고기 강막륜을 비교해 보는 것도 재미있겠군요.

주둥이

위턱이 길게 뻗어 있다. 새치라는 이름은 긴 창처럼 뾰족한 주둥이 모양에서 유래되었다.

주둥이
단면은 청새치의 경우 타원형이지만, 황새치의 경우 위아래로 납작하고 전체적으로 칼처럼 생긴 형태를 하고 있다.

황새치
Xiphias gladius

청새치, 줄새치 등의 돛새칫과와 달리 유일하게 황새칫과로 분류된다. 낮에는 중층에서 헤엄치지만, 밤이 되면 표층까지 올라온다. 먹이로는 물고기뿐만 아니라 오징어도 좋아한다. 오키나와에서는 황새치 고기를 튀김 재료로 자주 사용한다.

강막륜을 옆에서 본 모습

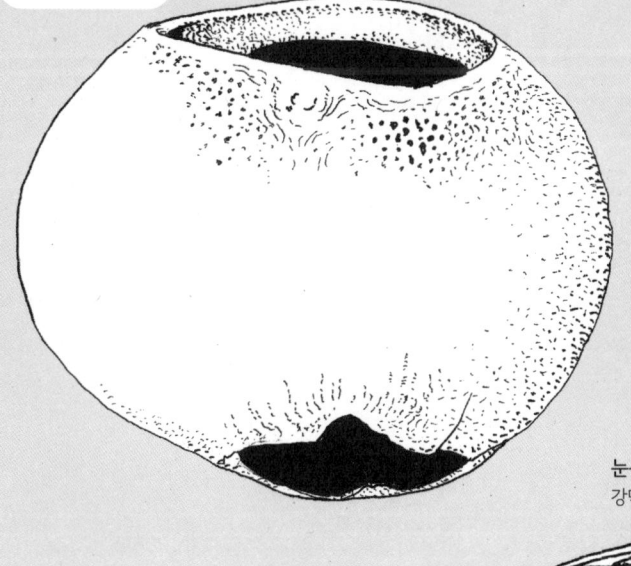

황새치의 강막륜은 지방이 많아서 강막륜을 꺼내 표본으로 만들 때는 기름을 빼는 작업이 필요하다. 여러 번 끓여서 기름을 제거한 뒤, 밀가루를 넣은 비닐봉지에 강막륜을 넣고 잠시 두면, 밀가루가 남은 기름을 흡수해 준다.

눈구멍(안와)
강막륜이 들어가는 자리

황새치 머리뼈

위턱

아래턱
위턱에 비해 짧은 아래턱

'도미 속 도미'는 어깨뼈의 기원

빅아이엠퍼러

에도 시대에 그려진 <도미 명소도(鯛名所之図)>*는 참돔의 몸에서 볼 수 있는 재미있는 모양의 뼈나 입안에 기생하는 갈고리벌레라는 기생충 등을 도감처럼 보여준다. 그중 '도미 속 도미'라고 적힌 물고기처럼 생긴 뼈가 있다. 가슴지느러미 부분에 있는 뼈로, 마치 도미처럼 생겨 '도미 속 도미'라고 불린다. 어류의 가슴지느러미는 사람의 팔과 기원이 같다. 즉, '도미 속 도미'는 팔을 몸통에 연결해 주는 어깨뼈에 해당하는 뼈인 셈이다.

* '도미'를 주인공 삼아 일본 각지의 명소를 소개한 그림

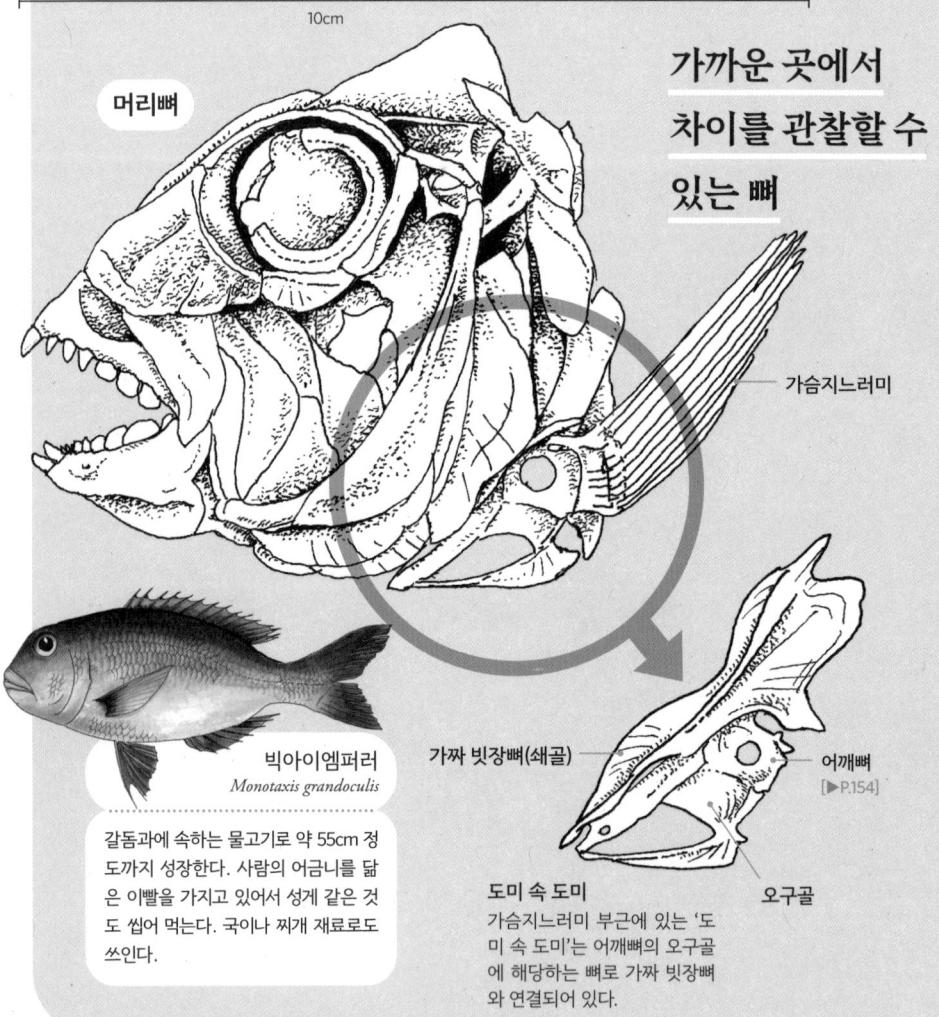

10cm

머리뼈

가까운 곳에서 차이를 관찰할 수 있는 뼈

가슴지느러미

빅아이엠퍼러
Monotaxis grandoculis

갈돔과에 속하는 물고기로 약 55cm 정도까지 성장한다. 사람의 어금니를 닮은 이빨을 가지고 있어서 성게 같은 것도 씹어 먹는다. 국이나 찌개 재료로도 쓰인다.

가짜 빗장뼈(쇄골) 어깨뼈
[▶P.154]

도미 속 도미
가슴지느러미 부근에 있는 '도미 속 도미'는 어깨뼈의 오구골에 해당하는 뼈로 가짜 빗장뼈와 연결되어 있다.

오구골

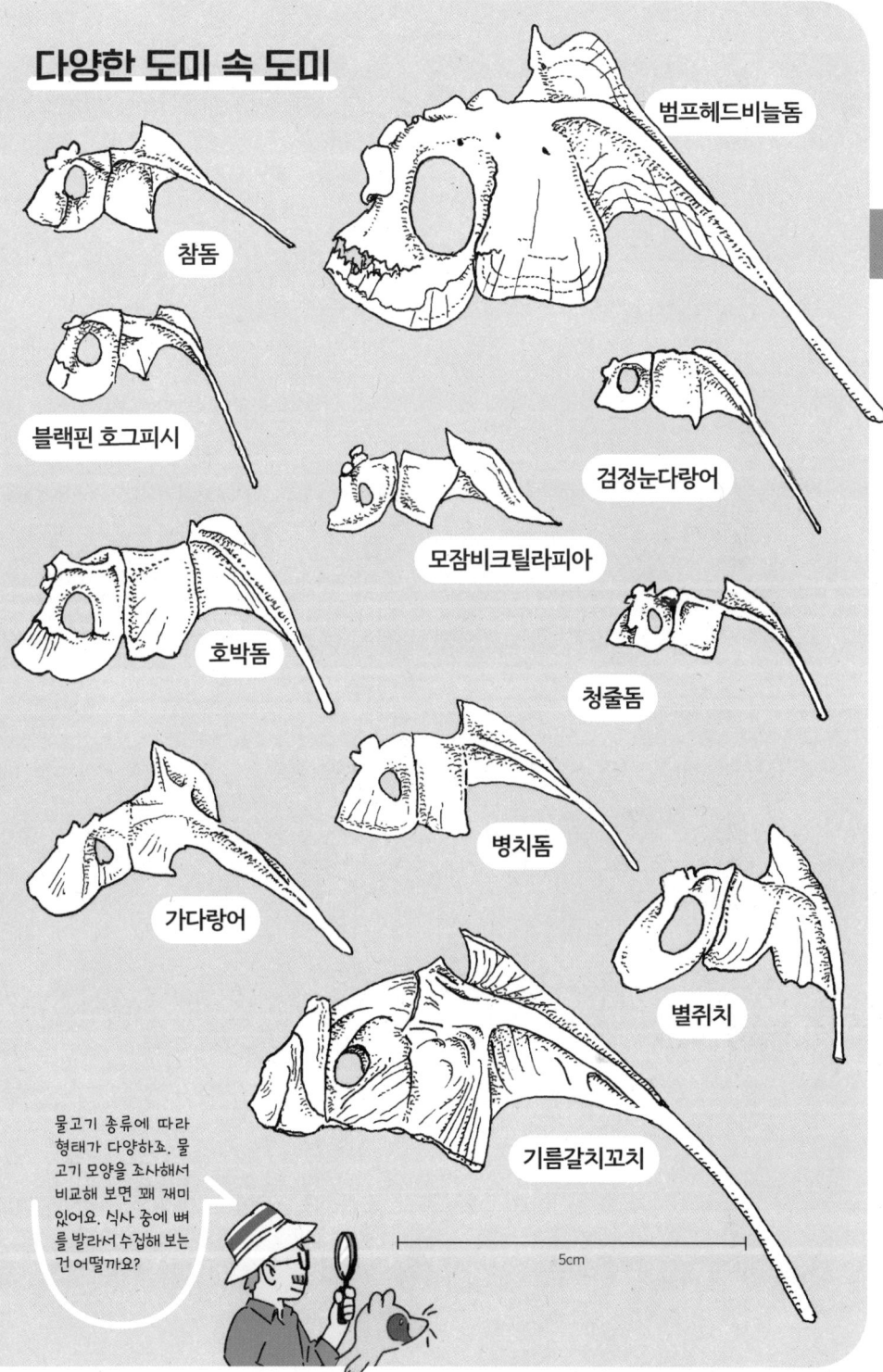

'이석'은 균형을 잡기 위한 기관

하스돔

귀는 소리를 듣는 기능 외에도 균형 감각을 담당하는 역할을 한다. 인간의 속귀(내이)에는 평형기관이 있다. 몸이 기울어지면 중력에 의해 털세포가 함께 기울고, 이를 감지한 감각세포가 자극을 받아 몸이 얼마나 기울었는지를 파악하게 된다. 물고기의 경우, 인간보다 훨씬 크고 딱딱한 조직이 속귀에 들어 있는데, 이를 이석이라고 부른다. 이석의 크기는 반드시 물고기의 몸집과 비례하지는 않는다. 예를 들어, 민어류는 몸집에 비해 큰 이석을 가지고 있다. 이석은 머리뼈 안에 좌우 한 개씩 존재하며, 가장 눈에 띄는 이석(편평석) 외에도 작고 눈에 잘 띄지 않는 성상석과 기석이 각각 하나씩 존재한다.

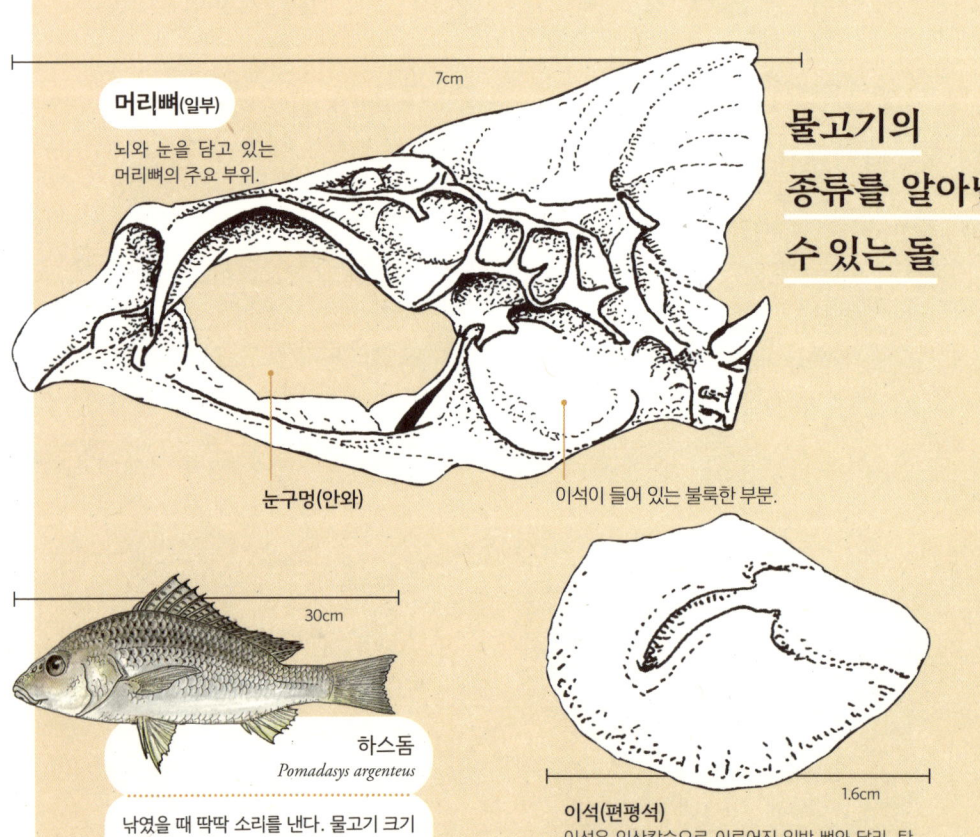

머리뼈(일부)
뇌와 눈을 담고 있는 머리뼈의 주요 부위.

7cm

물고기의 종류를 알아낼 수 있는 돌

눈구멍(안와)

이석이 들어 있는 불룩한 부분.

하스돔
Pomadasys argenteus

30cm

낚였을 때 딱딱 소리를 낸다. 물고기 크기에 비해 이석이 크기 때문에 이석을 관찰하기에 적합한 어종이다.

이석(편평석)
이석은 인산칼슘으로 이루어진 일반 뼈와 달리, 탄산칼슘으로 구성되어 있다. 뼈보다 더 단단하며, 반투명하게 보이기도 한다. 물고기의 종류에 따라 크기뿐만 아니라 전체적인 모양, 홈이라 불리는 움푹 파인 부분의 형태 등도 다양하다.

1.6cm

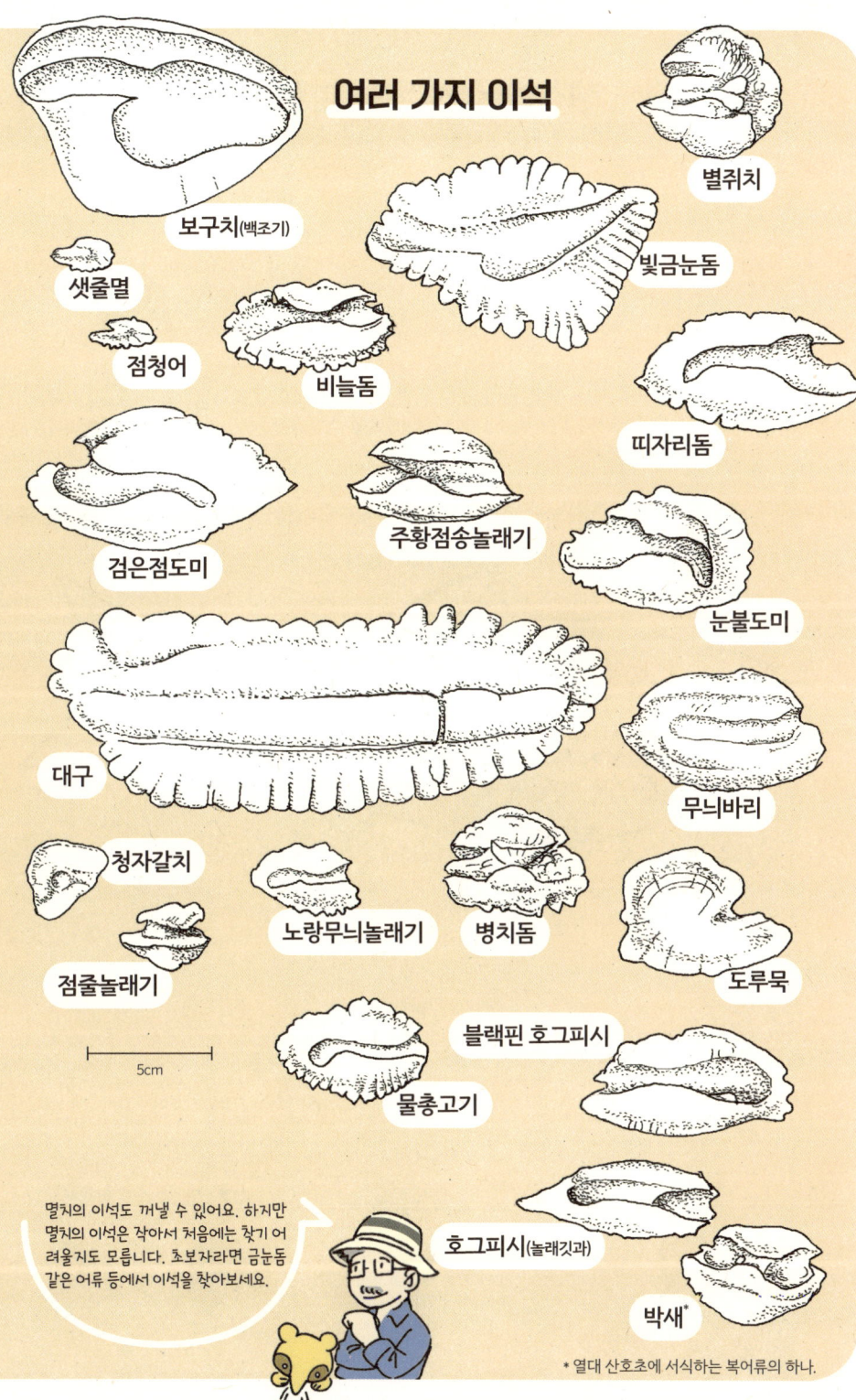

발견 노트 - 뼈를 알다

생선 즐겁게 먹는 방법

누구나 '생선은 뼈가 많아 발라 먹기 번거롭다'고 생각해 본 적이 있을 것이다. 그렇다면 이번에는 '생선은 뼈가 있어서 오히려 먹는 재미가 있다'라고 생각을 바꿔 보는 건 어떨까? 물론 순수하게 먹는 데만 집중한다면 뼈는 방해물일지도 모른다. 하지만 식탁 위의 생선은 '먹을거리' 이전에 살아 있는 생명이었다. 뼈는 그런 생명으로서의 존재 방식을 보여주는 교과서라 할 수 있다. 먹는 일을 계기로 생명의 구조를 조금 더 알게 된다면, 생선을 먹는 경험은 훨씬 더 흥미롭게 다가올지도 모른다.

뼈를 알면 더 즐겁게 먹을 수 있다

이석[▶P.38]
뼈와는 질감이 다르다. 몸집이 큰 물고기라고 해서 이석도 반드시 큰 것은 아니다. 어떤 물고기든 이석이 있으며, 이석을 찾는 일은 보물찾기 같은 기분을 느끼게 해 준다.

등지느러미를 지탱하는 뼈

척추뼈

꼬리지느러미를 지탱하는 뼈

도미 속 도미[▶P.36]
가슴지느러미의 부착 부위에는 도미 속 도미라고 불리는, 물고기 모양을 닮은 뼈가 있다. 물론 예외도 있다. 아무튼 도미 속 도미 컬렉션에 도전해 보는 건 어떨까?

배지느러미[▶P.22]
배지느러미의 위치는 물고기의 분류와 진화 단계를 보여준다. 배지느러미가 몸 뒤쪽(예: 꽁치)처럼 복부 중앙에 위치한 경우는 원시적인 형태로, 가슴지느러미 바로 아래에 있는 경우(예: 도미)는 더 진화된 형태로 분류된다.

횡단면

등지느러미
위신경골
신경극
척추뼈
갈비뼈
내장
위갈비뼈

육간골[▶P.22]
육간골은 속칭 잔가시라고 불리는데, 이것 때문에 생선 먹기가 귀찮다고 느끼는 사람이 많다. 그런데 잔가시가 많은 물고기가 꽤 많다. 정어리나 청어 등은 육간골이 많은 어류다. 전갱이와는 어떤 점이 다른지도 살펴보자.

식탁도 자연을 관찰할 수 있는 멋진 장소죠

말린 전갱이 잘 먹는 법

뼈 구조를 알면 생선을 더 쉽게 먹을 수 있다. 한번 시도해 보기 바란다.

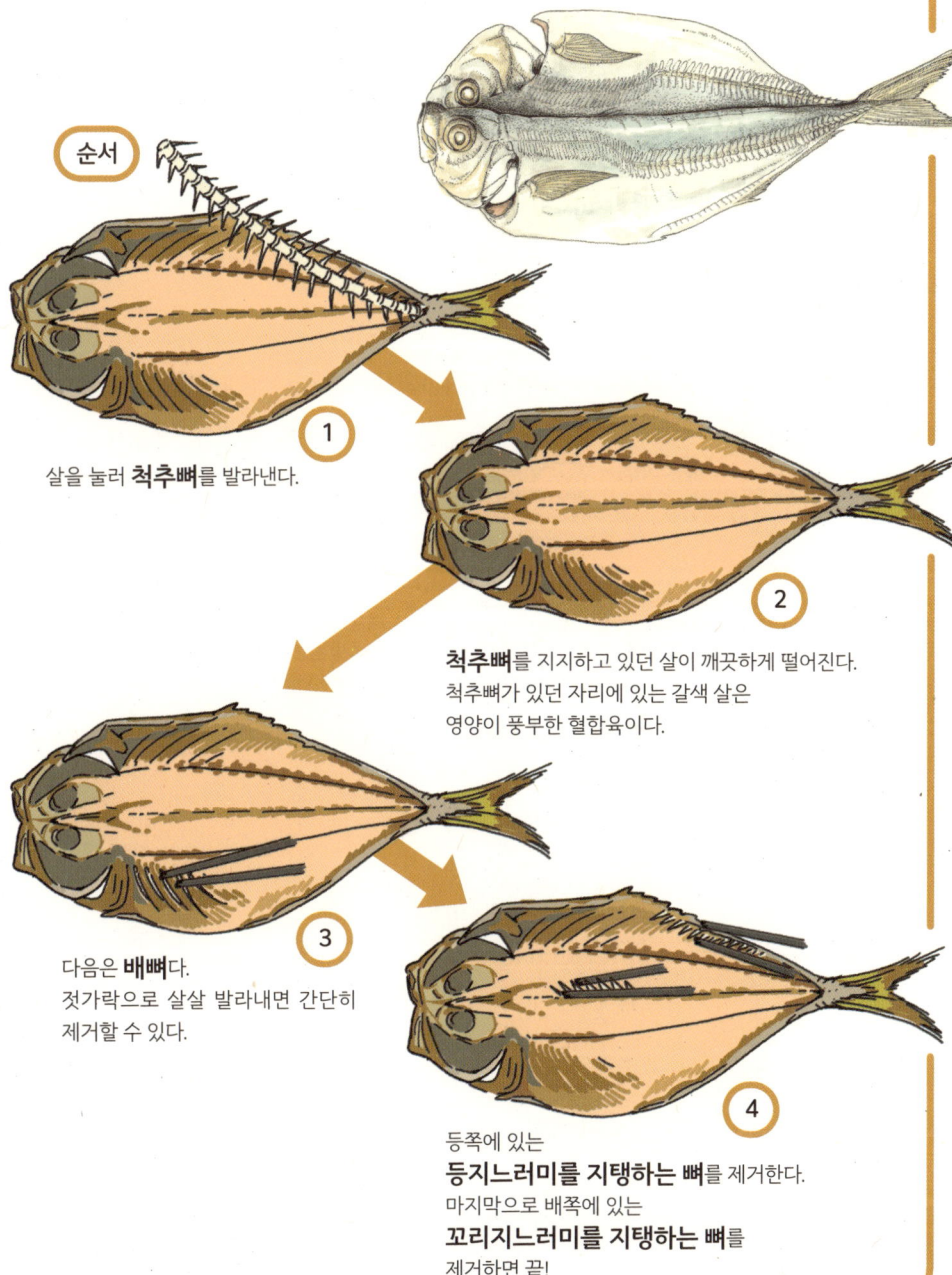

순서

1. 살을 눌러 **척추뼈**를 발라낸다.

2. **척추뼈**를 지지하고 있던 살이 깨끗하게 떨어진다. 척추뼈가 있던 자리에 있는 갈색 살은 영양이 풍부한 혈합육이다.

3. 다음은 **배뼈**다. 젓가락으로 살살 발라내면 간단히 제거할 수 있다.

4. 등쪽에 있는 **등지느러미를 지탱하는 뼈**를 제거한다. 마지막으로 배쪽에 있는 **꼬리지느러미를 지탱하는 뼈**를 제거하면 끝!

목 깊숙한 곳에 있는 이빨 '인두치'
잉어

앞서 이빨의 기원이 상어의 피부라고 소개한 바 있다[▶P.32]. 그래서 이빨은 꼭 턱에만 난다고는 할 수 없다(단, 먹이를 섭취하는 데 관여하지 않는 구조는 '이빨'이라고 부르지 않는다). 잉어류에는 턱에 이빨이 없다. 연못에서 잉어에게 먹이를 준 경험이 있다면 입을 뻐끔뻐끔 벌렸다 닫는 잉어 입에 이빨이 없다는 걸 떠올릴지도 모른다. 하지만 잡식성인 잉어는 다슬기 같은 것도 먹을 수 있다. 바로 입 안쪽 깊숙이 있는 '인두치' 덕분이다. 잉어의 인두치는 아가미를 지탱하는 뼈가 변형된 것으로, 인두골 위에 나 있다. 이것이 머리뼈 아래쪽의 저작판과 맞물려 먹이를 씹을 수 있게 해 준다.

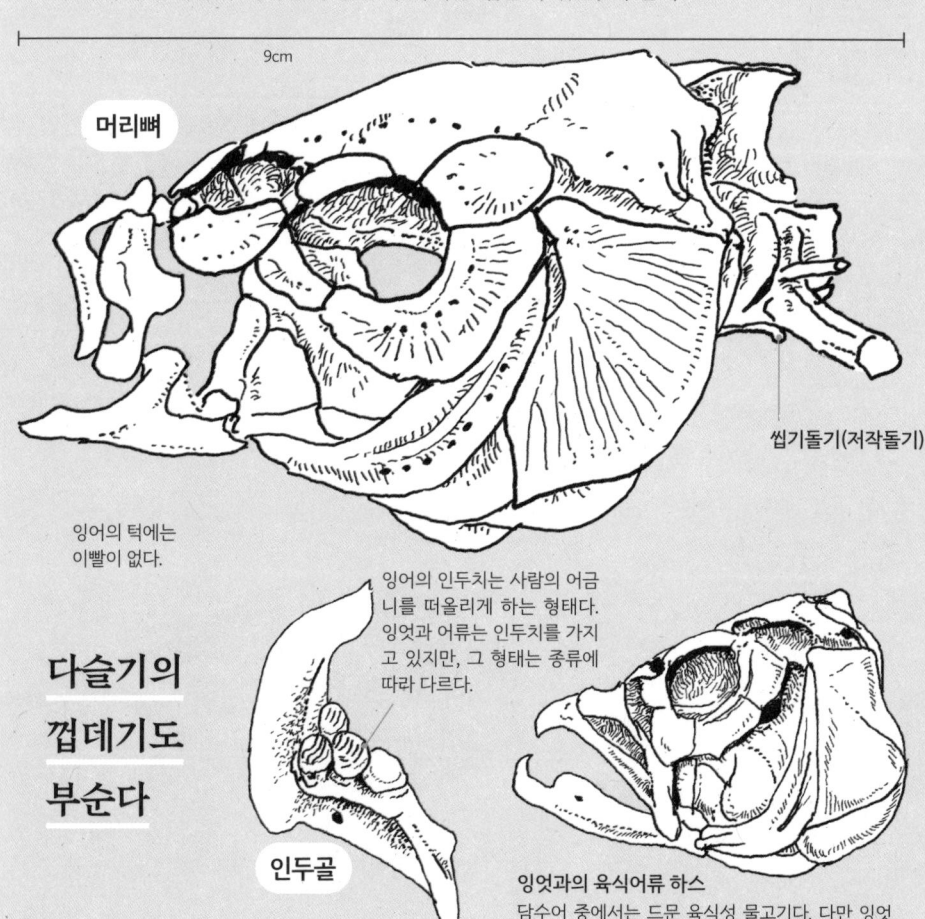

9cm

머리뼈

씹기돌기(저작돌기)

잉어의 턱에는 이빨이 없다.

다슬기의 껍데기도 부순다

잉어의 인두치는 사람의 어금니를 떠올리게 하는 형태다. 잉엇과 어류는 인두치를 가지고 있지만, 그 형태는 종류에 따라 다르다.

인두골

잉엇과의 육식어류 하스
담수어 중에서는 드문 육식성 물고기다. 다만 잉엇과이기 때문에 '육식어'라고 하면 떠올릴 법한 날카로운 이빨은 없다. 대신, 턱뼈 끝이 갈고리처럼 휘어 있어 먹잇감을 놓치지 않는다.

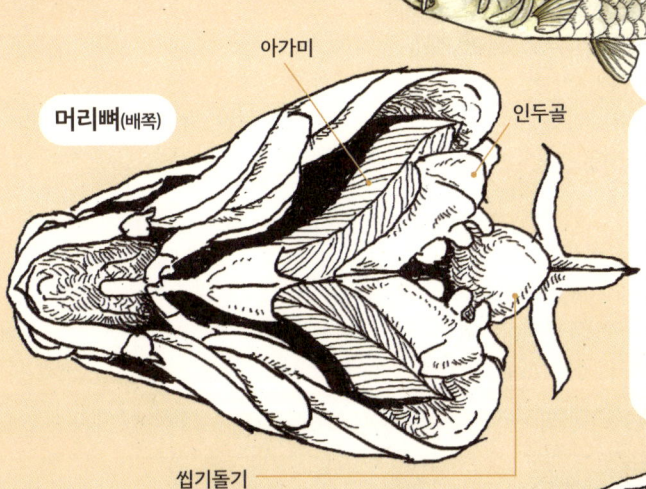

잉어
Cyprinus carpio

하천이나 호수에 서식하는 잉어과를 대표하는 어류. 몸길이는 약 100cm까지 자란다. 재래종 외에도 대륙에서 유입된 개체나 개량된 양식 품종 등도 보인다. 잡식성이며 대형화하는 어종이므로 재래종 잉어가 없는 하천에 무심코 방류할 경우, 그 하천의 생태계를 크게 해칠 수 있다.

머리뼈(배쪽)

아가미

인두골

씹기돌기
머리뼈 아래쪽에 있으며, 인두치와 맞물린다. 살아 있을 때는 이 저작돌기를 점막 상피가 각질화된 저작판이 덮고 있다.

꼬리 쪽에서 본 머리뼈

인두골

인두치는 뼈보다 단단해서 잉어과의 화석에서는 인두치가 보존되어 있는 경우가 많아요.

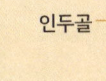

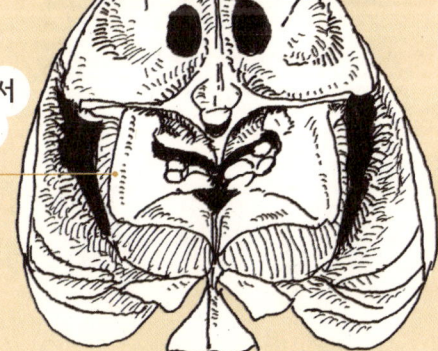

잉엇과의 다양한 인두치

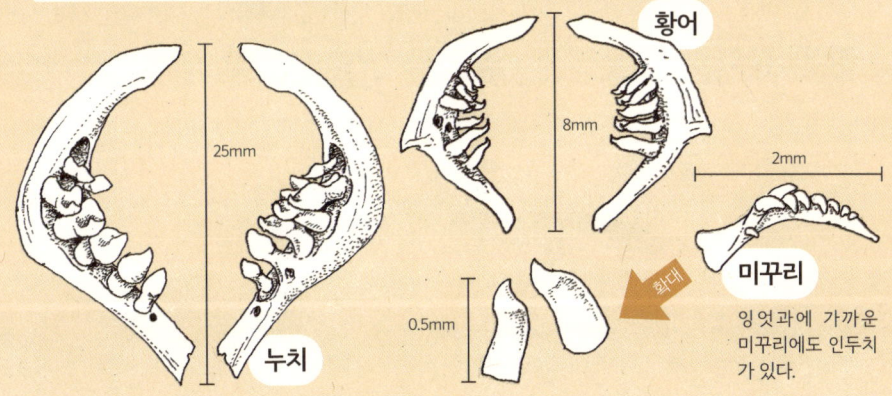

25mm — 누치

황어 — 8mm

2mm — 미꾸라지(확대) 0.5mm

미꾸리
잉엇과에 가까운 미꾸리에도 인두치가 있다.

날치목의 '인두치'

날치

바다 위를 활공하는 날치를 볼 때마다 '물고기 주제에 하늘을 날다니!' 하고 놀라곤 한다. 날치는 커다란 가슴지느러미와 배지느러미를 펼쳐 양력을 얻는다. 또한 꼬리지느러미는 아래쪽이 더 발달해 있어 수면 위를 활공할 때 추진력을 만들어 내는 역할을 한다. 한 번 활공할 때 약 300m 정도 날기도 한다. 등이 평평하고, 배가 푸른색과 은색을 띠는 것도 수면 위 생활에 적합한 특징이다. 날치는 날치목에 속하는 물고기로, 입이 길고 입안의 가느다란 인두치가 먹이를 부수는 데 적합하다. 날치목의 대표 어종이라 하면 꽁치를 떠올릴 수 있다.* 꽁치 역시 날치와 비슷한 구조를 가진 어류로, 몸의 구조에서도 몇 가지 공통점이 보인다.

*예전에는 꽁치가 날치목에 속했으나 현재 분류에 따르면 꽁치는 날치목이 아닌 고등어목이나 청어목으로 분류된다.

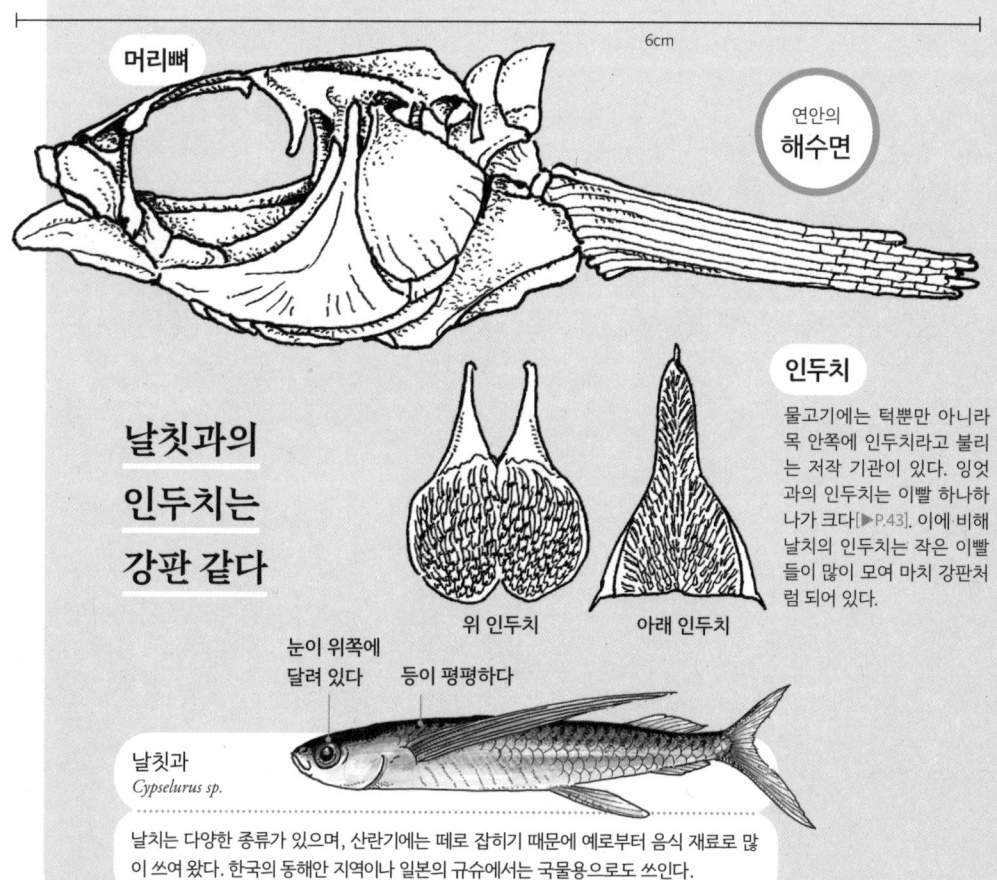

머리뼈

6cm

연안의 **해수면**

날칫과의 인두치는 강판 같다

위 인두치   아래 인두치

인두치

물고기에는 턱뿐만 아니라 목 안쪽에 인두치라고 불리는 저작 기관이 있다. 잉엇과의 인두치는 이빨 하나가 크다[▶P.43]. 이에 비해 날치의 인두치는 작은 이빨들이 많이 모여 마치 강판처럼 되어 있다.

눈이 위쪽에 달려 있다   등이 평평하다

날칫과
Cypselurus sp.

날치는 다양한 종류가 있으며, 산란기에는 떼로 잡히기 때문에 예로부터 음식 재료로 많이 쓰여 왔다. 한국의 동해안 지역이나 일본의 규슈에서는 국물용으로도 쓴다.

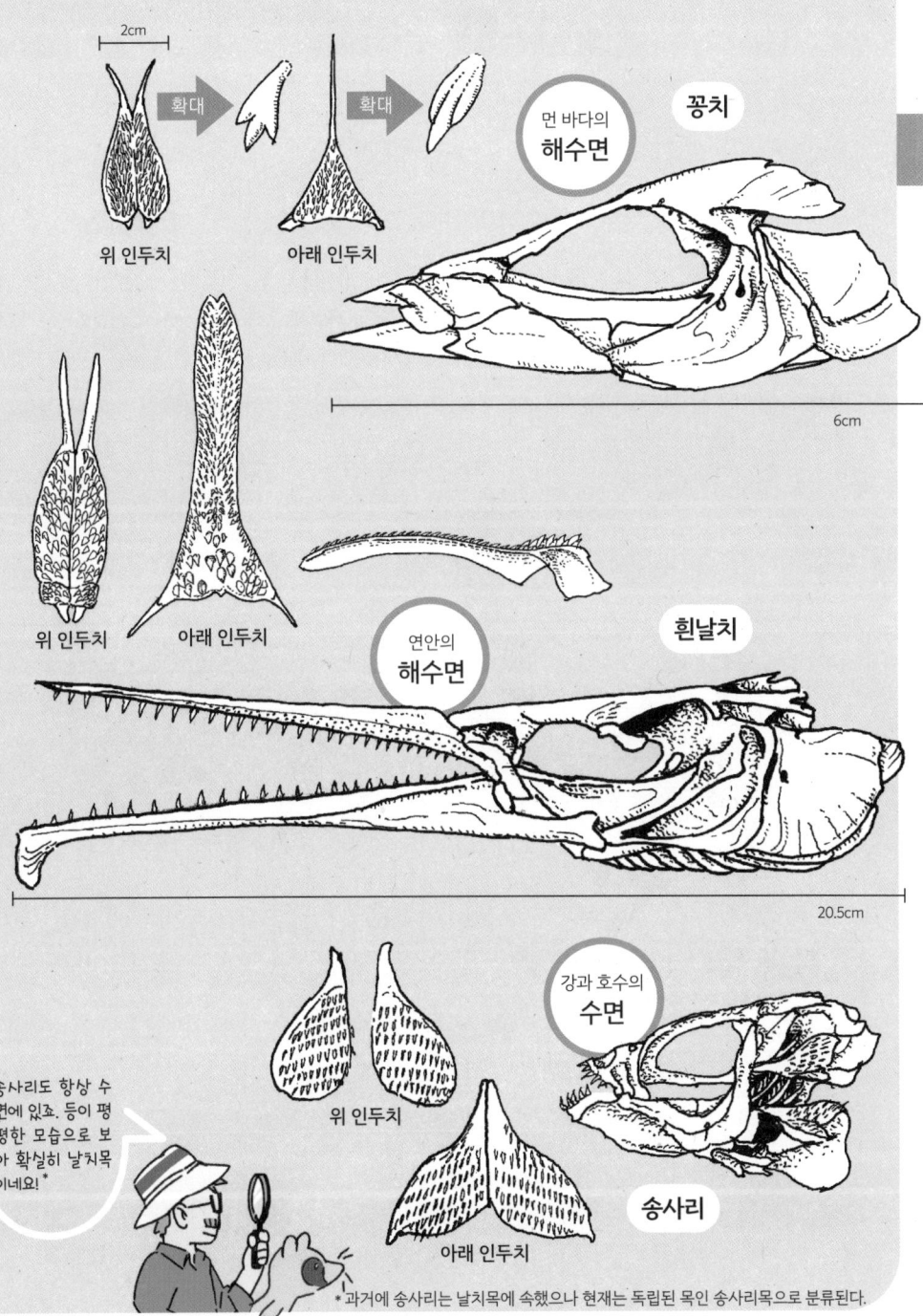

갉아먹기의 비밀 '부리'

범프헤드비늘돔

생선 가게 진열대에서 화려하게 눈길을 끄는 대표 어종은 산호초에서 흔히 볼 수 있는 비늘돔류다. 비늘돔류는 전 세계에 약 88종이 알려져 있으며, 턱과 이빨이 하나로 이어져 앵무새 부리처럼 보이는 특징 때문에 영어로 패럿피시(Parrotfish)라고 불린다. 범프헤드비늘돔은 비늘돔과 중에서 가장 큰 어종으로, 최대 130cm, 46kg까지 성장한다. 비늘돔도 종류에 따라 먹이 습성이 다르지만, 범프헤드비늘돔은 '갉아먹기의 달인'이라 불릴 만큼 강한 식성을 지녔다. 단단한 부리로 작은 무척추동물을 비롯해 거의 모든 것을 갉아먹지만, 특히 먹이의 절반가량은 살아 있는 산호다. 바위처럼 단단한 산호를 부리로 부수며 먹어 치우는데, 한 마리만 해도 1년에 약 5톤에 달하는 산호를 섭취해 다양한 산호가 자랄 수 있는 환경을 만드는 데 중요한 역할을 한다.

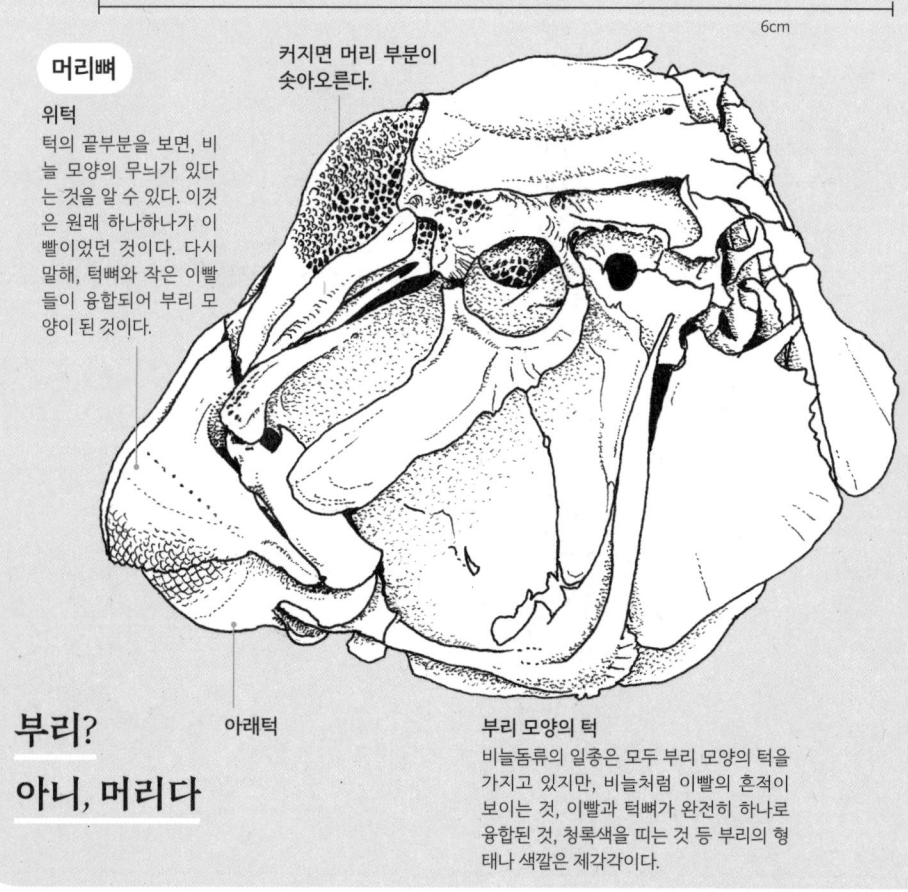

6cm

머리뼈

커지면 머리 부분이 솟아오른다.

위턱
턱의 끝부분을 보면, 비늘 모양의 무늬가 있다는 것을 알 수 있다. 이것은 원래 하나하나가 이빨이었던 것이다. 다시 말해, 턱뼈와 작은 이빨들이 융합되어 부리 모양이 된 것이다.

아래턱

부리 모양의 턱
비늘돔류의 일종은 모두 부리 모양의 턱을 가지고 있지만, 비늘처럼 이빨의 흔적이 보이는 것, 이빨과 턱뼈가 완전히 하나로 융합된 것, 청록색을 띠는 것 등 부리의 형태나 색깔은 제각각이다.

부리?
아니, 머리다

범프헤드비늘돔
Bolbometopon muricatum

떼 지어 다니는 대형 어류. 과거 이리오모테섬에서는 이 범프헤드비늘돔을 미신적 어획법으로 잡았다고 한다. 얕은 바다로 들어온 무리를 그물로 몰아넣고, 한 사람만 배에 남긴 채 나머지는 바다에 뛰어들어 맨손으로 끌어안아 잡는 방식이었다. 이때 배에 남겨진 어부가 깜빡 잠이 들면, 그 무리가 쉽게 사람 손에 잡힐 거라 믿었다고 한다.

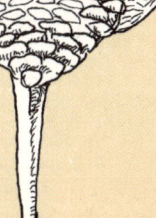

비늘돔의 인두치는 종에 따라 형태가 조금씩 달라요.

위 인두치

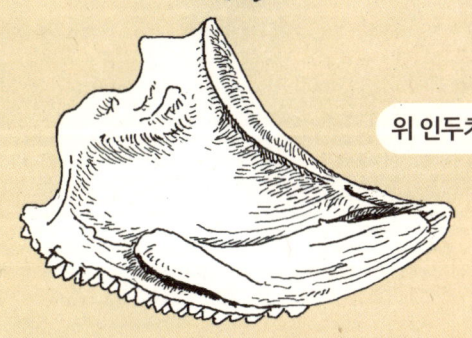

6.7cm

비늘돔의 인두치는 위아래 모두 작은 이빨들이 모여 하나의 덩어리를 이루고 있다. 위아래 이빨들이 서로 맞물려 단단해진 것도 먹이를 잘게 부수기 위함이다.

아래 인두치

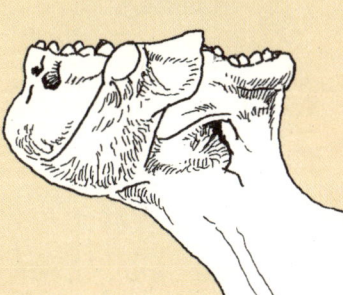

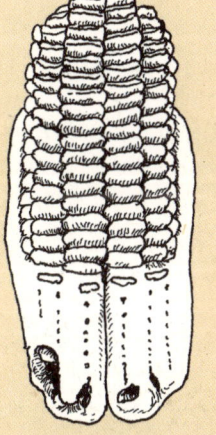

7.5cm

어류 / 경골어류

텅 빈 심해어의 뼈
흰꼬리타락치

심해는 수심이 200m 이상인 곳이다. 바다의 평균 수심은 3,800m 이므로, 바다의 대부분은 심해인 셈이다. 수심 200m가 되면 태양빛을 거의 감지할 수 없다. 식물이 광합성을 할 수 없는 심해는 생태계를 지탱하는 생산자의 존재가 열수 분출구 주변에 한정되는 등 매우 특수하고 제한된 세계다. 이러한 환경에 적응하기 위해 심해어는 독특한 방식으로 진화해 왔다. 흔히 심해어라고 하면 커다란 입을 떠올리는데, 이는 드문 먹잇감을 만났을 때 반드시 놓치지 않고 삼킬 수 있도록 발달한 결과다. 또 먹이를 찾아 끝없이 헤엄치는 대신 몸속에 기름을 많이 축적해 부력을 확보하는 특징도 보인다. 그 때문에 몸이 가벼워져 뼈가 텅 빈 듯한 개체도 있다.

흰꼬리타락치의 각 부분 뼈

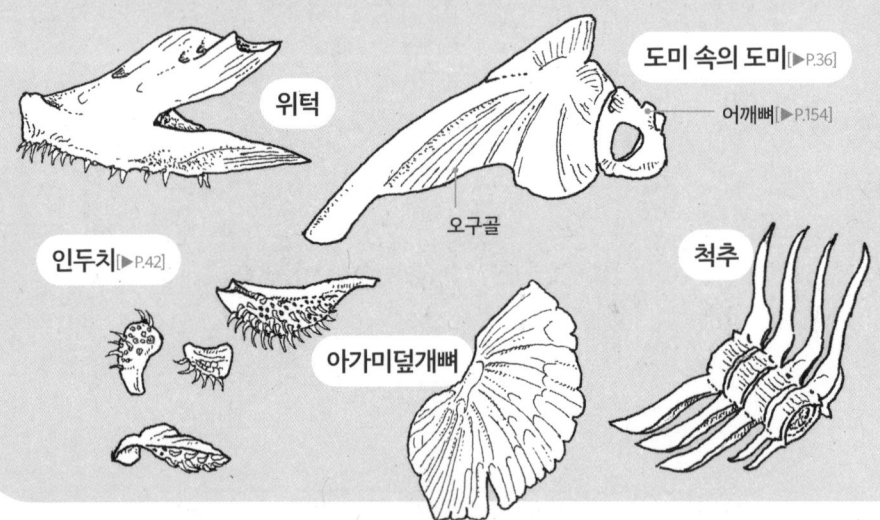

금속처럼 반짝이는 깊은 바다의 물고기

흰꼬리타락치
Taractichthys steindachneri

몸길이는 약 60cm. 심해에서도 비교적 얕은 편인 수심 약 300m 근처에서 자주 볼 수 있는 물고기다. 심해어 중에는 살이 물러 맛이 없는 종류도 있지만, 흰꼬리타락치는 육질도 좋고 맛도 뛰어나다.

어류 / 경골어류

은빛으로 반짝이는 단단한 비늘로 덮인 이 물고기는 금속 같은 외형 때문에 왠지 외계 생명체를 떠올리게 한다.

47cm

Q 자, 이 뼈는 어떤 물고기의 어느 부분일까?

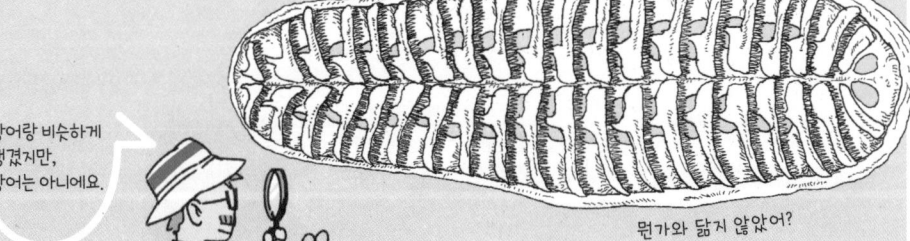

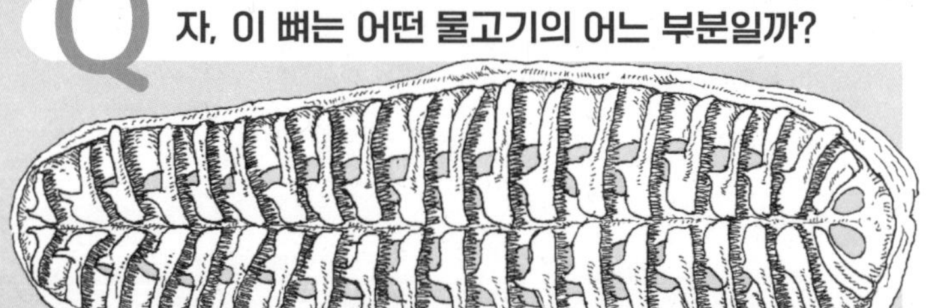

뭔가와 닮지 않았어?

상어랑 비슷하게 생겼지만, 상어는 아니에요.

빨판상어의 '빨판'

머리 위 빨판을 이용해 커다란 물고기 배에 달라붙어 있는 빨판상어의 모습은 수족관에서 흔히 볼 수 있다. 이름에 '상어'가 들어가지만, 빨판상어는 연골어류인 상어와는 전혀 다른 종류의 물고기로, 경골어류 중에서도 진화한 그룹에 속한다. 빨판상어가 '빨판'을 이용해 달라붙는 생활을 하는 데에는 여러 가지 이점이 있다. 움직일 때 에너지를 덜 쓰고, 천적에게 잡아먹힐 위험도 줄어든다. 또 어떤 경우에는 주인 역할을 하는 물고기가 먹이를 먹을 때 흘린 먹이를 덤으로 얻을 수 있으며, 주인 물고기의 기생충을 잡아 먹어 서로 도움을 주기도 한다.

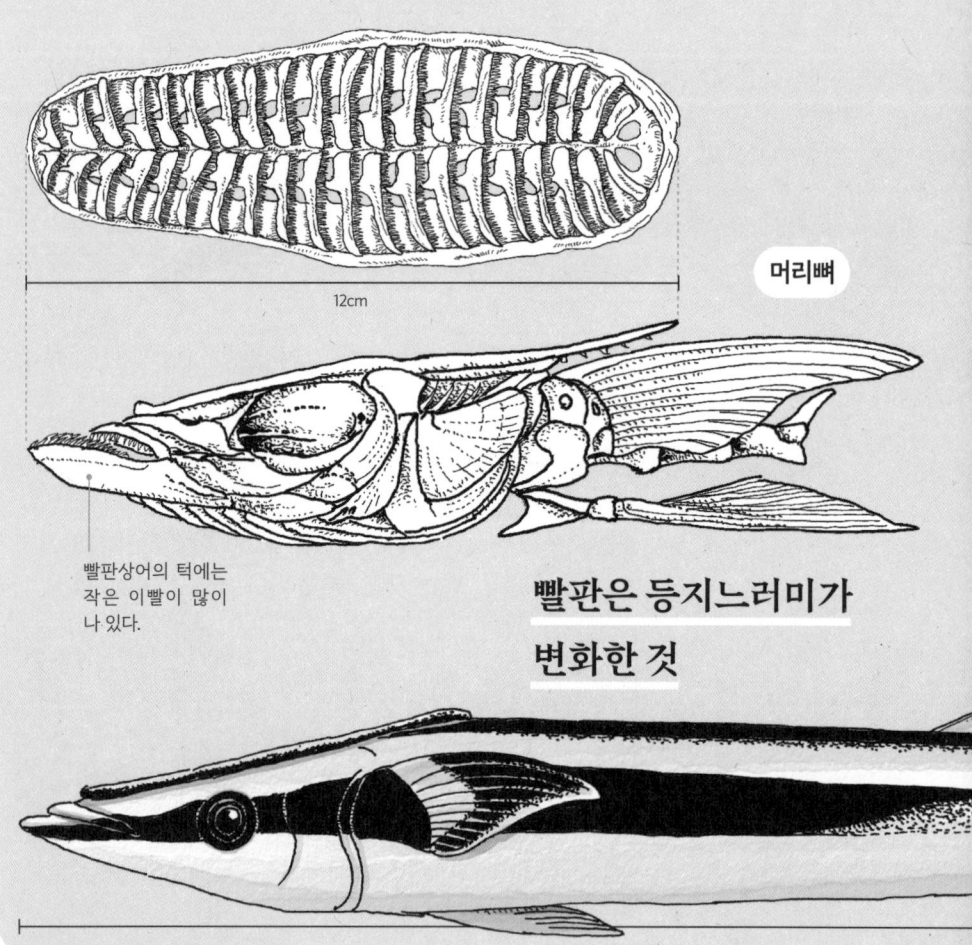

12cm

머리뼈

빨판상어의 턱에는 작은 이빨이 많이 나 있다.

빨판은 등지느러미가 변화한 것

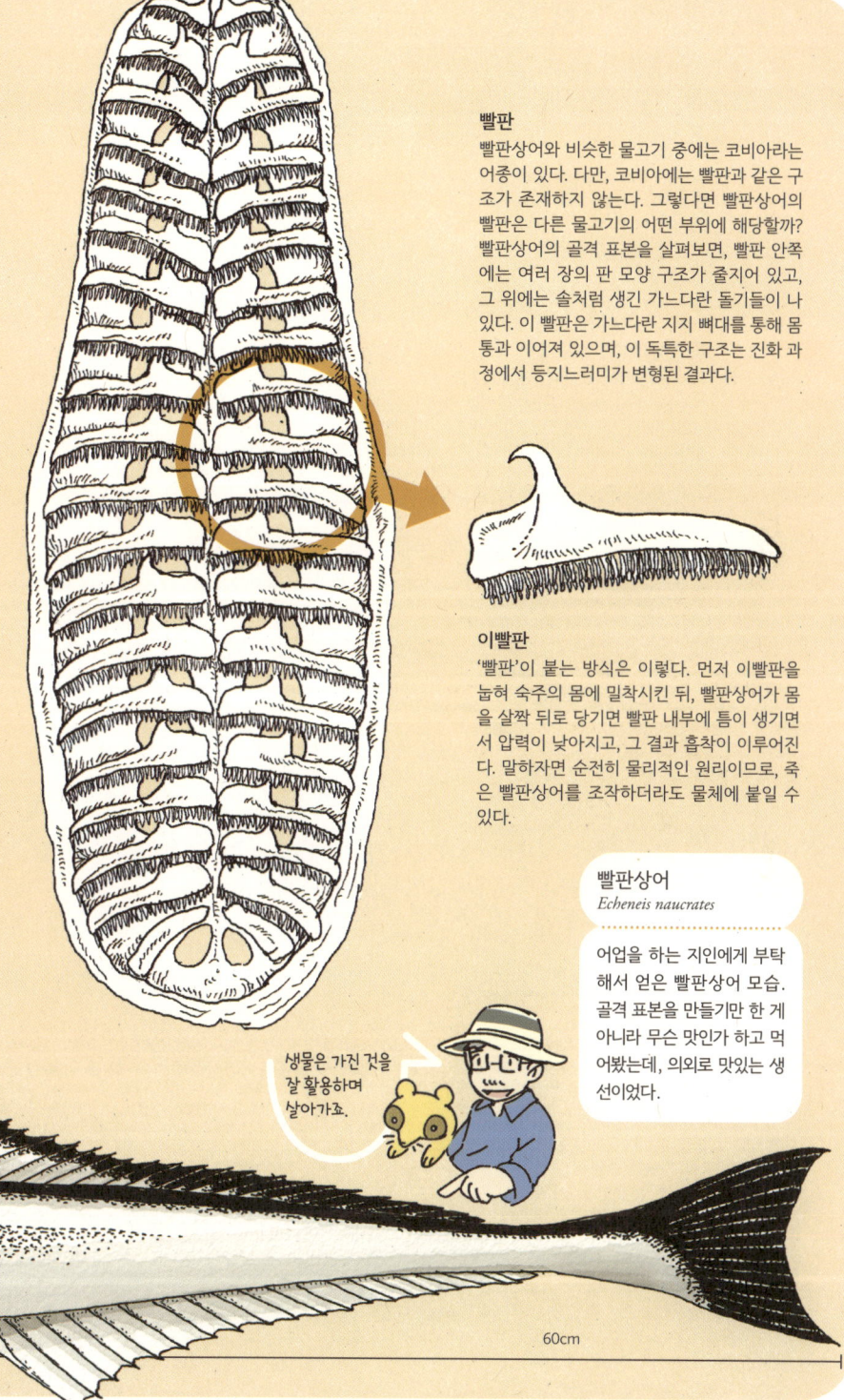

빨판

빨판상어와 비슷한 물고기 중에는 코비아라는 어종이 있다. 다만, 코비아에는 빨판과 같은 구조가 존재하지 않는다. 그렇다면 빨판상어의 빨판은 다른 물고기의 어떤 부위에 해당할까? 빨판상어의 골격 표본을 살펴보면, 빨판 안쪽에는 여러 장의 판 모양 구조가 줄지어 있고, 그 위에는 솔처럼 생긴 가느다란 돌기들이 나 있다. 이 빨판은 가느다란 지지 뼈대를 통해 몸통과 이어져 있으며, 이 독특한 구조는 진화 과정에서 등지느러미가 변형된 결과다.

이빨판

'빨판'이 붙는 방식은 이렇다. 먼저 이빨판을 눕혀 숙주의 몸에 밀착시킨 뒤, 빨판상어가 몸을 살짝 뒤로 당기면 빨판 내부에 틈이 생기면서 압력이 낮아지고, 그 결과 흡착이 이루어진다. 말하자면 순전히 물리적인 원리이므로, 죽은 빨판상어를 조작하더라도 물체에 붙일 수 있다.

빨판상어
Echeneis naucrates

어업을 하는 지인에게 부탁해서 얻은 빨판상어 모습. 골격 표본을 만들기만 한 게 아니라 무슨 맛인가 하고 먹어봤는데, 의외로 맛있는 생선이었다.

생물은 가진 것을 잘 활용하며 살아가죠.

60cm

최후의 방어법

은띠복

복어 하면 먼저 떠오르는 것은 고급 식재료이면서도 잘못 다루면 치명적인 독으로 목숨을 위협할 수 있는 물고기라는 점이다. 또 위협을 느끼면 몸을 부풀리는 습성 역시 널리 알려져 있다. 그렇다면 뼈에는 어떤 특징이 있을까? 복어는 경골어류 가운데서도 특수화된 몸 구조를 가진 물고기로, 가장 진화한 물고기라고 할 수 있다. 사실 육지로 진출한 사족동물의 앞다리와 뒷다리는 조상인 육기어류의 가슴지느러미와 배지느러미에 해당한다(기원이 같다는 뜻). 보통 다리는 몸의 뒤쪽에 붙어 있고, 육기어류의 배지느러미도 마찬가지로 몸의 뒤쪽에 위치한다. 하지만 더 진화한 물고기에서는 배지느러미가 퇴화되어 사라지기도 한다. 이처럼 특수화가 크게 진행된 복어는 장차 육지로 나가는 일이 생기더라도 뒷다리를 발달시키는 것이 어려울지도 모른다.

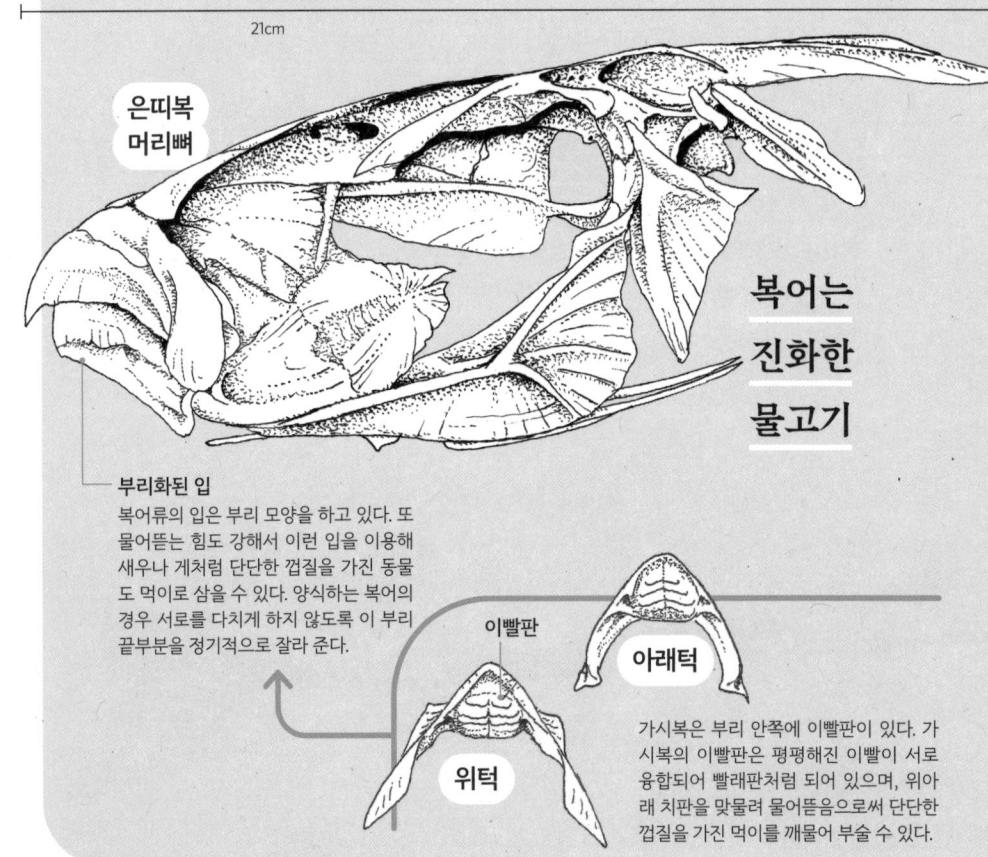

21cm

은띠복 머리뼈

복어는 진화한 물고기

부리화된 입
복어류의 입은 부리 모양을 하고 있다. 또 물어뜯는 힘도 강해서 이런 입을 이용해 새우나 게처럼 단단한 껍질을 가진 동물도 먹이로 삼을 수 있다. 양식하는 복어의 경우 서로를 다치게 하지 않도록 이 부리 끝부분을 정기적으로 잘라 준다.

이빨판

아래턱

위턱

가시복은 부리 안쪽에 이빨판이 있다. 가시복의 이빨판은 평평해진 이빨이 서로 융합되어 빨래판처럼 되어 있으며, 위아래 치판을 맞물려 물어뜯음으로써 단단한 껍질을 가진 먹이를 깨물어 부술 수 있다.

은띠복
Lagocephalus sceleratus

몸길이가 약 1m에 이르는 대형 복어의 일종. 몸의 옆면은 은색. 간과 난소에는 맹독이 있으며, 근육에는 약한 독이 있다.

별복 전신 골격

등지느러미
완전히 퇴화되었다.

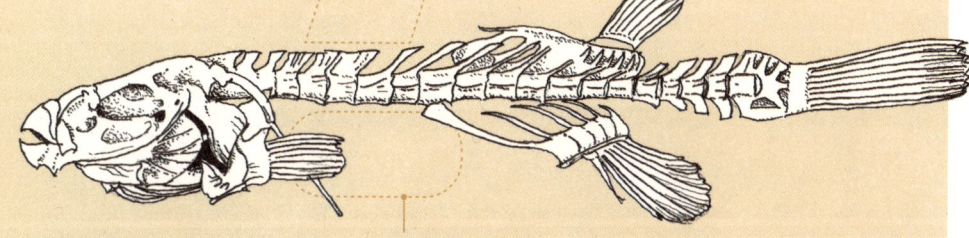

진화한 몸
복어는 등지느러미와 배지느러미, 갈비뼈가 '퇴화'되었다. 이러한 퇴화는 몸이 특수화되었다는 점에서 환경에 적응한 결과이기도 하다. 즉, 복어는 진화한 몸 구조를 가진 물고기다.

갈비뼈
복어류는 갈비뼈도 퇴화되었다. 갈비뼈가 없는 복어는 뼈의 일부가 팽창낭으로 되어 있어서 이곳에 물이나 공기를 들이마셔 배를 크게 부풀릴 수 있다.

 **가시복의 가시는 몇 개일까?**

복어류야

이건 방어 태세예요.

어류 / 경골어류

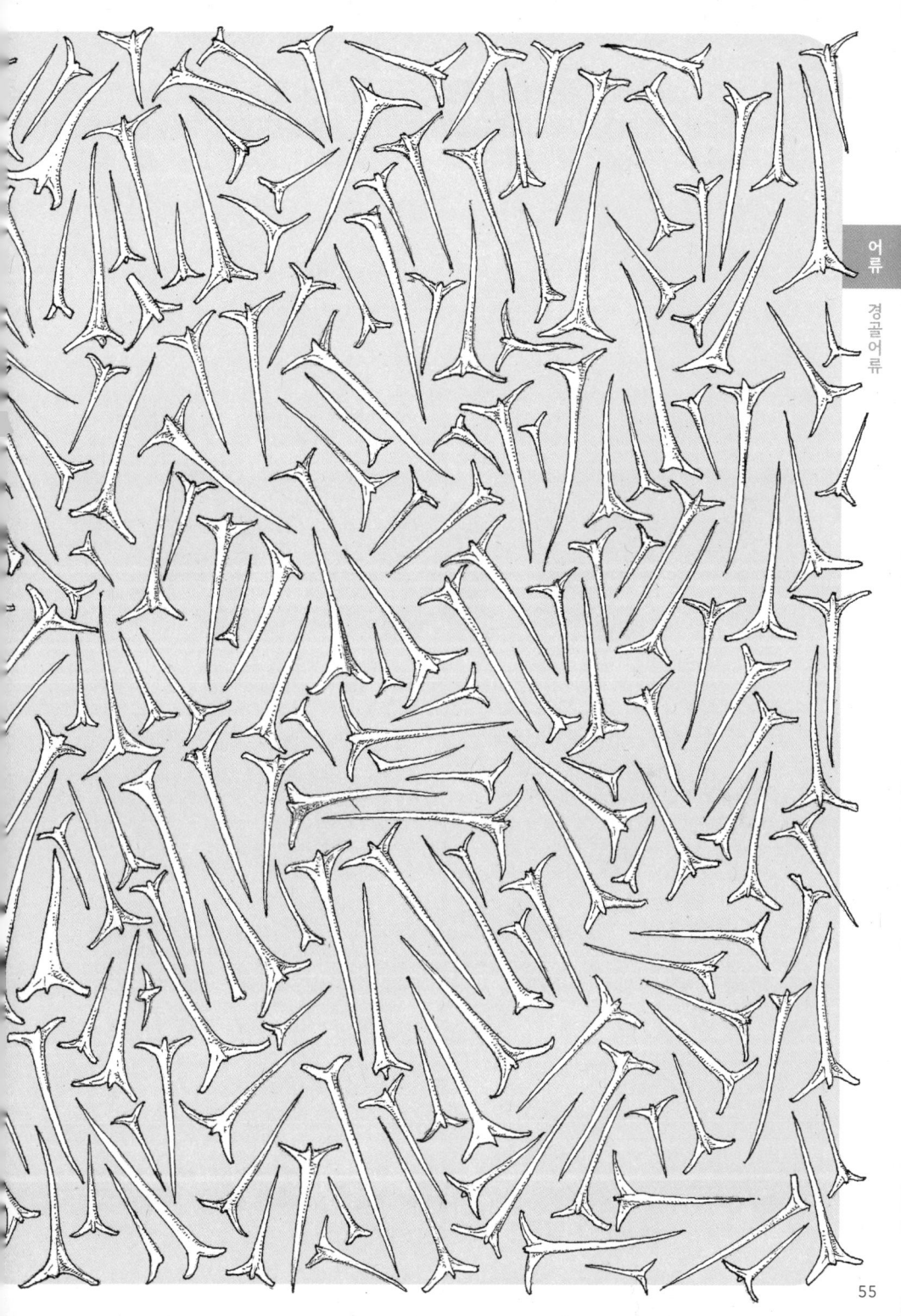

집에서 패총 만들기

발견 노트 - 뼈에 빠지다

골격 표본을 만들기 시작한 것은 내가 사립 중고등학교에서 과학 교사로 일하게 되었을 때였다. 그 학교는 조금 특이했는데, 임용 당시 들은 말이 "수업만 빼먹지 않으면 학생들이 자도 괜찮습니다. 대학에만 들어가면 되니까요"라는 것이었다. 새로 부임한 교사에게 그저 수업만 해달라는 분위기의 학교였다. 실제로 그곳의 실태는 '온라인 위주의 수업', 혹은 '학교 법인은 있지만 정작 학교는 존재하지 않는다'라는 식으로 묘사되곤 했다. 수업 시간에도 학생들은 전혀 흥미를 보이지 않았고, 책상에 엎드려 잠들거나 아예 교실 밖으로 나가 버리기도 했다. 과학실에는 실험 기구도, 표본도 거의 없는 상태였다. 시행착오를 거듭하던 중 시간이 지나자 생물에 특별한 관심이 없던 학생들조차 살아 있는 자연 앞에서는 어쩔 수 없이 끌린다는 사실을 알게 되었다. 이를테면 들풀을 직접 먹어 본다든가 벌이나 뱀, 곰 이야기를 꺼내는 식이었다. 심지어는 학교 주변에서 교통사고로 죽은 너구리의 로드킬 사체를 교실로 가져와 보기도 했다. 나는 이 현상을 임의로 '3K 법칙'이라 불렀는데, 곧 '먹을 수 있다, 무섭다, 징그럽다'*는 요소가 학생들을 단번에 사로잡는다는 의미였다. 왜냐하면 그것들이야말로 학생들이 곧바로 실감할 수 있는 요소이었기 때문이다.

물론 질색하는 학생들도 있었다. 게다가 너구리 사체는 보관조차 쉽지 않았다. 그래서 결국 골격 표본을 만들기로 했다. 처음 시도는 그야말로 가관이었다. 일단 사체를 냄비에 넣고 푹 삶은 뒤, 살을 발라내는 식이었다. 그러자 점차 흥미를 느낀 학생들이 하나둘 도와주기 시작했고, 나중에는 아예 과학실에 자리를 잡고 학생들끼리 뼈를 발라내는 지경까지 이르렀다. 그중에는 나보다 훨씬 능숙하게 뼈를 추출하는 학생도 있었다. 혼자서 할 때보다 더 다양한 방법도 고안되었는데, 예를 들어 틀니 세정제에 들어 있는 단백질 분해 효소를 활용한 뼈 추출법 같은 것도 그런 성과 중 하나였다.

그 후 나는 15년간 몸담았던 학교에서 퇴직하고, 오키나와를 새로운 거주지로 삼았다. 오키나와에는 육상 포유류가 드물어서 뼈를 수집할 일은 거의 없으리라 생각했다. 그러나 사방이 바다로 둘러싸인 이곳에는 또 다른 뼈 수집 대상이 있었다. 바로 물고기였다.

물고기의 뼈를 발라내는 일은 무척 까다롭다. 머리뼈 하나만 해도 삶는 순간 여러 조각으로 산산이 흩어져 다시 조립하기가 매우 어렵다. 게다가 나 자신이 원래 손재주가 없는 탓도 있어 뼈 해부 기술을 갈고닦는 데 큰 열의를 느끼지는 못한다. 오히려 '왜 뼈를 발라내는가'라는 의미를 부여하는 일이 나에게는 더 큰 동기 부여가 된다.

오키나와에서도 나는 새로운 교육 현장에서 일하게 되었다. 그곳에서 만난 학생들 역시 자연에 특별한 관심이 있다고 보기는 어려웠다. 그렇다고 해서 요즘 젊은 세대가 나쁘다는 말은 아니다. 현대 사회에서는 자연에 대한 흥미나 관심이 없어도 충분히 살아갈 수 있기 때문이다. 곰곰이 생각해 보면 나 자신도 다르지 않았다. 일상은 집과 학교를 오가는 생활이 전부였고, 요리를 한다 해도 재료는 슈퍼마켓에서 이미 손질된 고기나 생선을 사다 쓰는 정도였다. 즉, 자연과 분리된 삶을 산다는 점에서 나도 학생들과 별반 다를 게 없었다. 하지만 어느 날 나는 문득 생각했다. 이런 일상을 새롭게 바라볼 수 있는 방법은 없을까?

문득 떠오른 건 '나만의 패총 만들기'였다. 패총이란 옛사람들이 살던 생활 흔적으로, 날마다 먹고 남긴 자취가 쌓인 화석 같은 것이다. 그렇다면 내 식생활에서도 패총을 만들 수 있지 않을까 하는 생각이 들었다. 그때부터 나는 매일 세 끼 식단을 메모했다. 그리고 뼈(조개껍데기는 생략했다)가 생기면, 그것을 깨끗이 씻어 보관했다. 1년 동안 내 곁에 얼마나 많은 뼈가 남는지를 기록해 보자고 생각한 것이다. 의식하지 않으면 어느새 뼈 없는 식탁이 되어버린다. 돼지고기든 햄이든 회든, 전부 어딘가에서 이미 뼈가 제거된 상태로 유통되기 때문이다. 그래서 아예 수산시장에 가서 생선을 통째로 사다 먹기 시작했다. 식사를 마친 뒤 남은 뼈는 틀니 세정제를 녹인 물에 담가서 깨끗하게 만드는 날들이 이어졌다.

그렇게 1년이 지나자 총 1,091회의 식사 가운데 고기를 먹은 것은 632회였고, 그중에서 뼈를 추출해 낸 경우는 127회에 불과했다. 의식적으로 노력했음에도 전체 식사의 고작 11.6%에서만 뼈를 회수할 수 있었던 것이다. 그 안에는 도시락에 들어 있던 연어 살에서 발라낸 갈비뼈 하나도 포함된다. 그렇게 모은 뼈는 작은 골판지 상자 하나를 가득 채웠다. 그리고 그 모든 수고 끝에 뼈와 마주한 시간들이 쌓이면서 내가 얻은 뼈에 대한 경험과 지식은 비록 아주 미미할지라도 분명 축적되었다. 바로 그 축적의 연장선 위에서 이 책이 탄생하게 된 것이다.

* 각각의 일본어 발음이 'K'로 시작됨.

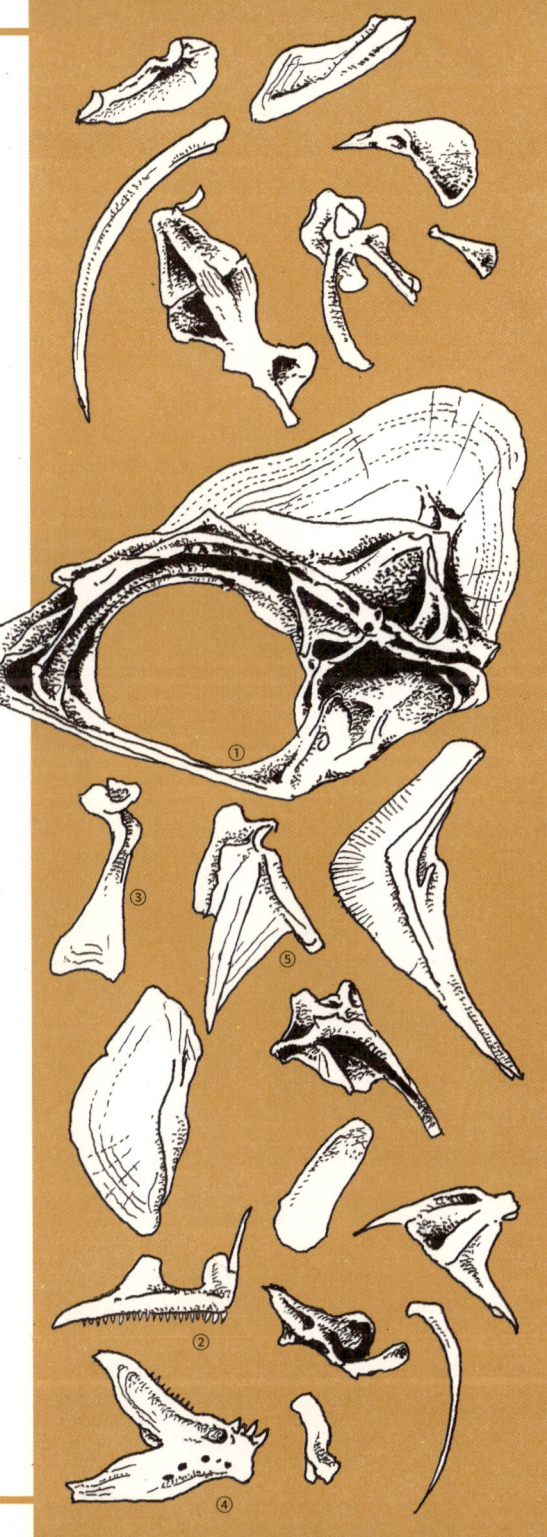

청도미의 머리뼈 분해 표본
물고기는 삶으면 뼈에서 살을 쉽게 분리할 수 있지만, 물고기의 뼈는 부위가 다양하기 때문에 한 번 분해한 뼈를 다시 조립하려면 상당한 연습이 필요하다.
①신경머리뼈 ②앞위턱뼈 ③주위턱뼈 ④이빨뼈 ⑤각골
위턱은 ②와 ③, 아래턱은 ④와 ⑤가 결합되어 구성된다.

제2장 양서류

점프해서 이동하는 몸

양서류를 대표하여 개구리의 골격을 살펴보자. 겉은 부드러워 보이지만 몸 안에는 단단한 뼈가 있다. 개구리의 골격에서 가장 먼저 눈에 띄는 부분은 발달한 뒷다리인데, 이것은 도약이나 수영 같은 행동과 밀접하게 관련되어 있다. 뒷다리에 비해 작은 앞다리는 도약 시에 착지 장치로 작용한다. 또한 꼬리는 도약 동작에 불필요한 때문인지 소실되었다.

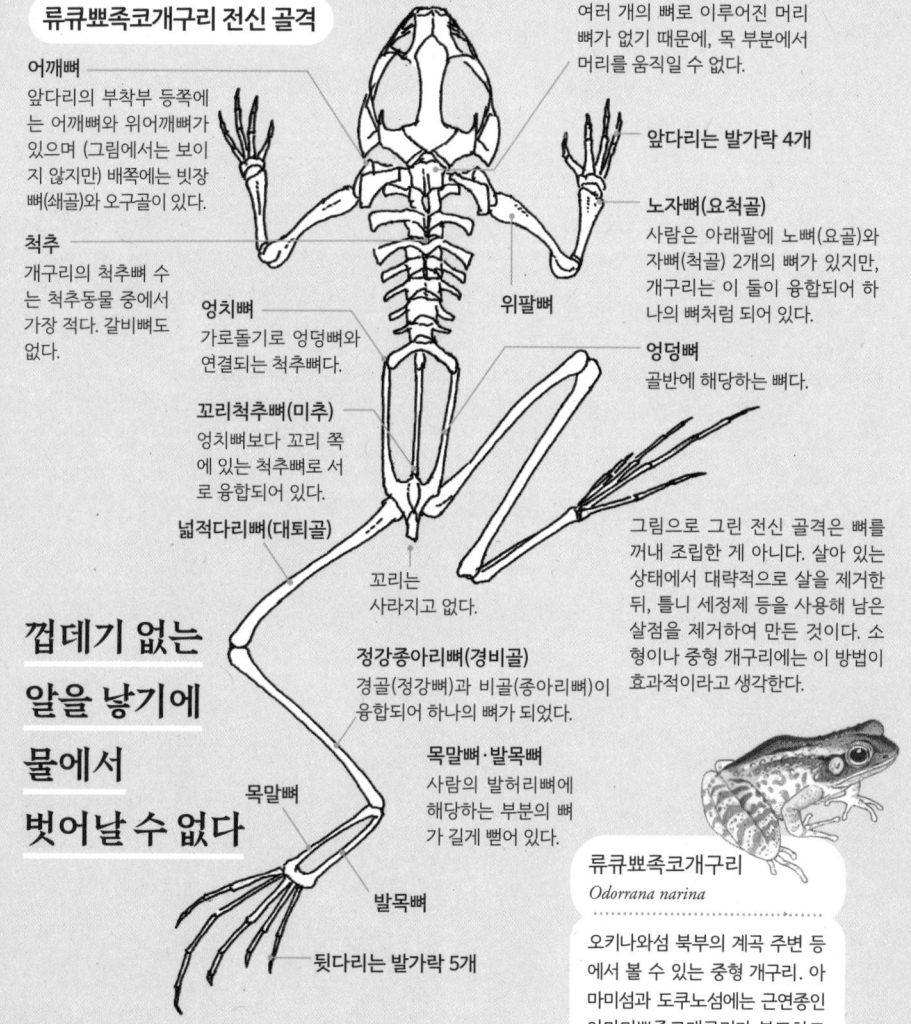

류큐뽀족코개구리 전신 골격

어깨뼈
앞다리의 부착부 등쪽에는 어깨뼈와 위어깨뼈가 있으며 (그림에서는 보이지 않지만) 배쪽에는 빗장뼈(쇄골)와 오구골이 있다.

척추
개구리의 척추뼈 수는 척추동물 중에서 가장 적다. 갈비뼈도 없다.

엉치뼈
가로돌기로 엉덩뼈와 연결되는 척추뼈다.

꼬리척추뼈(미추)
엉치뼈보다 꼬리 쪽에 있는 척추뼈로 서로 융합되어 있다.

넓적다리뼈(대퇴골)

꼬리는 사라지고 없다.

정강종아리뼈(경비골)
경골(정강뼈)과 비골(종아리뼈)이 융합되어 하나의 뼈가 되었다.

목말뼈·발목뼈
사람의 발허리뼈에 해당하는 부분의 뼈가 길게 뻗어 있다.

목말뼈

발목뼈

뒷다리는 발가락 5개

여러 개의 뼈로 이루어진 머리뼈가 없기 때문에, 목 부분에서 머리를 움직일 수 없다.

앞다리는 발가락 4개

노자뼈(요척골)
사람은 아래팔에 노뼈(요골)와 자뼈(척골) 2개의 뼈가 있지만, 개구리는 이 둘이 융합되어 하나의 뼈처럼 되어 있다.

위팔뼈

엉덩뼈
골반에 해당하는 뼈다.

그림으로 그린 전신 골격은 뼈를 꺼내 조립한 게 아니다. 살아 있는 상태에서 대략적으로 살을 제거한 뒤, 틀니 세정제 등을 사용해 남은 살점을 제거하여 만든 것이다. 소형이나 중형 개구리에는 이 방법이 효과적이라고 생각한다.

류큐뽀족코개구리
Odorrana narina

오키나와섬 북부의 계곡 주변 등에서 볼 수 있는 중형 개구리. 아마미섬과 도쿠노섬에는 근연종인 아마미뽀족코개구리가 분포하고 있다.

껍데기 없는 알을 낳기에 물에서 벗어날 수 없다

파충류

지상 생활에 더욱 적합한 몸

양서류는 알과 올챙이가 물과 뗄 수 없는 생활을 하지만, 파충류는 양서류의 수중 생활 단계를 알 속에서 보내기 위해 특수한 알(양막란)을 낳고, 지상 생활에 더 잘 적응할 수 있게 된 척추동물이다. 파충류는 현재 생존하는 동물만 해도, 거북, 악어, 도마뱀과 뱀(유린류), 투아타라 4가지로 크게 분류되는 다양한 구성원의 무리다.

녹색이구아나의 전신 골격

척추
척추를 구성하는 척추뼈는 머리쪽부터 목척추뼈, 등허리척추뼈, 엉치뼈(허리척추뼈와 이어지는 척추뼈), 꼬리척추뼈로 분류된다.

부력이 없는 육상 생활을 하게 되면서 몸 전체의 무게를 골격으로 지탱할 필요가 생겼다. 척추뼈는 여러 돌기가 있으며, 갈비뼈와 단단히 결합된 형태를 이루고 있다. 도마뱀의 경우 다리가 포유류처럼 몸 바로 아래에 곧게 붙어 있지 않고, 몸 옆으로 뻗어 있다.

갈비뼈
사람의 갈비뼈는 가슴 부위에만 있지만, 파충류의 갈비뼈는 배쪽(화살표)에도 보인다(이구아나는 복부 갈비뼈가 짧다).

녹색이구아나 머리뼈

위쪽 두창
아래쪽 두창

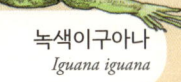
아래턱

껍데기에 싸인 알을 낳고, 내륙으로 진출

두정안
초기의 척추동물은 머리 꼭대기에 빛을 감지하는 한 쌍의 기관이 있었다. 현재의 파충류 머리에는 그중 하나가 두정안으로 남아 있고, 다른 하나는 체내로 들어가 송과체(뇌 속에서 호르몬을 분비하는 기관)가 되었다.

녹색이구아나
Iguana iguana

중남미 지역에 분포하며, 전체 길이가 약 180cm에 달하는 초식성 도마뱀. 반려동물로 사육되는 경우도 많다.

나무 위 생활에 적응한 몸

카멜레온

카멜레온은 도마뱀 가운데서도 가장 진화한 형태라고 여겨진다. 카멜레온의 종류는 매우 다양하며, 가장 작은 것은 전체 길이 약 3cm, 큰 것은 약 70cm에 이르기도 한다. 나무 위에서 곤충을 잡아먹기 위한 생활에 적합하도록, 손가락은 마주보는 구조로 되어 있어서 가지를 단단히 움켜잡을 수 있다. 또한 왼쪽 눈과 오른쪽 눈은 서로 다른 방향을 독립적으로 볼 수 있어 시야가 매우 넓으며, 시력도 뛰어나 먹잇감을 발견하면 긴 혀를 빠르게 발사해 끈적한 혀끝으로 정확히 포획한다.

노린 먹잇감은 놓치지 않는다

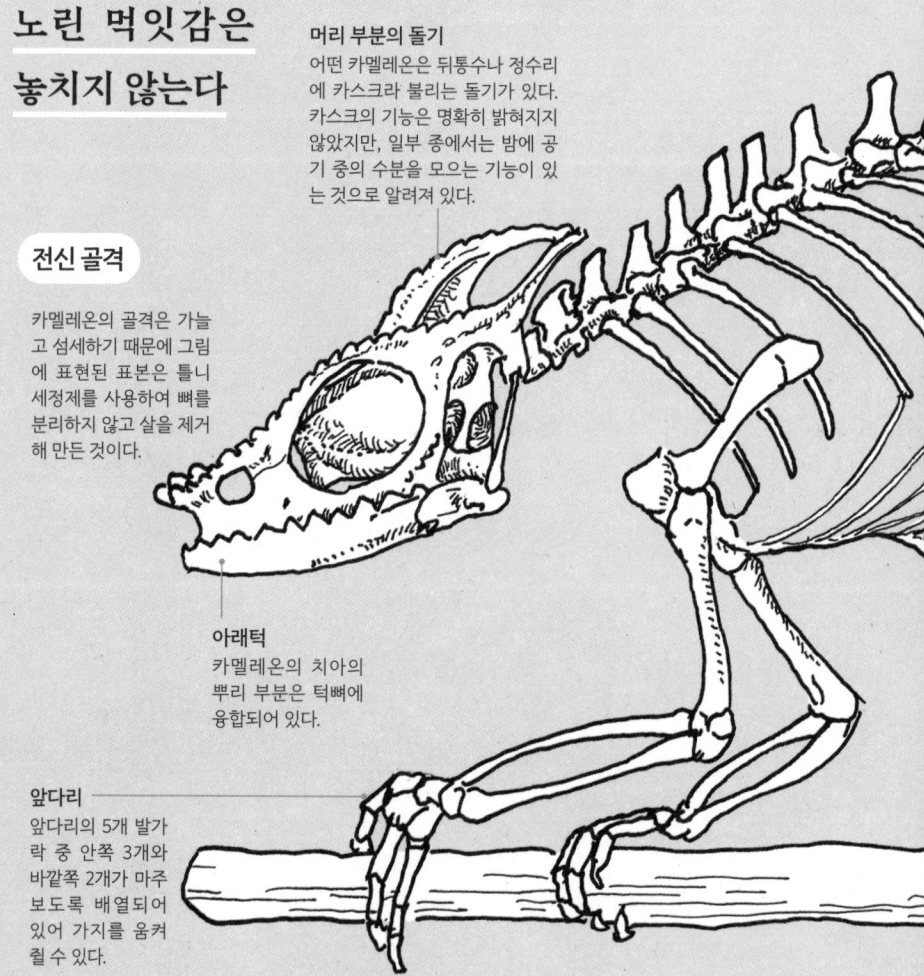

머리 부분의 돌기
어떤 카멜레온은 뒤통수나 정수리에 카스크라 불리는 돌기가 있다. 카스크의 기능은 명확히 밝혀지지 않았지만, 일부 종에서는 밤에 공기 중의 수분을 모으는 기능이 있는 것으로 알려져 있다.

전신 골격

카멜레온의 골격은 가늘고 섬세하기 때문에 그림에 표현된 표본은 틀니 세정제를 사용하여 뼈를 분리하지 않고 살을 제거해 만든 것이다.

아래턱
카멜레온의 치아의 뿌리 부분은 턱뼈에 융합되어 있다.

앞다리
앞다리의 5개 발가락 중 안쪽 3개와 바깥쪽 2개가 마주보도록 배열되어 있어 가지를 움켜쥘 수 있다.

17cm(꼬리를 말았을 때 전체 길이)

좌우로 납작한 체형이다.

눈
좌우 각각 독립적으로 움직일 수 있으며 360도에 가까운 시야를 가진다.

긴 혀
머리부터 엉덩이까지 길이의 2배나 되는 혀를 가진 종도 있다. 혀끝은 끈적한 점액으로 덮여 있어 먹잇감이 쉽게 달라붙는다.

앞다리
발가락은 마주 보는 구조로 되어 있어 나뭇가지를 단단히 움켜쥘 수 있다.

카멜레온
몸 색깔을 바꾸는 동물로 유명하지만, 이것은 주변 색에 맞춰 위장하려는 목적뿐 아니라, 체온 조절이나 개체의 상태에 따라 색이 바뀐다.

꼬리
나뭇가지 등에 말아 감을 수 있다.

파충류 / 도마뱀

긴 뼈 여러 개가 튀어나와 있네요.

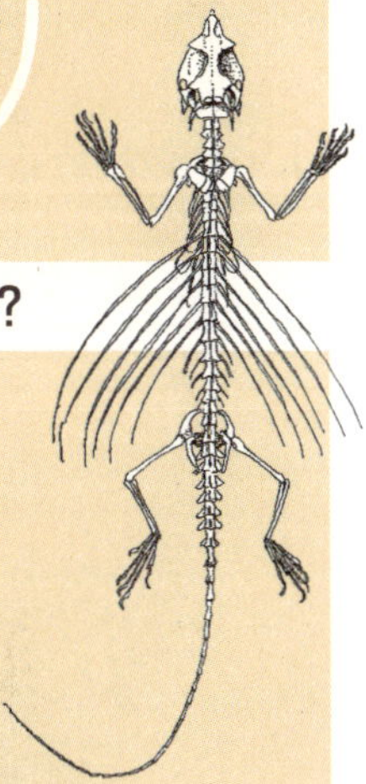

Q 이런 뼈를 가진 동물은 뭘까?

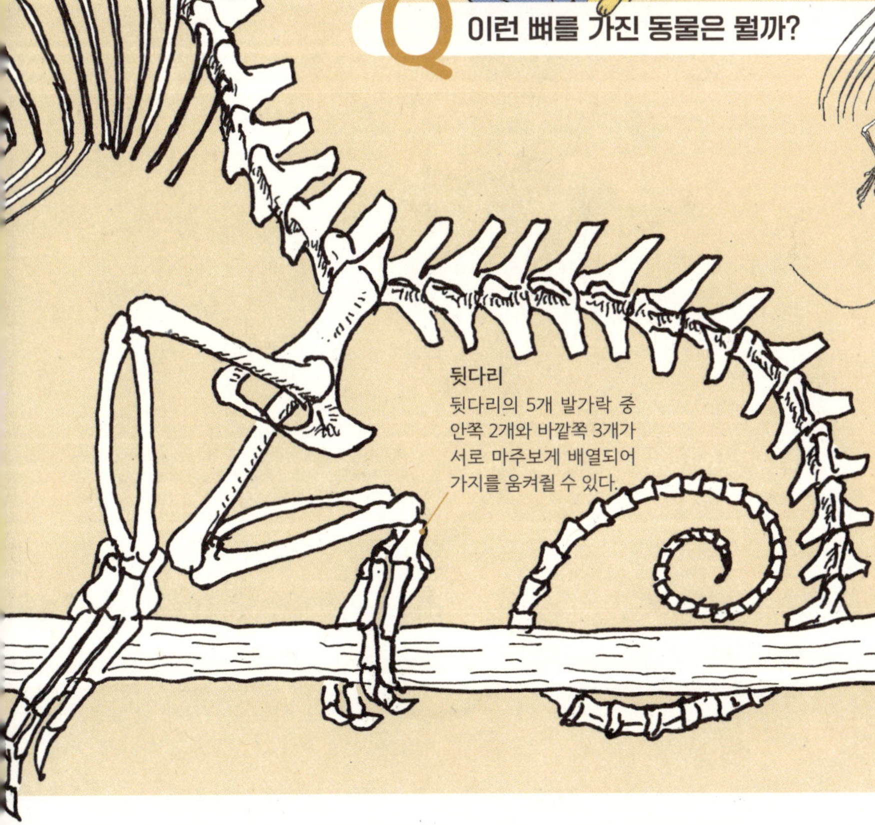

뒷다리
뒷다리의 5개 발가락 중 안쪽 2개와 바깥쪽 3개가 서로 마주보게 배열되어 가지를 움켜쥘 수 있다.

61

A 날도마뱀

날도마뱀은 나무 위에서 생활하는 도마뱀으로 배 부위에 있는 비막을 펼쳐 나무에서 나무로 활공할 수 있다(20m 이상 활공한 기록도 있다). 날도마뱀속(Doraco)의 속명은 드래곤(용)에서 유래했다. 중국 남부에서 동남아시아, 인도 남부에 걸쳐 분포하며 약 40종이 알려져 있다.

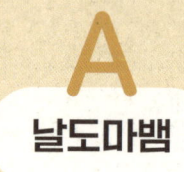

비막의 역할
비막은 근육에 의해 펼치거나 접을 수 있다. 또한 비막의 무늬는 종마다 다양하여 노란색이나 주홍색처럼 눈에 띄는 색을 가진 경우도 있다. 이 비막은 활공뿐 아니라 수컷들 사이의 영역 다툼이나 암컷을 유혹할 때도 사용된다.

나무에서 나무로 10~20m 활공하는 도마뱀

18세기에 학회에서 처음 소개되었을 당시에는 이 도마뱀이 정말로 날 수 있는지 논란이 되었다고 해요.

날도마뱀의 일종
Draco spp.

동남아시아에서는 나비 표본처럼 비막을 펼친 상태로 건조시킨 날도마뱀이 기념품으로 팔리는 경우도 있다.

페름기에도 존재했던 활공 파충류

최근 날도마뱀의 활공 영상을 분석한 결과, 날도마뱀은 활공 시 앞다리로 비막을 들어 올릴 수 있다는 사실이 밝혀졌다. 즉, 앞다리로 비막을 제어하는 듯한 모습을 보인다는 뜻이다. 착지 직전에는 앞다리가 비막에서 떨어진다. 이러한 활공 방식은 화석으로만 알려진 고대 파충류도 날도마뱀과 비슷한 방식으로 활공했을 가능성을 시사한다. 이처럼 활공 파충류는 진화의 역사 속에서 여러 차례 독립적으로 출현해 왔다. 고대 페름기(약 2억 9,900만~2억 5,190만 년 전)의 화석 중, 독일과 영국에서 발견된 바이겔티사우루스(Weigeltisaurus)는 날도마뱀처럼 복부에 비막이 있는 파충류였다. 그들의 비막을 지탱하는 뼈는 20개 이상으로, 날도마뱀보다 많았다. 단, 이 뼈는 날도마뱀처럼 갈비뼈에서 유래한 것은 아니라고 여겨진다.

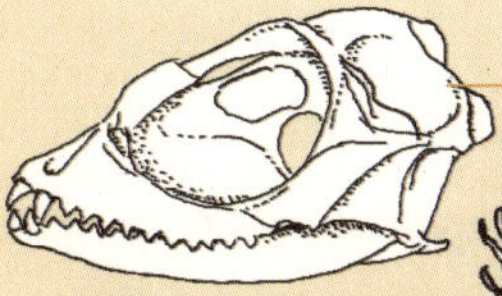

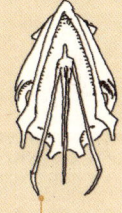

전신 골격

머리뼈
눈구멍이 크고, 머리는 둥근 형태를 이루고 있다.

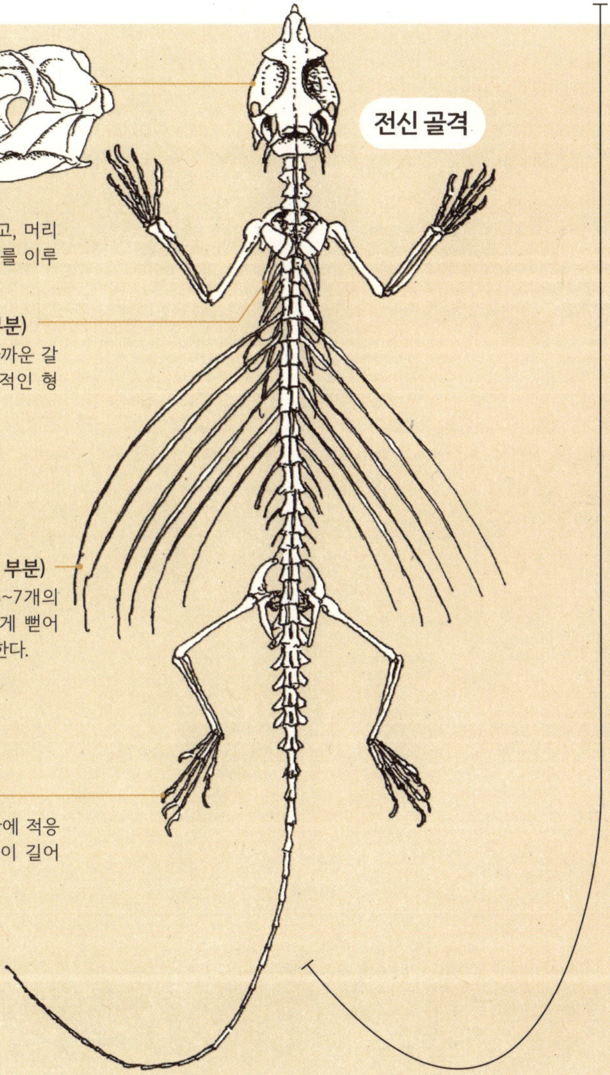

갈비뼈(앞 부분)
머리 쪽에 가까운 갈비뼈는 일반적인 형태다.

갈비뼈(중간 부분)
종에 따라 5~7개의 갈비뼈가 길게 뻗어 비막을 형성한다.

발가락
나무 위 생활에 적응하여 발가락이 길어졌다.

목뿔뼈(설골)
목 아래에는 듀랩(Dewlap)이라 불리는 피부의 늘어진 부분이 있으며, 이 부분은 목뿔뼈에 의해 펼쳐진다. 수컷들끼리 위협할 때 이 부위를 펼쳐 보인다.

17cm
머리부터 꼬리 끝까지

Q 뱀의 몸, 어디부터 꼬리일까?

큰 먹이를 삼키고 소화하기 위한 몸

뱀은 다리가 퇴화하고, 몸이 길게 늘어난 파충류다. 가느다란 몸으로 땅속 굴에 들어가 먹이를 사냥하거나 나뭇가지 위를 미끄러지듯 이동할 수 있다. 쥐 같은 작은 포유류를 잡아먹는 종 외에도 새, 파충류, 양서류, 심지어는 물고기나 다른 뱀, 민달팽이 등을 잡아먹는 종도 있다. 그렇다면 이 길쭉한 몸 중 어디까지가 몸통이고 어디까지가 꼬리일까?

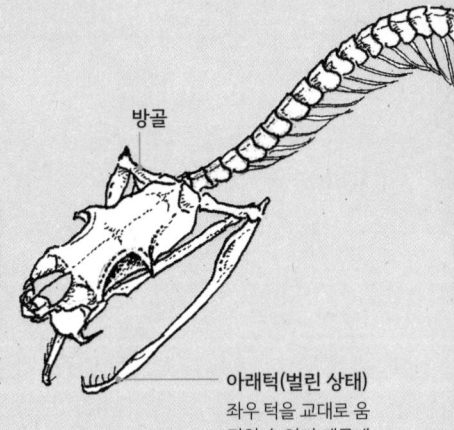

아래턱의 구조
뱀은 먹이를 앞발로 붙잡을 수 없기 때문에 대부분의 먹이를 통째로 삼킨다. 뱀의 아래턱은 좌우 2개의 뼈로 되어 있으며, 인대로 연결되어 있어 좌우로 벌릴 수 있다. 또한 머리뼈와 아래턱을 연결하는 방골은 축처럼 작용하는 관절을 형성하여 턱을 수직으로 크게 벌릴 수 있게 한다.

아래턱(벌린 상태)
좌우 턱을 교대로 움직일 수 있기 때문에 입 밖으로 튀어나온 큰 먹이도 조금씩 삼킬 수 있다.

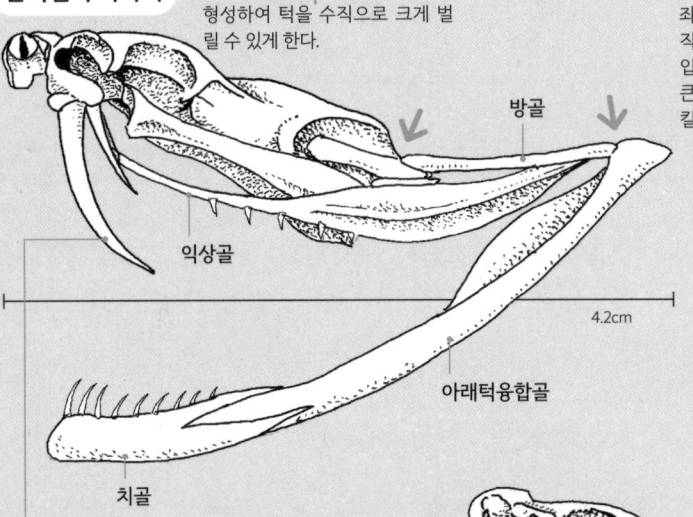

반시뱀의 머리뼈

익상골 · 방골 · 4.2cm · 아래턱융합골 · 치골

독니
독액이 주입될 수 있도록, 내부는 터널처럼 되어 있으며, 끝부분에는 구멍이 있다. 가동식 구주로, 평소에는 접혀 있다.

일본살무사의 머리뼈
전 세계 약 3,400종의 뱀이 있으며, 그중 약 700종이 독사로 알려져 있다. 오키나와와 아마미오섬 등에 분포하는 반시뱀, 그리고 일본 본토에 분포하는 일본살무사는 모두 살무삿과에 속하며, 머리뼈의 기본적인 형태가 비슷하다.

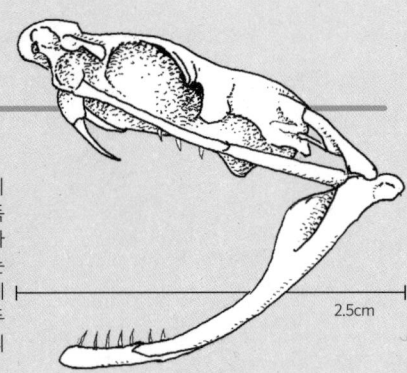

2.5cm

반시뱀(하브)
Protobothrops flavoviridius

일본에 서식하는 반시뱀류로는 도카라 하브, 하브, 사키시마 하브와 외래종인 타이완 하브가 있다. 이 가운데 하브는 가장 크게 자라는 종으로 전체 길이 242cm에 이른 기록도 있다. 또한 쥐나 새 같은 온혈 동물을 주로 사냥한다.

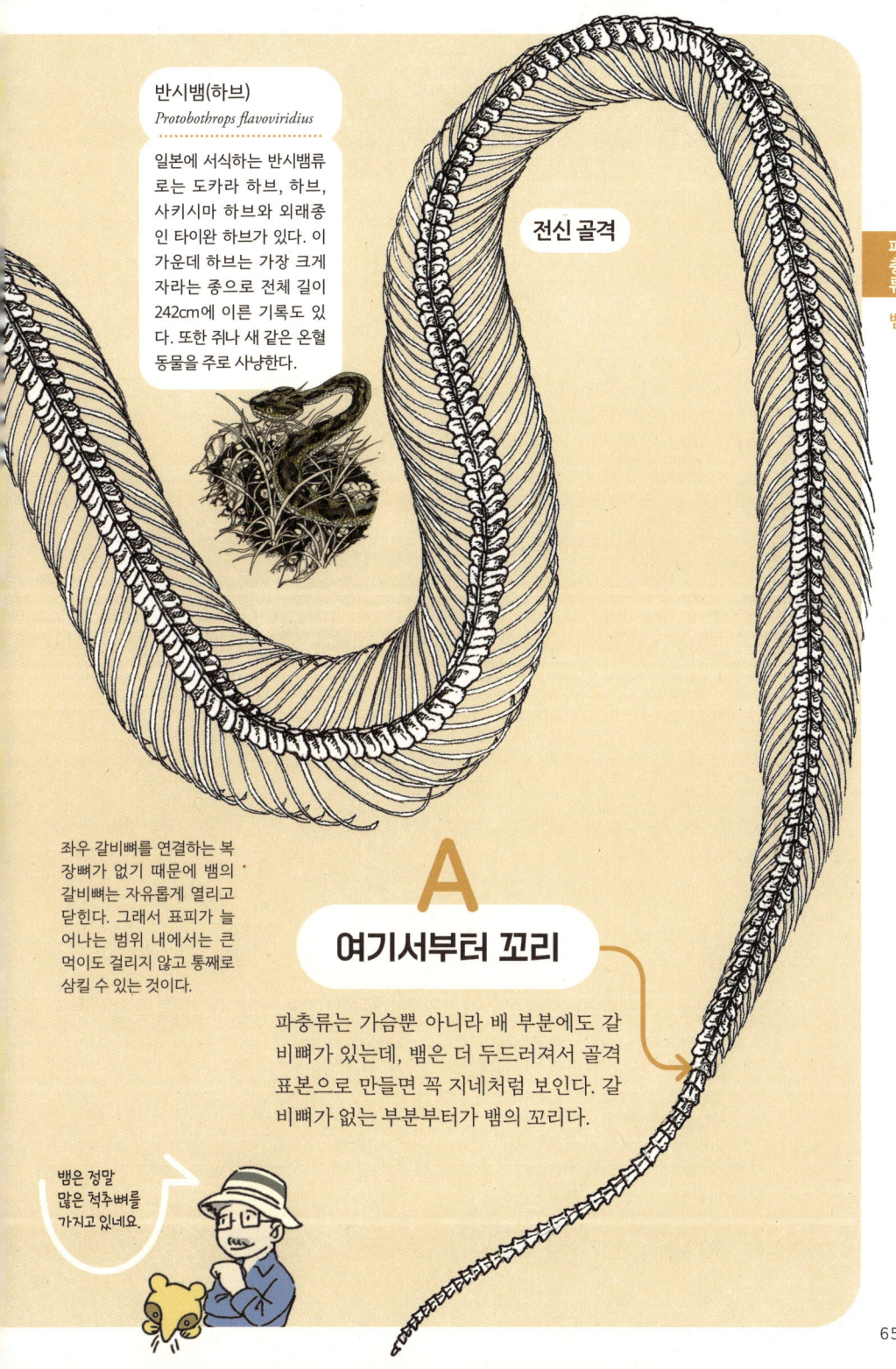

전신 골격

좌우 갈비뼈를 연결하는 복장뼈가 없기 때문에 뱀의 갈비뼈는 자유롭게 열리고 닫힌다. 그래서 표피가 늘어나는 범위 내에서는 큰 먹이도 걸리지 않고 통째로 삼킬 수 있는 것이다.

A 여기서부터 꼬리

파충류는 가슴뿐 아니라 배 부분에도 갈비뼈가 있는데, 뱀은 더 두드러져서 골격 표본으로 만들면 꼭 지네처럼 보인다. 갈비뼈가 없는 부분부터가 뱀의 꼬리다.

뱀은 정말 많은 척추뼈를 가지고 있네요.

파충류 · 뱀

독 없는 뱀은 이빨이 많다
요나구니냄새뱀

앞서 소개한 하브나 일본살무사처럼 큰 독니를 가진 뱀과 달리, 독이 없는 뱀의 턱에는 작은 이빨이 많이 나 있다. 또 자세히 보면 각각의 이빨은 안쪽을 향해 있다. 이는 물어 놓은 먹잇감이 도망가지 못하게 하기 위함이다.

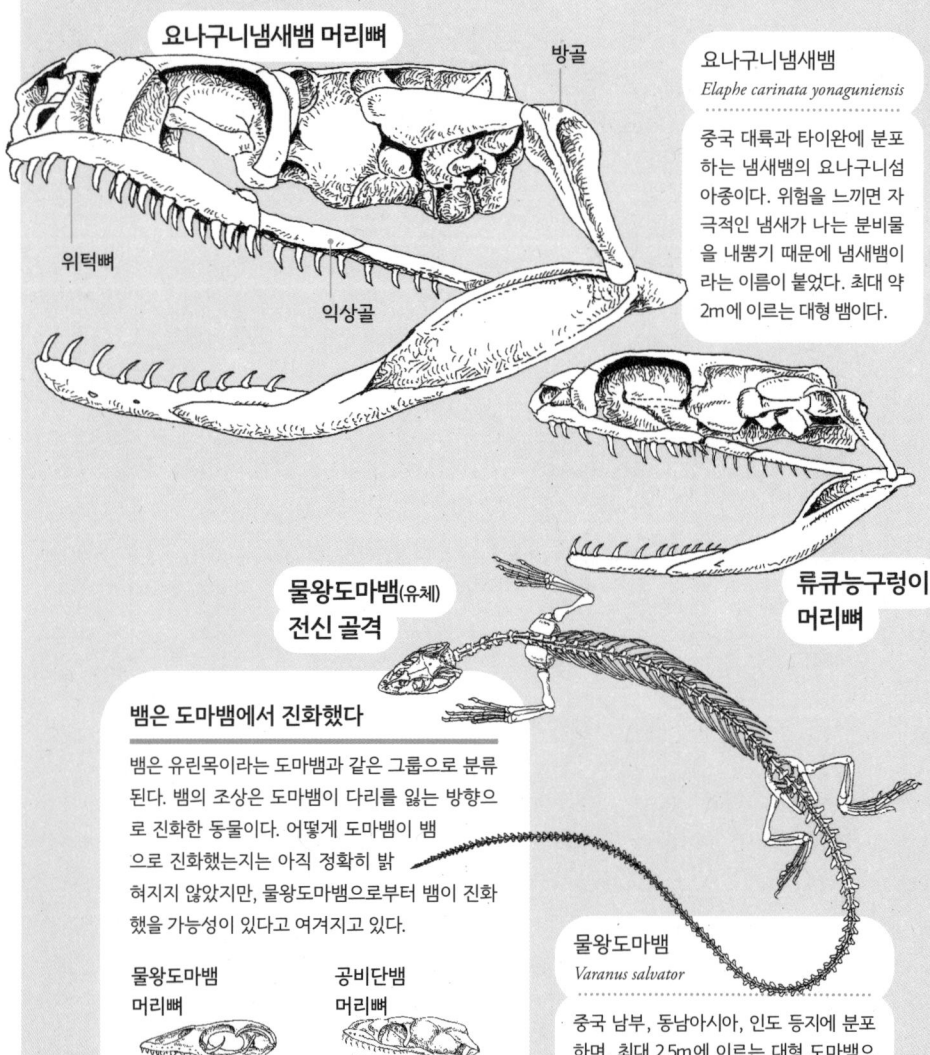

요나구니냄새뱀 머리뼈

위턱뼈
익상골
방골

요나구니냄새뱀
Elaphe carinata yonaguniensis

중국 대륙과 타이완에 분포하는 냄새뱀의 요나구니섬 아종이다. 위험을 느끼면 자극적인 냄새가 나는 분비물을 내뿜기 때문에 냄새뱀이라는 이름이 붙었다. 최대 약 2m에 이르는 대형 뱀이다.

물왕도마뱀(유체) **전신 골격**

류큐능구렁이 머리뼈

뱀은 도마뱀에서 진화했다

뱀은 유린목이라는 도마뱀과 같은 그룹으로 분류된다. 뱀의 조상은 도마뱀이 다리를 잃는 방향으로 진화한 동물이다. 어떻게 도마뱀이 뱀으로 진화했는지는 아직 정확히 밝혀지지 않았지만, 물왕도마뱀으로부터 뱀이 진화했을 가능성이 있다고 여겨지고 있다.

물왕도마뱀 머리뼈 43mm

공비단뱀 머리뼈 30mm

도마뱀과 뱀의 머리뼈를 비교해 보면, 확실히 그 모습이 닮았다.

물왕도마뱀
Varanus salvator

중국 남부, 동남아시아, 인도 등지에 분포하며, 최대 2.5m에 이르는 대형 도마뱀으로, 현재는 여러 아종으로 분류되고 있다.

지하 생활에 적응한 몸

장님뱀

장님뱀하목과 장님뱀류를 제외한 대부분의 뱀은 진뱀아목으로 분류된다. 장님뱀류는 지하 생활에 특화된 무리로, 개미의 유충이나 흰개미 등을 주로 잡아 먹는다. 아프리카·아메리카·오스트레일리아와 여러 섬에서 주로 발견된다.

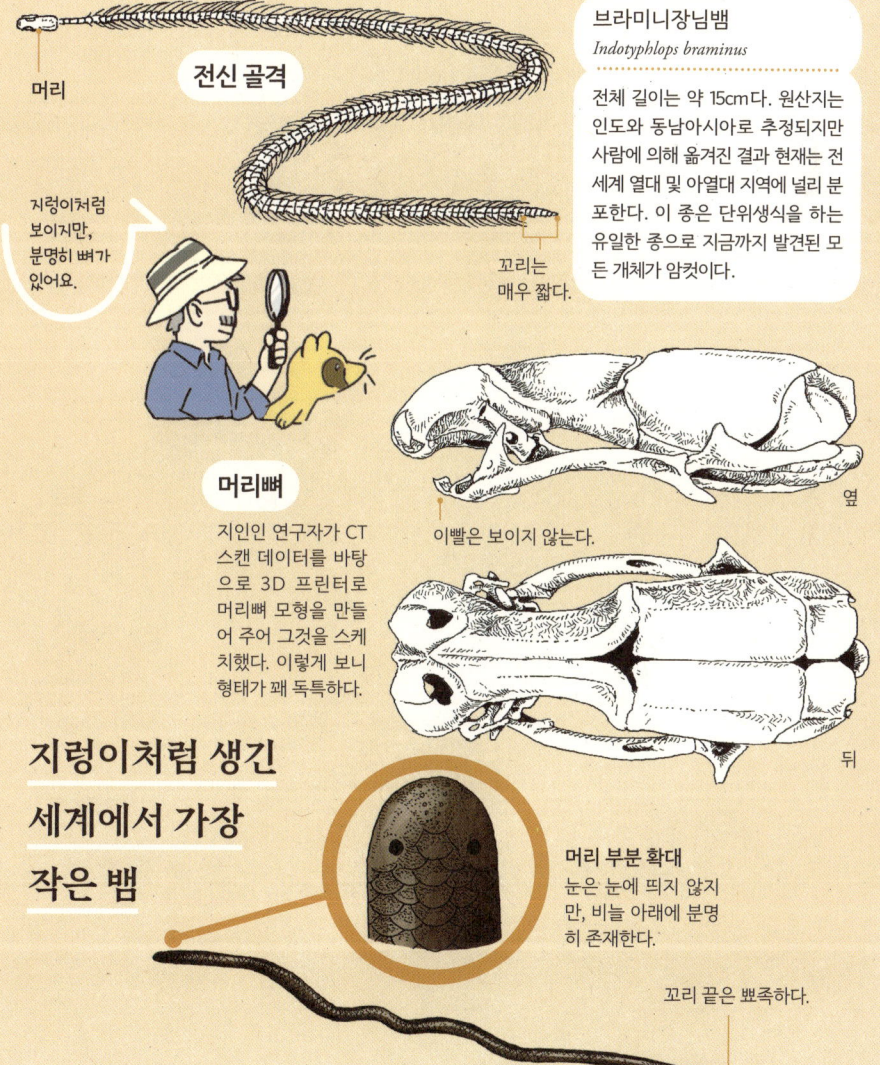

전신 골격

머리

지렁이처럼 보이지만, 분명히 뼈가 있어요.

브라미니장님뱀
Indotyphlops braminus

전체 길이는 약 15cm다. 원산지는 인도와 동남아시아로 추정되지만 사람에 의해 옮겨진 결과 현재는 전 세계 열대 및 아열대 지역에 널리 분포한다. 이 종은 단위생식을 하는 유일한 종으로 지금까지 발견된 모든 개체가 암컷이다.

꼬리는 매우 짧다.

머리뼈

지인인 연구자가 CT 스캔 데이터를 바탕으로 3D 프린터로 머리뼈 모형을 만들어 주어 그것을 스케치했다. 이렇게 보니 형태가 꽤 독특하다.

이빨은 보이지 않는다.

옆

뒤

지렁이처럼 생긴 세계에서 가장 작은 뱀

머리 부분 확대
눈은 눈에 띄지 않지만, 비늘 아래에 분명히 존재한다.

꼬리 끝은 뾰족하다.

Q 바다뱀의 몸, 육지에 사는 뱀과 무엇이 다를까?

육지에 사는 뱀과 무엇이 다른지 자세히 살펴보자.

전신 골격

바다에서 살게 된 뱀

머리뼈

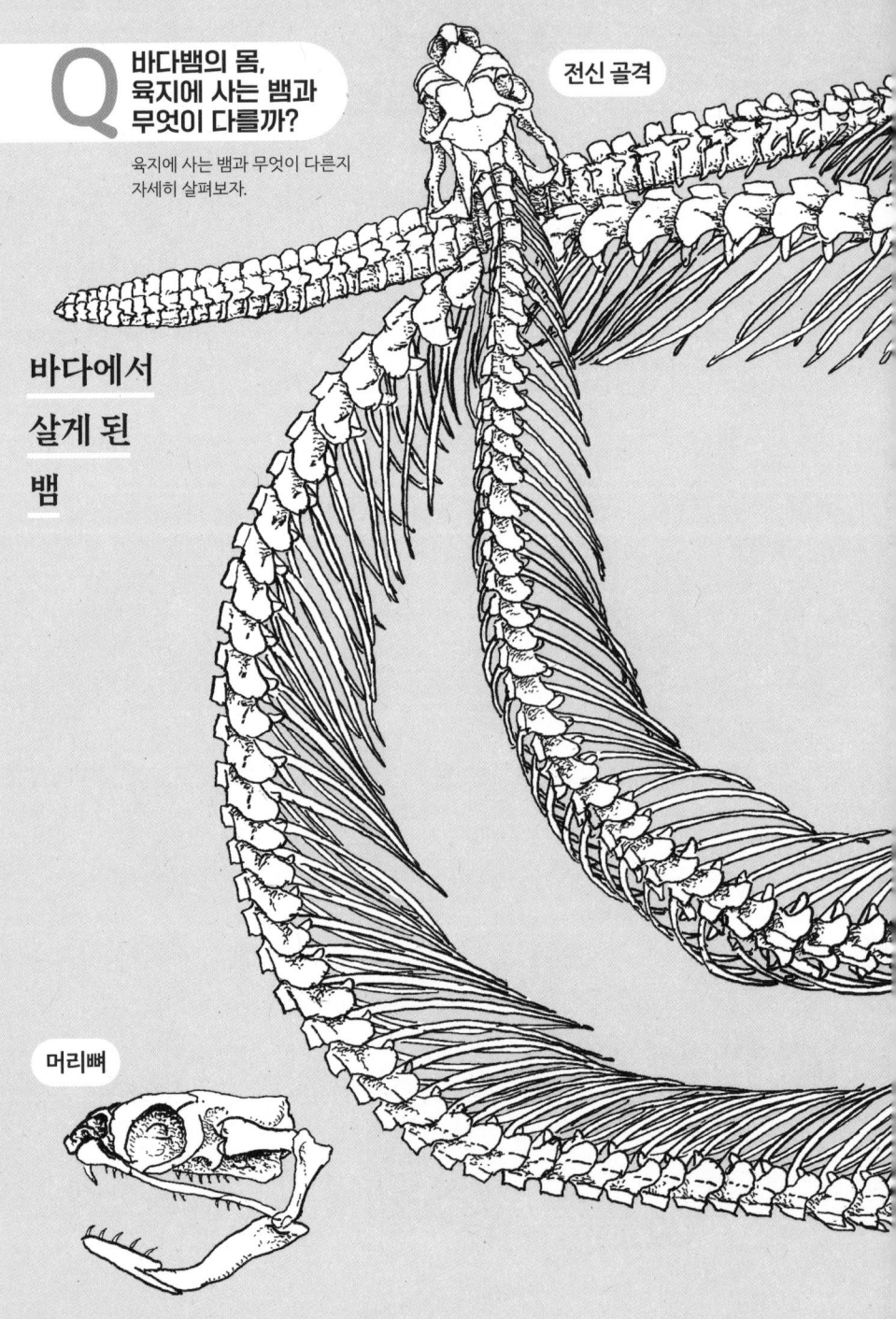

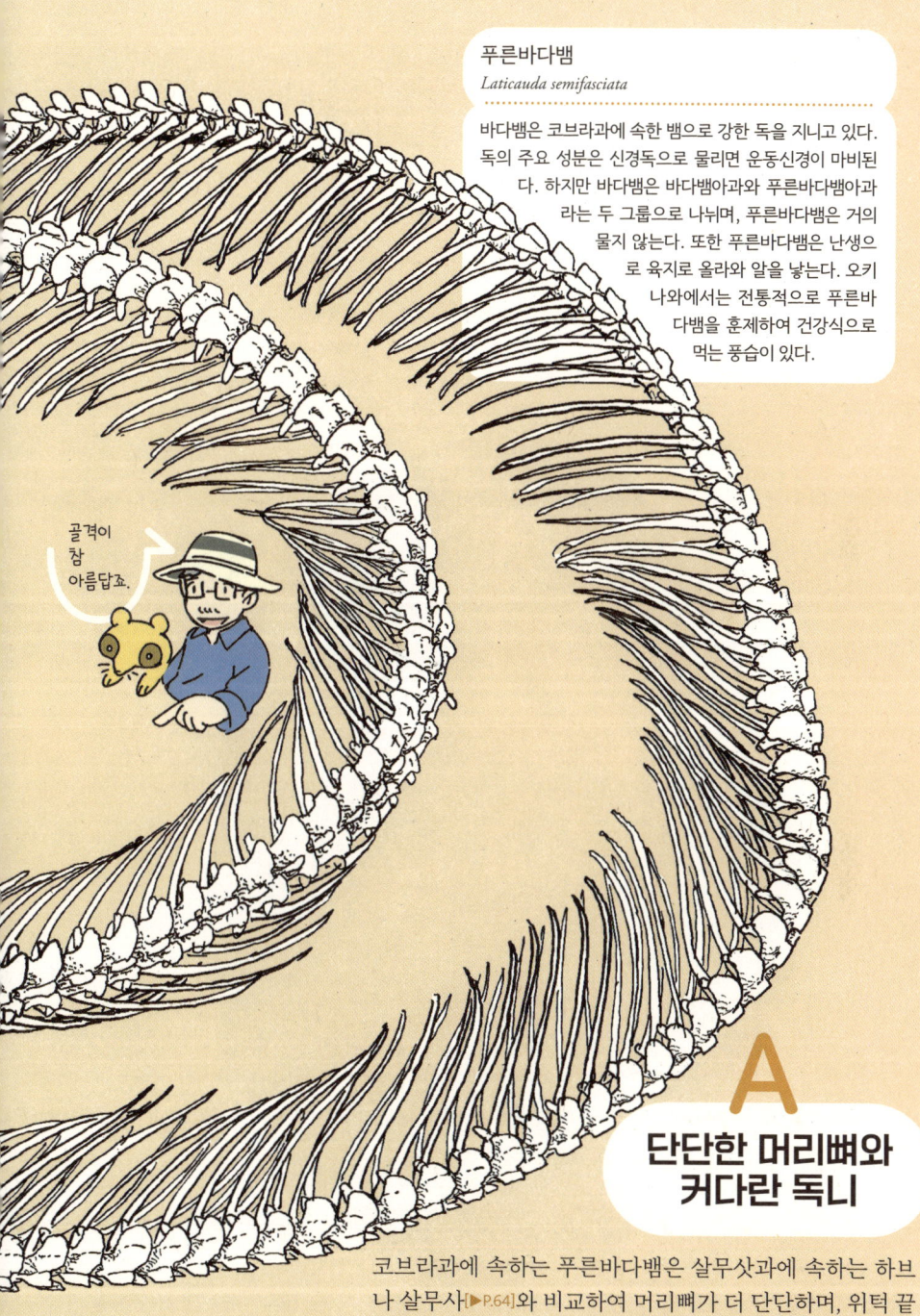

푸른바다뱀
Laticauda semifasciata

바다뱀은 코브라과에 속한 뱀으로 강한 독을 지니고 있다. 독의 주요 성분은 신경독으로 물리면 운동신경이 마비된다. 하지만 바다뱀은 바다뱀아과와 푸른바다뱀아과라는 두 그룹으로 나뉘며, 푸른바다뱀은 거의 물지 않는다. 또한 푸른바다뱀은 난생으로 육지로 올라와 알을 낳는다. 오키나와에서는 전통적으로 푸른바다뱀을 훈제하여 건강식으로 먹는 풍습이 있다.

골격이 참 아름답죠.

A 단단한 머리뼈와 커다란 독니

코브라과에 속하는 푸른바다뱀은 살무삿과에 속하는 하브나 살무사[▶P.64]와 비교하여 머리뼈가 더 단단하며, 위턱 끝에 있는 독니도 크다. 또한 바다뱀류는 수영에 적합하도록 꼬리 모양이 납작하게 변형되어 있는 점이 특징이다.

거북의 등딱지는 삼중 구조

둥근등상자거북

거북의 등딱지는 등을 덮는 등갑과 배를 덮는 복갑으로 이루어져 있으며, 이중 등갑은 삼중 구조로 되어 있다. 등딱지의 가장 바깥쪽에는 사람의 손톱 및 머리카락과 성분이 같은 케라틴이라는 단백질로 된 각질 갑판(비늘판)이 있다. 그 안쪽에는 뼈로 된 골판이 있으며, 이 골판의 기초를 이루는 것은 사람의 골격과 같은 척추뼈와 갈비뼈. 다만 거북의 골판에서는 여기에 피부 속에서 형성되는 피부뼈가 융합되고 단단히 맞물려 견고한 구조를 형성한다. 또한 각질 갑판의 봉합선과 골판의 경계가 어긋나도록 배치되어 있어 등딱지의 강도가 한층 강화된다.

등갑(각질 갑판)

각질 갑판은 성장하면서 나이테 같은 무늬가 생겨요.

거북은 등딱지를 벗지 않는다

등 길이 14cm

둥근등상자거북
Cuora flavomariginata evelynae

중국 대륙과 대만에 분포하는 중국 상자거북의 아종. 일본에서는 국가 천연기념물로 지정되어 있다.

진화 과정을 되풀이하는 개체 발생

개체 발생 과정에서는 그 동물의 조상이 지녔던 특징이 나타나는 경우가 있다. 거북의 등갑은 척추뼈와 갈비뼈라는, 다른 척추동물에도 공통되는 새로 생긴 피부뼈가 융합되고, 그 위를 각질의 갑판이 덮는 구조를 이루고 있다. 거북의 어린 개체에서는 갑판 아래에 아직 피부뼈가 융합되지 않은 상태의 갈비뼈가 서로 맞닿지 않은 채 나란히 배열되어 있다. 즉, 조상과 공통된 상태로 볼 수 있는 것이다. 사진에 있는 거북은 이리오모테섬의 숲에서 채집한 것으로, 아마도 흰머리독수리에게 잡아먹혀서 등딱지만 남은 것으로 추정된다.

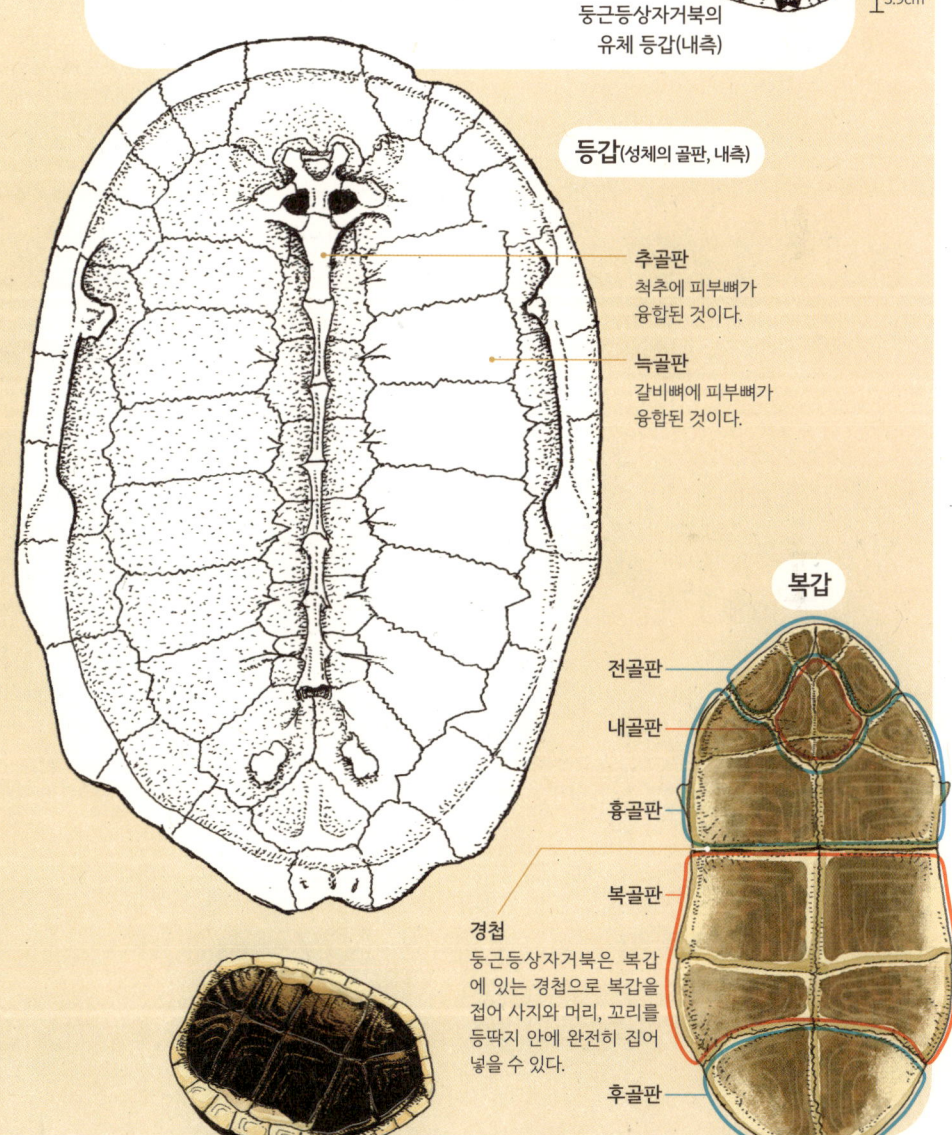

늑골

둥근등상자거북의 유체 등갑(내측)
등 길이 3.9cm

파충류 거북

등갑(성체의 골판, 내측)

추골판 척추에 피부뼈가 융합된 것이다.

늑골판 갈비뼈에 피부뼈가 융합된 것이다.

복갑

전골판
내골판
흉골판
복골판
후골판

경첩 둥근등상자거북은 복갑에 있는 경첩으로 복갑을 접어 사지와 머리, 꼬리를 등딱지 안에 완전히 집어넣을 수 있다.

갑판이 없는 거북

자라

"자라도 단단한 등딱지가 있나요?" 하고 물어보는 사람이 있다. 보통 거북의 등딱지 표면은 각질성 갑판으로 덮여 있다. 그런데 자라의 등딱지 표면은 부드러워 보이는 피부로 덮여 있다. 하지만 자라의 표피를 벗겨 보면 그 아래에는 뼈로 된 껍질이 숨어 있다. 물속에서 지내는 시간이 긴 자라는 갑판을 잃고 골판을 피부로 덮음으로써 물의 저항을 줄여 민첩하게 헤엄치도록 적응한 것으로 추정된다. 또한 일반적인 거북과 비교하면 배쪽은 골판으로 덮여 있지 않은 부분이 두드러진다. 이것 역시 몸을 가볍게 하여 운동 성능을 높이는 데 기여하는 것으로 보인다.

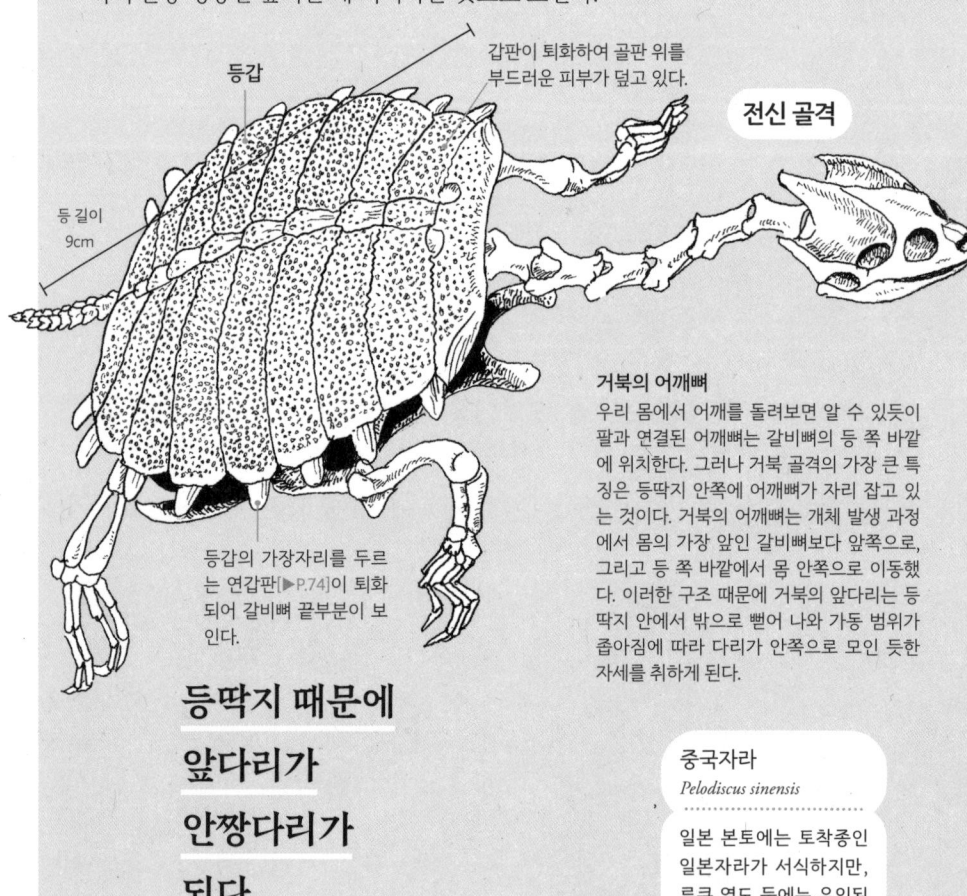

등갑

갑판이 퇴화하여 골판 위를 부드러운 피부가 덮고 있다.

전신 골격

등 길이 9cm

등갑의 가장자리를 두르는 연갑판[▶P.74]이 퇴화되어 갈비뼈 끝부분이 보인다.

거북의 어깨뼈

우리 몸에서 어깨를 돌려보면 알 수 있듯이 팔과 연결된 어깨뼈는 갈비뼈의 등 쪽 바깥에 위치한다. 그러나 거북 골격의 가장 큰 특징은 등딱지 안쪽에 어깨뼈가 자리 잡고 있는 것이다. 거북의 어깨뼈는 개체 발생 과정에서 몸의 가장 앞인 갈비뼈보다 앞쪽으로, 그리고 등 쪽 바깥에서 몸 안쪽으로 이동했다. 이러한 구조 때문에 거북의 앞다리는 등딱지 안에서 밖으로 뻗어 나와 가동 범위가 좁아짐에 따라 다리가 안쪽으로 모인 듯한 자세를 취하게 된다.

등딱지 때문에 앞다리가 안짱다리가 되다

중국자라
Pelodiscus sinensis

일본 본토에는 토착종인 일본자라가 서식하지만, 류큐 열도 등에는 유입된 중국자라도 서식한다.

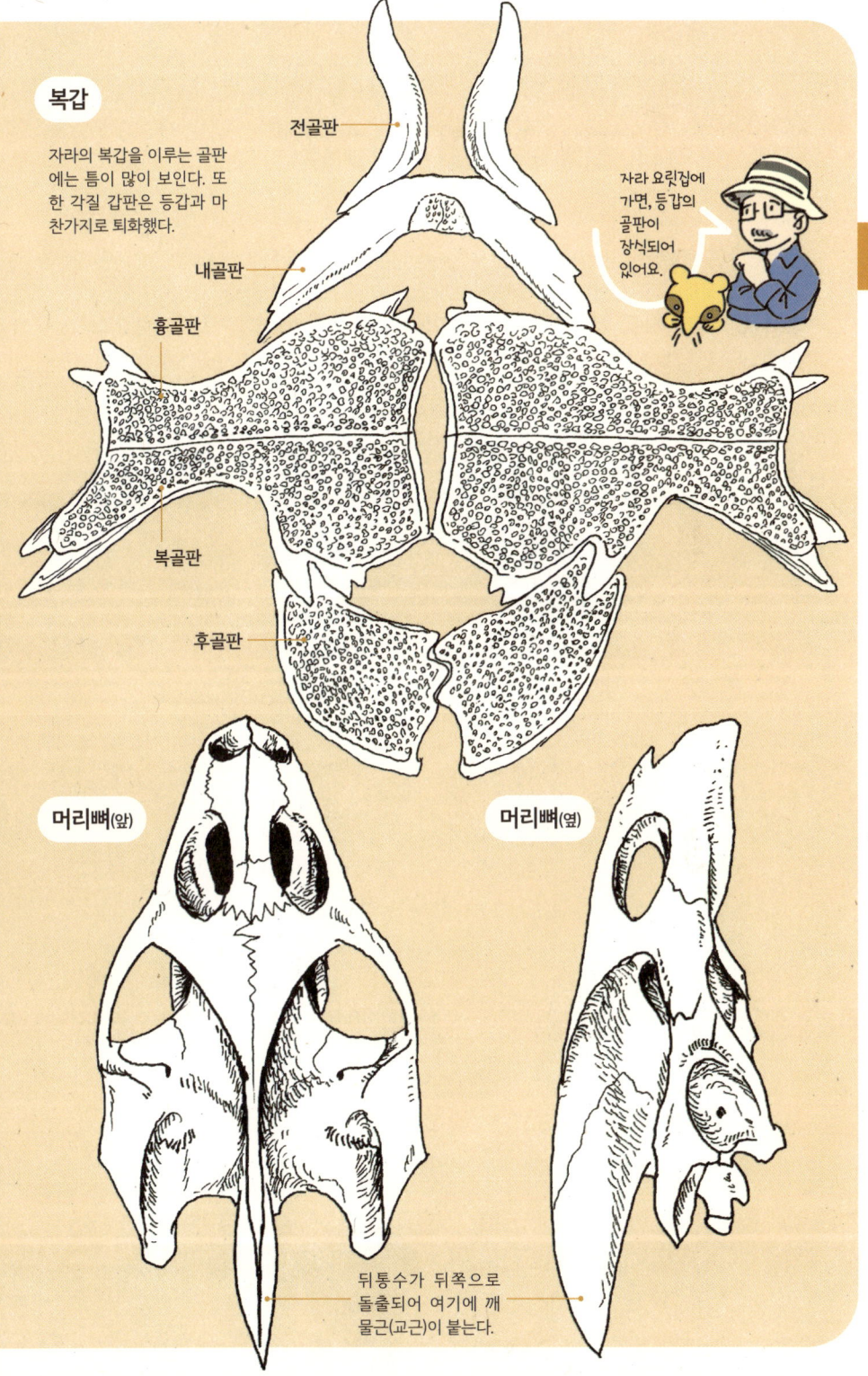

바다를 헤엄치는 거북
메무리바다거북

바다로 진출한 거북, 즉 바다거북류에는 장수거북과 1종, 바다거북과 5종이 있다.* 바다에 산다고 해도 산란은 육상에서 한다. 다만 대부분을 바다에서 생활하기 때문에 몸은 유영에 알맞게 적응했다. 헤엄칠 때는 지느러미 모양으로 발달한 앞다리를 쓰고, 뒷다리는 방향을 바꿀 때만 사용한다. 이는 강이나 호수의 거북이 주로 뒷다리 물갈퀴로 헤엄치는 것과 큰 차이다.

*과거에는 5종으로 분류했지만, 현재는 6종으로 분류하는 것이 일반적이다.

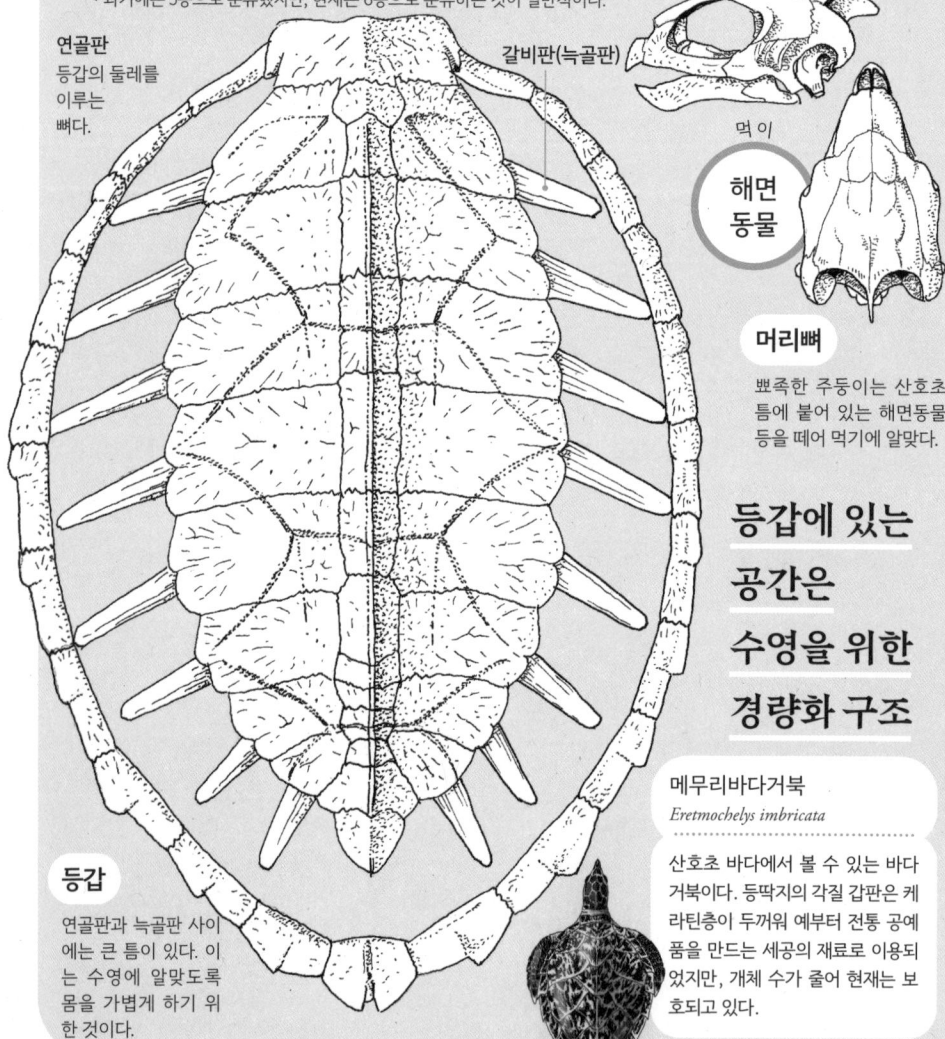

연골판
등갑의 둘레를 이루는 뼈다.

갈비판(늑골판)

먹이
해면동물

머리뼈
뾰족한 주둥이는 산호초 틈에 붙어 있는 해면동물 등을 떼어 먹기에 알맞다.

등갑에 있는 공간은 수영을 위한 경량화 구조

메무리바다거북
Eretmochelys imbricata

산호초 바다에서 볼 수 있는 바다거북이다. 등딱지의 각질 갑판은 케라틴층이 두꺼워 예부터 전통 공예품을 만드는 세공의 재료로 이용되었지만, 개체 수가 줄어 현재는 보호되고 있다.

등갑
연골판과 늑골판 사이에는 큰 틈이 있다. 이는 수영에 알맞도록 몸을 가볍게 하기 위한 것이다.

바다거북의 먹이와 머리뼈

언뜻 바다거북류는 서로 비슷해 보이지만, 종마다 먹이가 다르다. 이런 식성의 차이와 관련해 머리뼈의 형태에도 차이가 있다. 다른 바다거북과 달리 심해까지 잠수하는 장수거북의 먹이는 젤라틴질의 해파리 같은 동물이며, 송곳처럼 뾰족한 위턱으로 먹이를 가위처럼 잘라 낸다.

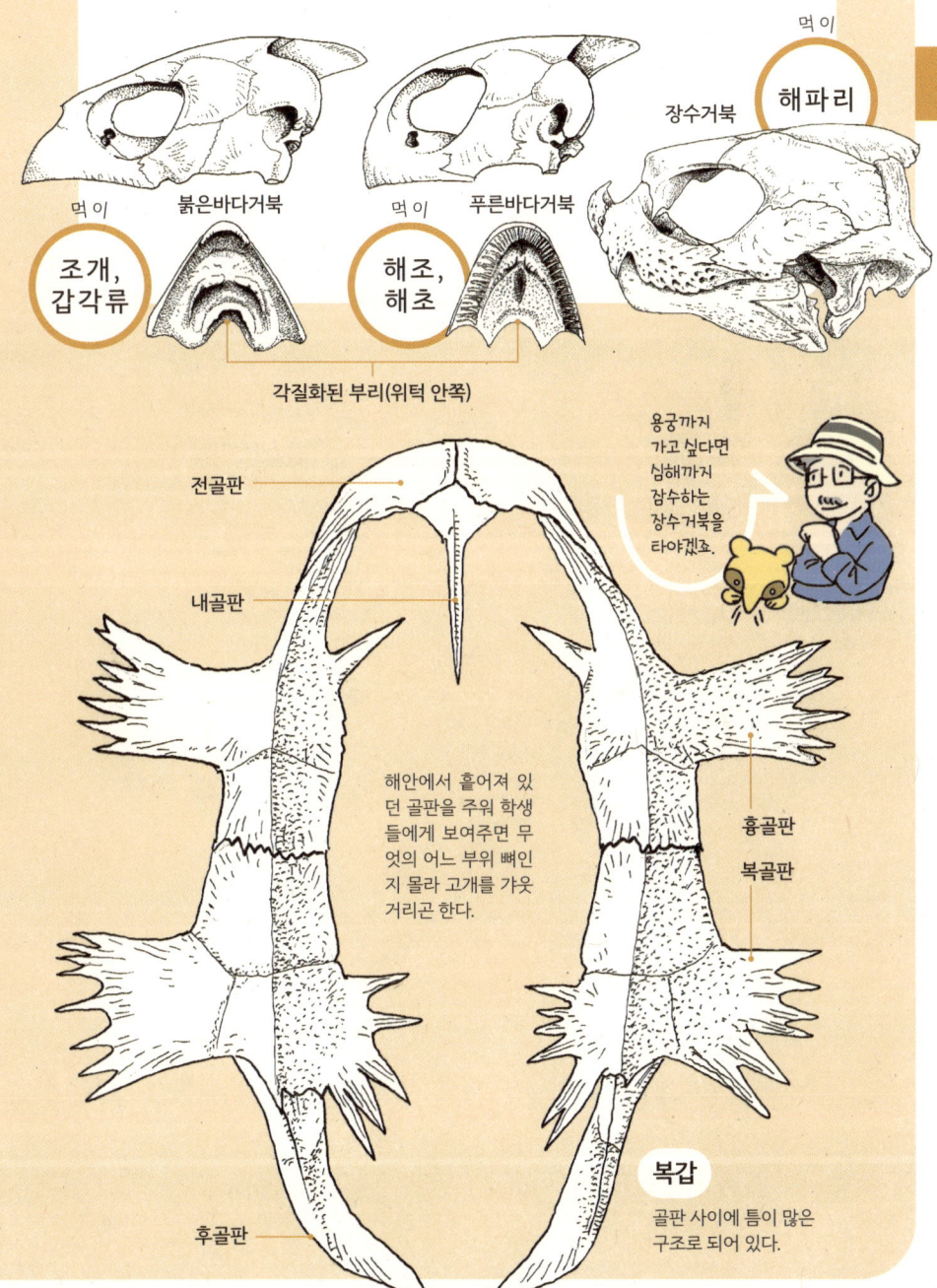

씹지 않고 통째로 삼킨다

악어

악어는 다른 파충류와 마찬가지로 태양 같은 외부 열원에 의존해 체온을 높이는 '외온동물'이다. 그래서 체내에서 생기는 대사열로 체온을 높이는 '내온동물'에 비해 체중당 약 10분의 1 정도의 먹이만으로도 살아갈 수 있다(그 때문에 악어 무리에서는 먹이를 둘러싼 다툼이 일어나지 않는다). 한편 악어의 다리는 다른 파충류에 비해 몸 바로 아래로 곧게 뻗어 있어 그 상태로 엄청 빠르게 달릴 수 있다. 악어는 현생 파충류 중에서 공룡에 가장 가까운 종으로 공룡의 후손인 새와도 가까운 관계다.

이빨 하나하나는 머리 크기에 비하면 작아요.

눈구멍(안와) **아래쪽 두창**

이빨
악어의 이빨은 턱뼈의 이틀(이빨이 박히는 구멍)에 단단히 박혀 있다. 또한 같은 모양의 이가 줄지어 있는 동형치성이다. 이는 먹이를 씹어 부수지 않고 통째로 삼키기 때문이다. 또한 새끼 때는 이가 뾰족하지만, 성체가 되면 둥글어진다. 어린 개체는 턱 힘이 약해 이빨로 먹이를 찢어야 하지만, 성체가 되면 턱 힘이 강해져 굳이 날카로운 이빨이 필요없기 때문이다.

아래턱

머리뼈(옆)
앞뒤로 길게 뻗은 턱이 머리의 대부분을 차지한다.

무는 힘은
생물계에서
최강 수준

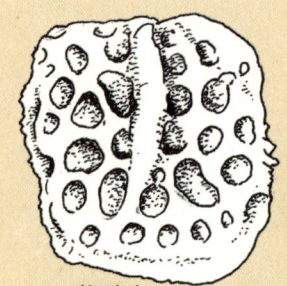

비늘판뼈
머리나 등의 피부 아래에는 판 모양의 뼈가 있다.

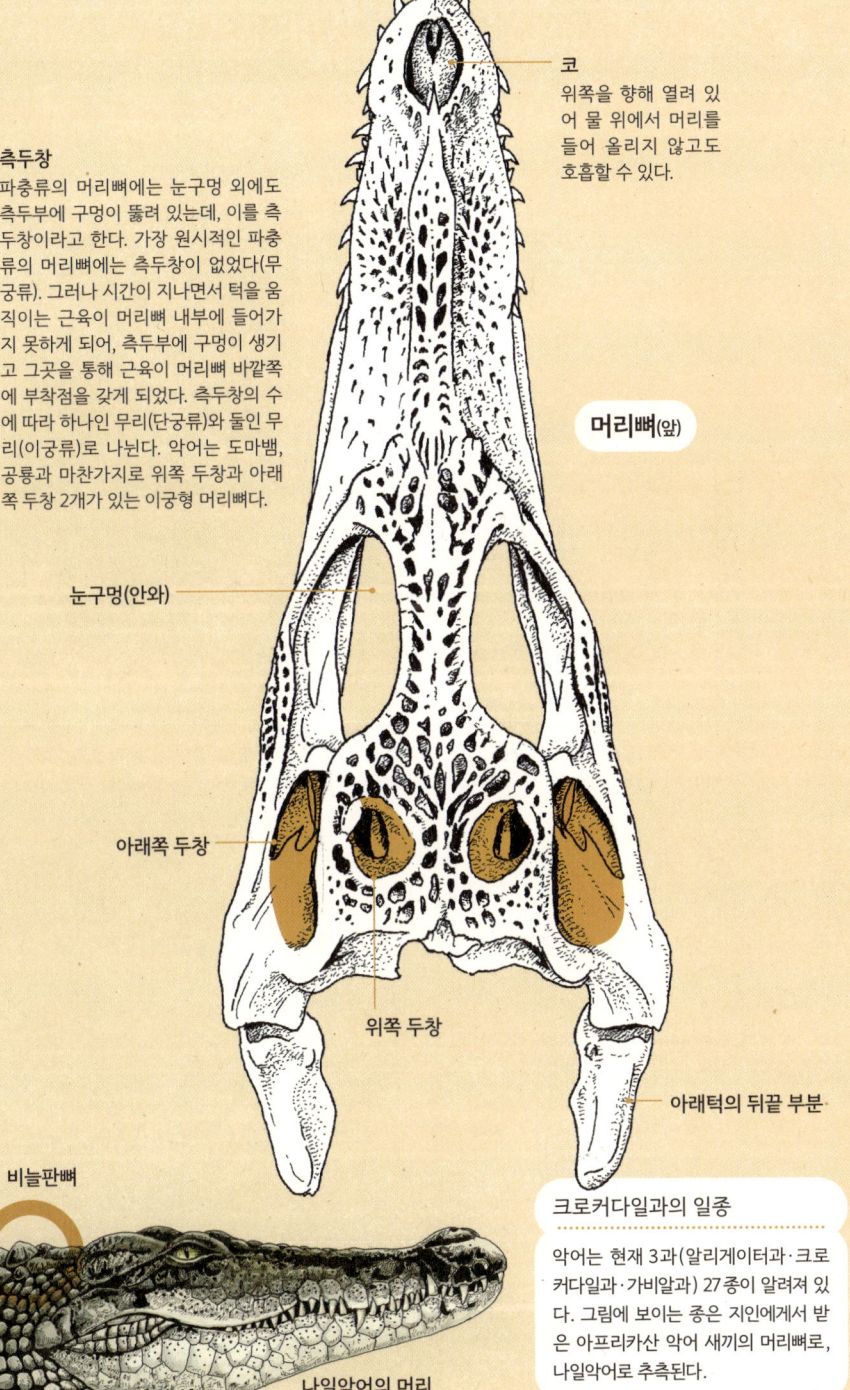

측두창
파충류의 머리뼈에는 눈구멍 외에도 측두부에 구멍이 뚫려 있는데, 이를 측두두창이라고 한다. 가장 원시적인 파충류의 머리뼈에는 측두창이 없었다(무궁류). 그러나 시간이 지나면서 턱을 움직이는 근육이 머리뼈 내부에 들어가지 못하게 되어, 측두부에 구멍이 생기고 그곳을 통해 근육이 머리뼈 바깥쪽에 부착점을 갖게 되었다. 측두창의 수에 따라 하나인 무리(단궁류)와 둘인 무리(이궁류)로 나뉜다. 악어는 도마뱀, 공룡과 마찬가지로 위쪽 두창과 아래쪽 두창 2개가 있는 이궁형 머리뼈다.

코
위쪽을 향해 열려 있어 물 위에서 머리를 들어 올리지 않고도 호흡할 수 있다.

머리뼈(앞)

눈구멍(안와)

아래쪽 두창

위쪽 두창

아래턱의 뒤끝 부분

비늘판뼈

나일악어의 머리

크로커다일과의 일종
악어는 현재 3과(알리게이터과·크로커다일과·가비알과) 27종이 알려져 있다. 그림에 보이는 종은 지인에게서 받은 아프리카산 악어 새끼의 머리뼈로, 나일악어로 추측된다.

파충류 악어

뼈 채취의 실패와 고뇌

발견 노트 - 뼈에 빠지다

내가 뼈를 채취하기 시작한 것은 1980년대 중반 무렵이다. 그때는 SNS는커녕 뼈 채취에 관한 책조차 거의 찾아보기 어려웠다. 그래서 온갖 시행착오를 겪으며 직접 방법을 시험해 볼 수밖에 없었다.

처음 채취한 것은 학교 식당을 통해 정육점에서 구해 온 돼지머리였다. 그걸 큰 냄비에 넣고 푹 삶고 있었는데, 잠깐 사이에 일이 벌어졌다. 호기심이 생긴 한 학생이 "뭘 삶고 있는 거지?" 하며 뚜껑을 열어본 모양인데, 속을 들여다본 순간 비명을 지르며 복도를 내달렸다.

냄비에 삶는 일과 관련해서는 잊지 못할 실패담이 하나 있다. 어느 날 학교 근처에서 너구리 사체가 여러 마리 발견된 적이 있었다. 그 덕분에 한꺼번에 몇 구를 얻을 수 있었고, 우선 머리를 잘라 냄비에 넣고 삶기로 했다.

골격 채취의 기본은 대상물을 삶은 다음 살을 뼈에서 분리해 내는 것이지만, 이 과정에는 시간이 오래 걸린다. 그런데 한눈을 파는 사이, 주위에 알 수 없는 냄새가 감돌기 시작했다. 냄비를 불에 올려둔 채 다른 일에 몰두한 탓에 물이 완전히 증발해 버린 것이다. 물기 없이 달궈진 너구리의 머리는 새까맣게 타버렸고 결국 과학실에서 퍼져 나온 악취는 학교 전체를 뒤덮고 말았다.

뼈 채취 자체는 특별한 기술을 필요로 하지 않는다. 다만 많은 시간과 인내가 필요할 뿐이다. 내가 사이타마에서 교사로 근무할 때는 출근길에 교통사고로 죽은 너구리를 발견하면 부지런히 학교로 가져오곤 했다. 하지만 해부와 뼈 채취를 할 시간이 늘 있는 것은 아니었다. 시간이 없을 때는 일단 냉동해 두는데, 한번 냉동고에 넣어 버리면 다시 꺼내 작업하는 일이 여간 번거로운 게 아니다. 게다가 보통 가정용 냉장고의 냉동실은 너구리 두 마리만 넣어도 가득 찬다. 그래서 미처 넣지 못한 너구리는 어쩔 수 없이 땅에 묻어 처리하기도 했다. 박물관 같은 전문 시설에서도 고래처럼 대형 동물을 골격 표본으로 만들 때는 보통 땅에 묻는다.

그러나 너구리나 그보다 작은 동물은 땅에 묻는 방식을 권하지 않는다. 뼈에 흙이 스며들어 착색되기도 하고, 작은 뼈는 분해되거나 흩어져 행방불명되기 쉽기 때문이다. 실제로 학교 운동장에 너구리를 묻었는데 파내는 일을 깜빡 잊은 사이 그 자리에 교사가 세워진 적도 있었다.

어쨌든 뼈 채취의 기본은 냄비에 삶는 것이다. 사체가 신선하면 냄새도 크게 심하지 않지만, 이미 부패가 진행된 경우라면 악취가 지독하고 정신적으로도 힘들다.

한번은 수학여행으로 홋카이도에 갔던 학생이 해안에 떠밀려 온 물개 사체를 발견하고는 학교로 보내 준 일이 있었다. 참으로 '대견하다'고 해야 할 행동이었지만, 문제는 그것을 냉동 택배가 아니라 일반 택배로 보냈다는 데 있었다(품명란에는 '어패류'라고 적혀 있었다). 상자를 열자 팽팽하게 부풀어 오른 물개가 모습을 드러냈다. 그렇다고 버리기엔 너무 아까웠다. 하는 수 없이 냄새가 번지지 않도록 과학실 밖에서 해부해 뼈를 발라 냈다. 부패가 심한 사체의 경우에는 거기서 건질 수 있는 뼈가 얼마나 있느냐에 따라 작업을 이어갈 의욕도 달라지기 마련이다.

오키나와로 이사한 지 얼마 지나지 않아 홋카이도에 사는 지인으로부터 미라화된 쇠돌고래 사체가 도착했다. 문제는 우리 집이 아파트라 마당이 없다는 것이었다. 뼈 채취를 함께하는 동료에게 상담했더니 플라스틱 박스에 물을 채워 넣고 뚜껑을 덮은 채 몇 달간 방치하라고 조언했다. 반신반의하며 그대로 두었는데, 정말로 몇 달 뒤 잿빛 물속에는 백골이 된 돌고래의 뼈가 가라앉아 있었다(그 잿빛 물은 결국 변기에 흘려보냈다).

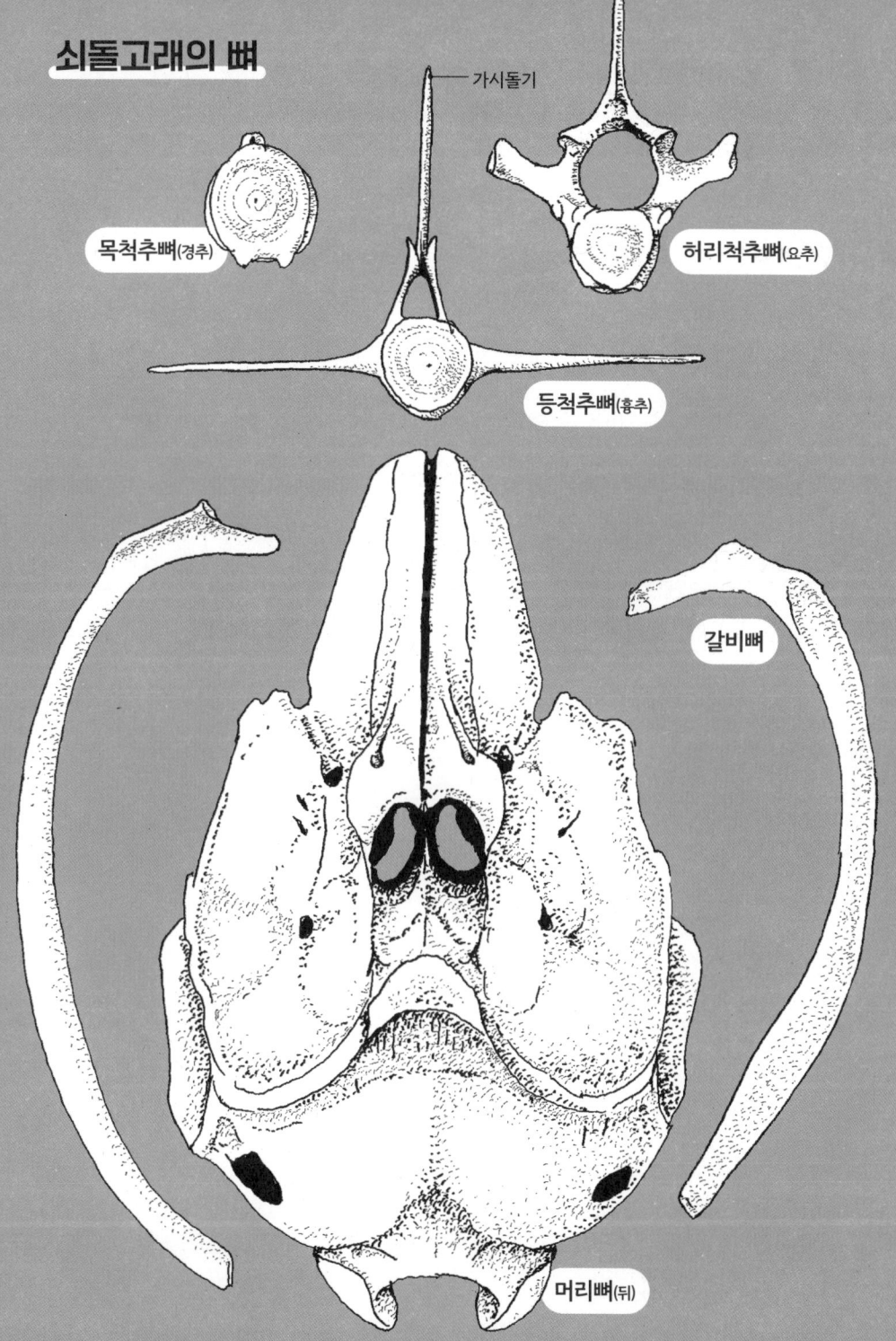

제 3 장 조류

우리 곁에 있는 하늘을 나는 공룡

조류는 오랫동안 '조류'라는 독립적인 무리로 인식됐지만, 이후 여러 연구가 진행되면서 조류가 공룡의 직계 후손, 즉 살아남은 공룡이라는 사실이 밝혀졌다. 조류의 조상인 공룡 가운데 수각류(獸脚類)*에는 하늘을 날지 못해도 몸이 깃털로 덮인 종이 많았던 것으로 알려져 있다. 조류가 수각류에서 갈라져 나온 시기는 중생대 쥐라기 후기로 여겨진다. 이후 조류는 비행에 더욱 적합하도록 신체가 특수화되었다.

*두 발로 걷는 공룡 무리. 주로 육식성이었으며 새의 조상에 해당한다.

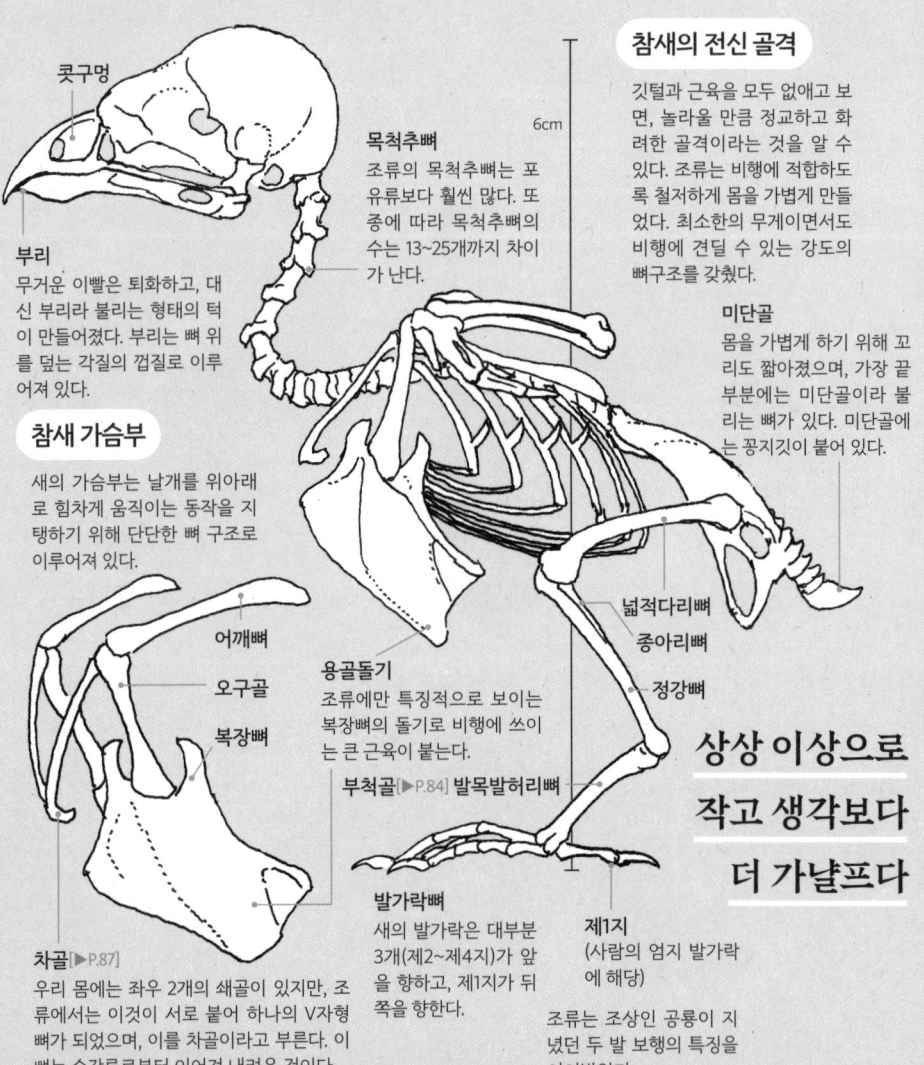

콧구멍

목척추뼈
조류의 목척추뼈는 포유류보다 훨씬 많다. 또 종에 따라 목척추뼈의 수는 13~25개까지 차이가 난다.

6cm

참새의 전신 골격
깃털과 근육을 모두 없애고 보면, 놀라울 만큼 정교하고 화려한 골격이라는 것을 알 수 있다. 조류는 비행에 적합하도록 철저하게 몸을 가볍게 만들었다. 최소한의 무게이면서도 비행에 견딜 수 있는 강도의 뼈구조를 갖췄다.

부리
무거운 이빨은 퇴화하고, 대신 부리라 불리는 형태의 턱이 만들어졌다. 부리는 뼈 위를 덮는 각질의 껍질로 이루어져 있다.

미단골
몸을 가볍게 하기 위해 꼬리도 짧아졌으며, 가장 끝 부분에는 미단골이라 불리는 뼈가 있다. 미단골에는 꽁지깃이 붙어 있다.

참새 가슴부
새의 가슴부는 날개를 위아래로 힘차게 움직이는 동작을 지탱하기 위해 단단한 뼈 구조로 이루어져 있다.

어깨뼈
오구골
복장뼈

용골돌기
조류에만 특징적으로 보이는 복장뼈의 돌기로 비행에 쓰이는 큰 근육이 붙는다.

넓적다리뼈
종아리뼈
정강뼈

부척골 [▶P.84] **발목발허리뼈**

상상 이상으로 작고 생각보다 더 가냘프다

차골 [▶P.87]
우리 몸에는 좌우 2개의 쇄골이 있지만, 조류에서는 이것이 서로 붙어 하나의 V자형 뼈가 되었으며, 이를 차골이라고 부른다. 이 뼈는 수각류로부터 이어져 내려온 것이다.

발가락뼈
새의 발가락은 대부분 3개(제2~제4지)가 앞을 향하고, 제1지가 뒤쪽을 향한다.

제1지
(사람의 엄지 발가락에 해당)

조류는 조상인 공룡이 지녔던 두 발 보행의 특징을 이어받았다.

참새
Passer montanus

손바닥 크기의 작은 새로, 몸무게는 약 20g 정도. 가까이서 쉽게 볼 수 있다. 한국·일본·중국 등 아시아 전역에 분포한다. 거리에서 볼 수 있는 조류를 다룬 책에도 등장한다. 다만, 내가 살고 있는 나하 시에서는 거의 볼 수 없다. 최근에는 전국적으로 개체 수가 줄어들고 있다는 보고도 있다.

참새 날개

조류의 날개는 사람의 팔에 해당한다. 날개뼈에는 3개의 손가락이 있다. 네 번째와 다섯 번째 손가락이 퇴화한 것은 공룡으로부터 이어받은 특징이다.

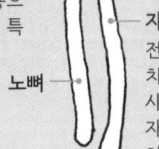

- 제1지
- 제2지
- 제3지
- 손목손허리뼈
- 자뼈: 전완(사람의 경우에는 팔꿈치와 손목 사이 부위)에는 사람과 마찬가지로 노뼈와 자뼈라는 2개의 뼈가 있다. 이중 자뼈에는 날개깃이 나 있다.
- 노뼈
- 위팔뼈: 닭고기에서 윙이라 부르는 부위에 해당한다. 활공을 많이 하는 새일수록 위팔뼈가 더 길다.

새의 뼈는 속이 비어 있다.

새는 폐 이외에도 기낭이라고 불리는 호흡 기관을 가지고 있다. 기낭은 공룡에게서 물려받은 것으로 여겨진다. 입으로 들이마신 공기는 폐와 기낭을 한 방향으로 통과해 배출되므로 사람보다 효율적인 호흡이 가능하다. 기낭의 일부는 뼛속까지 들어가 있어 위팔뼈는 속이 비어 있다. 이런 구조는 새가 하늘을 날 수 있도록 몸을 가볍게 하는 데 큰 역할을 했다. 또한 속이 빈 뼈의 강도를 높이기 위해 뼈 내부에는 근교라 불리는 지주와 같은 구조가 있다.

재갈매기의 상완 단면

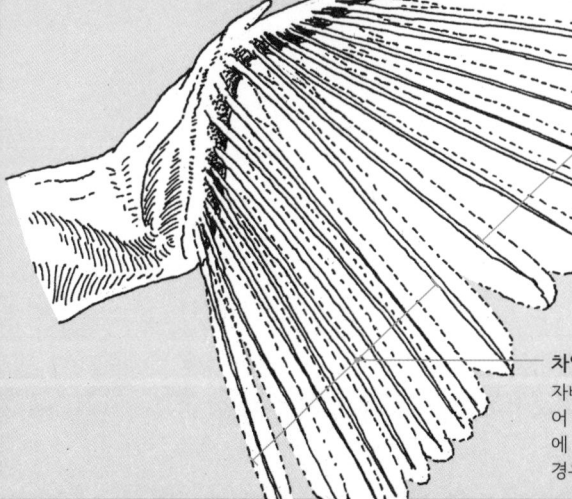

- 초열풍절(첫째날개깃): 손목뼈와 손가락뼈에 붙어 있으며, 추진력을 만들어 내는 역할을 한다. 새의 종류에 따라 9~12매가 있다.
- 차열풍절(둘째날개깃): 자뼈에 붙어 있으며, 양력을 만들어 내는 역할을 한다. 벌새는 6매밖에 없지만, 알바트로스[▶P.100]의 경우 40매나 되는 깃을 가진다.

밤 사냥꾼의 뼈
올빼미

독수리·매·올빼미처럼 날카로운 발톱과 부리를 가진 포식성 새들을 통틀어 맹금류라고 부른다. 독수리와 매는 매목으로 분류되지만, 매를 닮은 송골매는 송골매목이라는 독립된 그룹으로 분류되며, 매나 독수리보다 참새나 앵무새에 더 가까운 종이라는 사실이 유전자 분석으로 밝혀졌다. 송골매와 매의 외형이 비슷한 이유는 비슷한 생태로 인해 나타난 수렴 진화의 결과다. 한편, 올빼미는 매목과 겉모습은 비슷하지만, 밤에 사냥하는 생활 방식에 특화되어 있어 매와는 다른 형태를 지니게 되었다.

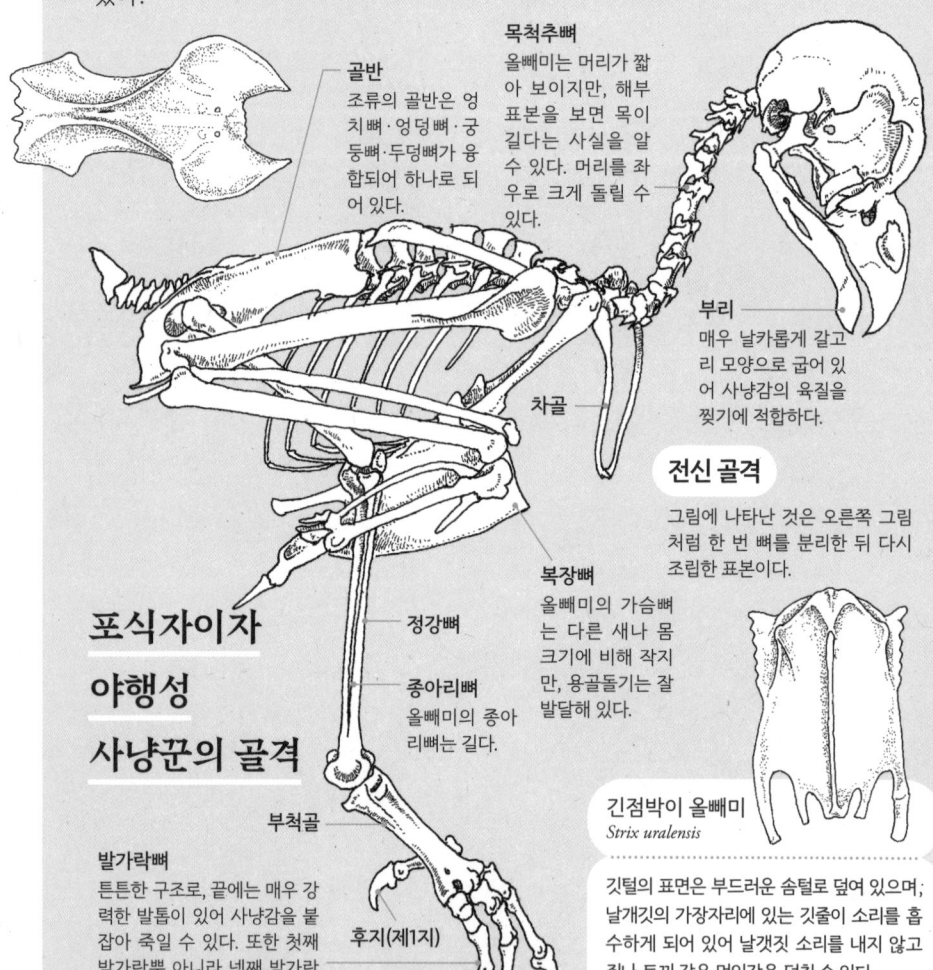

골반
조류의 골반은 엉치뼈·엉덩뼈·궁둥뼈·두덩뼈가 융합되어 하나로 되어 있다.

목척추뼈
올빼미는 머리가 짧아 보이지만, 해부 표본을 보면 목이 길다는 사실을 알 수 있다. 머리를 좌우로 크게 돌릴 수 있다.

부리
매우 날카롭게 갈고리 모양으로 굽어 있어 사냥감의 육질을 찢기에 적합하다.

차골

전신 골격
그림에 나타난 것은 오른쪽 그림처럼 한 번 뼈를 분리한 뒤 다시 조립한 표본이다.

복장뼈
올빼미의 가슴뼈는 다른 새나 몸 크기에 비해 작지만, 용골돌기는 잘 발달해 있다.

정강뼈

종아리뼈
올빼미의 종아리뼈는 길다.

부척골

발가락뼈
튼튼한 구조로, 끝에는 매우 강력한 발톱이 있어 사냥감을 붙잡아 죽일 수 있다. 또한 첫째 발가락뿐 아니라 넷째 발가락도 뒤로 향하게 할 수 있다.

후지(제1지)

포식자이자 야행성 사냥꾼의 골격

긴점박이 올빼미
Strix uralensis

깃털의 표면은 부드러운 솜털로 덮여 있으며, 날개깃의 가장자리에 있는 깃갈이 소리를 흡수하게 되어 있어 날갯짓 소리를 내지 않고 쥐나 토끼 같은 먹잇감을 덮칠 수 있다.

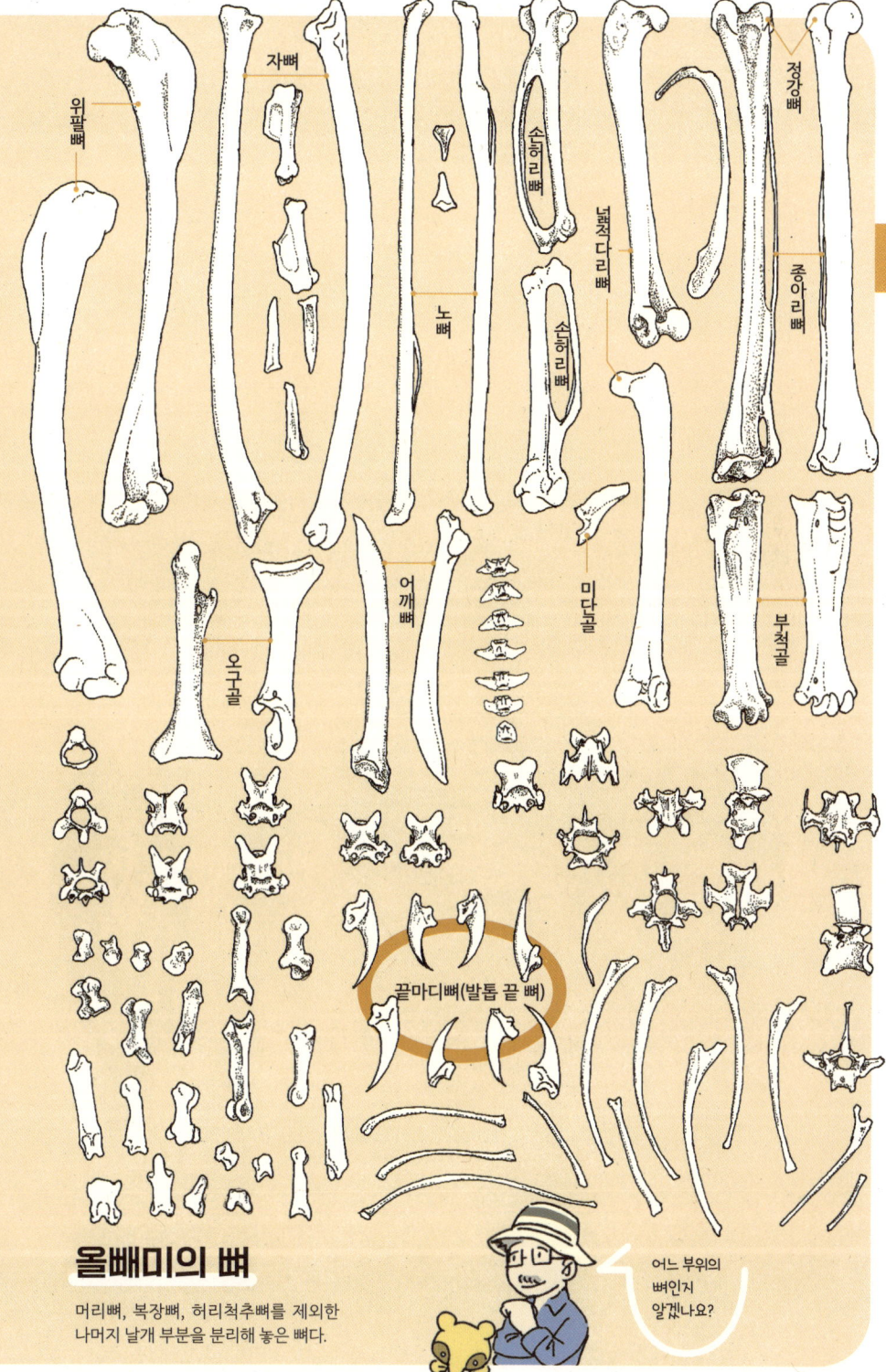

곤충 사냥꾼
솔부엉이

맹금류로 불리는 새들의 먹잇감은 다양하다. 초여름에 찾아오는 솔부엉이의 주된 먹이는 곤충류다. 솔부엉이의 골격은 소형 포유류를 사냥하는 올빼미에 비하면 훨씬 가늘어 보인다. 특히 먹잇감을 붙잡아 누르는 발목뼈의 경우 올빼미의 것은 먹이를 눌러 죽이기 위해 튼튼하지만, 솔부엉이의 것은 훨씬 가늘고 날렵하다.

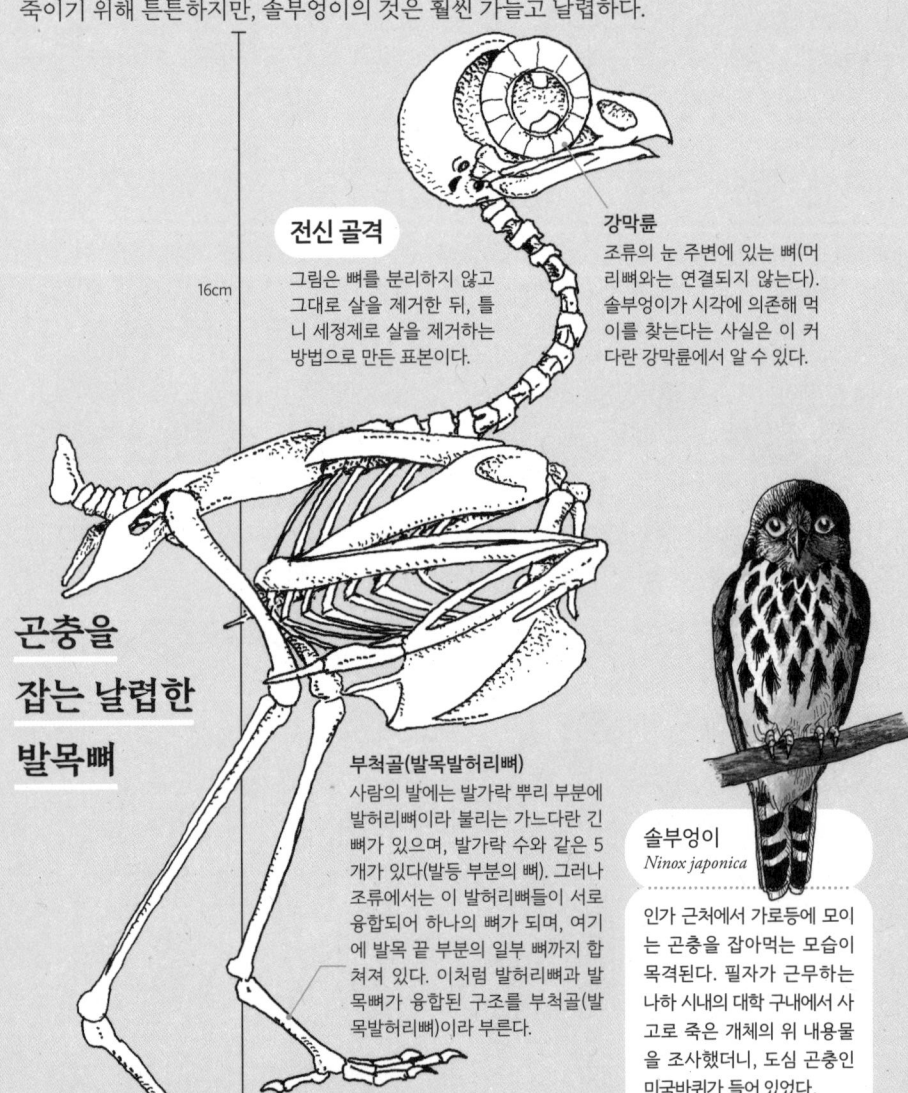

전신 골격
그림은 뼈를 분리하지 않고 그대로 살을 제거한 뒤, 틀니 세정제로 살을 제거하는 방법으로 만든 표본이다.

16cm

강막륜
조류의 눈 주변에 있는 뼈(머리뼈와는 연결되지 않는다). 솔부엉이가 시각에 의존해 먹이를 찾는다는 사실은 이 커다란 강막륜에서 알 수 있다.

곤충을 잡는 날렵한 발목뼈

부척골(발목발허리뼈)
사람의 발에는 발가락 뿌리 부분에 발허리뼈이라 불리는 가느다란 긴 뼈가 있으며, 발가락 수와 같은 5개가 있다(발등 부분의 뼈). 그러나 조류에서는 이 발허리뼈들이 서로 융합되어 하나의 뼈가 되며, 여기에 발목 끝 부분의 일부 뼈까지 합쳐져 있다. 이처럼 발허리뼈과 발목뼈가 융합된 구조를 부척골(발목발허리뼈)이라 부른다.

솔부엉이
Ninox japonica

인가 근처에서 가로등에 모이는 곤충을 잡아먹는 모습이 목격된다. 필자가 근무하는 나하 시내의 대학 구내에서 사고로 죽은 개체의 위 내용물을 조사했더니, 도심 곤충인 미국바퀴가 들어 있었다.

여러 가지 부척골

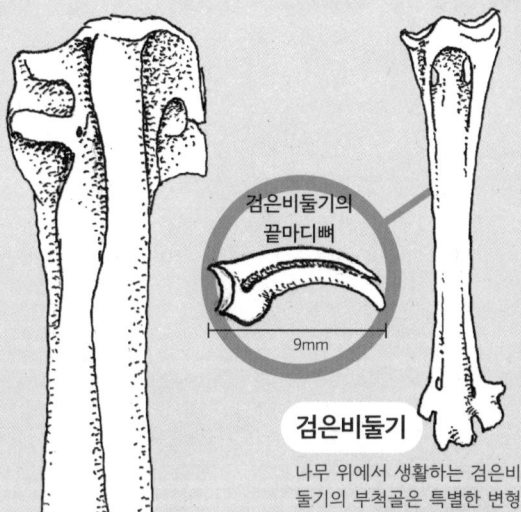

검은비둘기
나무 위에서 생활하는 검은비둘기의 부척골은 특별한 변형이 없는 표준적인 형태다. 발톱 끝도 솔개처럼 날카롭지 않다.

물수리
물속의 물고기를 움켜잡는 물수리의 부척골은 매우 튼튼하다. 물수리의 발톱 끝 뼈도 매우 날카롭다.

큰부리까마귀
나무 위에 앉기도 하고 지상에서 자주 먹이를 쪼아 먹는 큰부리까마귀의 부척골은 잘 발달해 있다.

호로새
지상에서 걸어 다니는 생활을 하는 호로새는 부척골이 잘 발달해 있다.

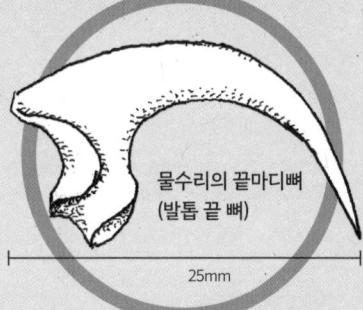

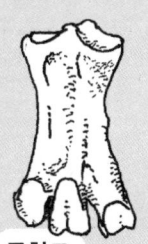

군함조
지상에서 걸을 일이 거의 없는 군함조의 부척골은 발달해 있지 않다

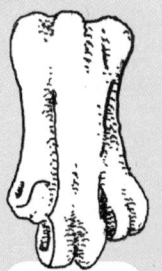

쇠푸른펭귄
펭귄은 자주 걷지만, 다른 지상성 조류와 달리 부척골이 짧다.

닭의 부척골에는 발톱 돌기가 있어요.

조류 — 몸을 구성하는 뼈

조류에만 있는 뼈, 차골

왕관앵무

조류의 가슴 부위에는 특유의 뼈가 있다. 바로 차골이다. 사람에게는 양쪽에 각각 빗장뼈가 있어 몸통과 어깨뼈를 연결한다. 그러나 조류의 경우에는 좌우 빗장뼈(쇄골)가 하나로 융합되어 차골이라 불리는 V자 보양의 독특한 뼈를 이룬다. 조류의 조상인 티라노사우루스 같은 수각류 공룡에도 차골이 있는 것으로 보아 이 뼈는 공룡으로부터 물려받은 것이라고 할 수 있다. 날개를 퍼덕일 때 스프링 역할을 하는 것으로 여겨지며, 새 종류에 따라 V자의 벌어진 각도나 뼈의 두께 등이 다르다.

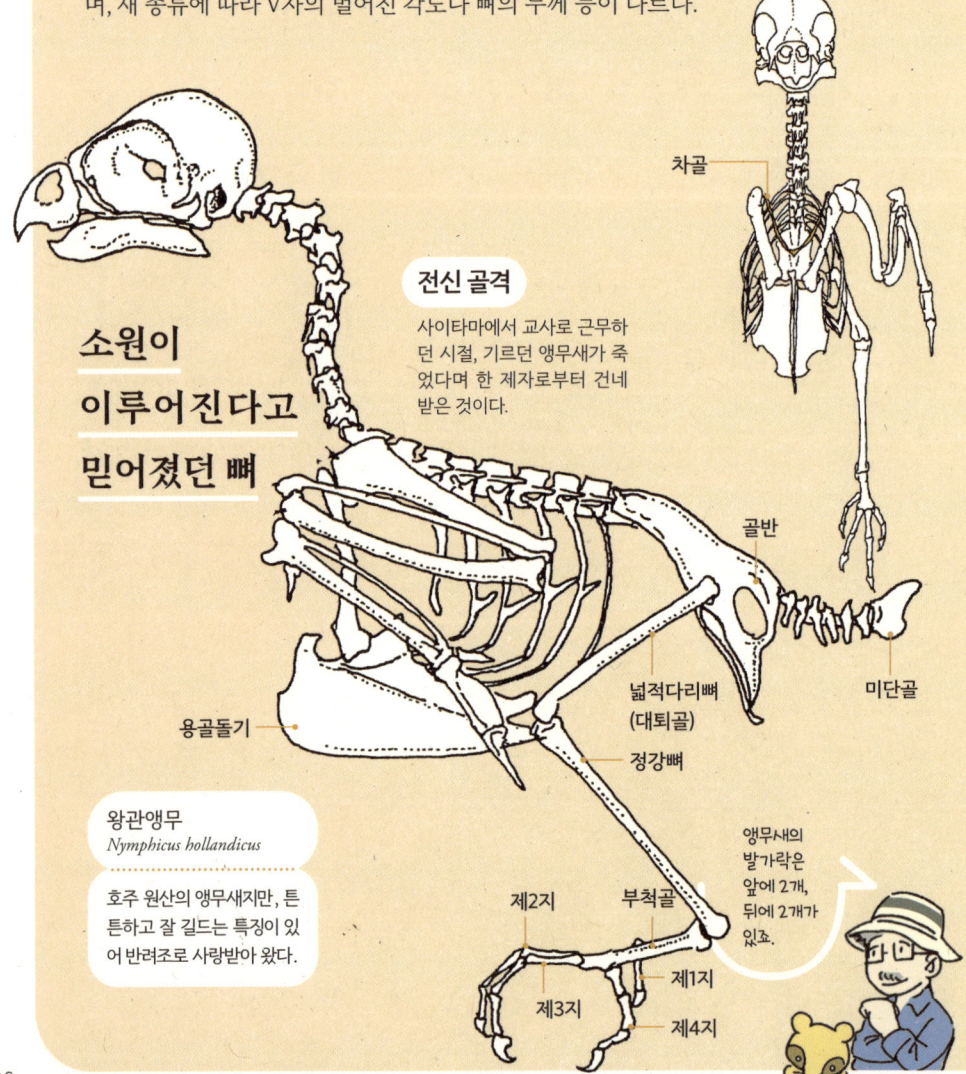

소원이 이루어진다고 믿어졌던 뼈

전신 골격
사이타마에서 교사로 근무하던 시절, 기르던 앵무새가 죽었다며 한 제자로부터 건네받은 것이다.

차골
골반
넓적다리뼈 (대퇴골)
미단골
정강뼈
용골돌기
부척골
제2지
제1지
제3지
제4지

앵무새의 발가락은 앞에 2개, 뒤에 2개가 있죠.

왕관앵무
Nymphicus hollandicus

호주 원산의 앵무새지만, 튼튼하고 잘 길드는 특징이 있어 반려조로 사랑받아 왔다.

여러 가지 차골

서양에서는 예로부터 거위의 차골을 점술에 사용했다. 또한 식탁에 오른 가금류의 차골을 두 사람이 양쪽에서 잡아당겨 손에 남은 뼈가 더 긴 쪽의 소원이 이루어진다는 전설이 전해지기도 했다. 이런 이유로 차골을 영어로 위시본(wishbone)이라고 부르기도 한다.

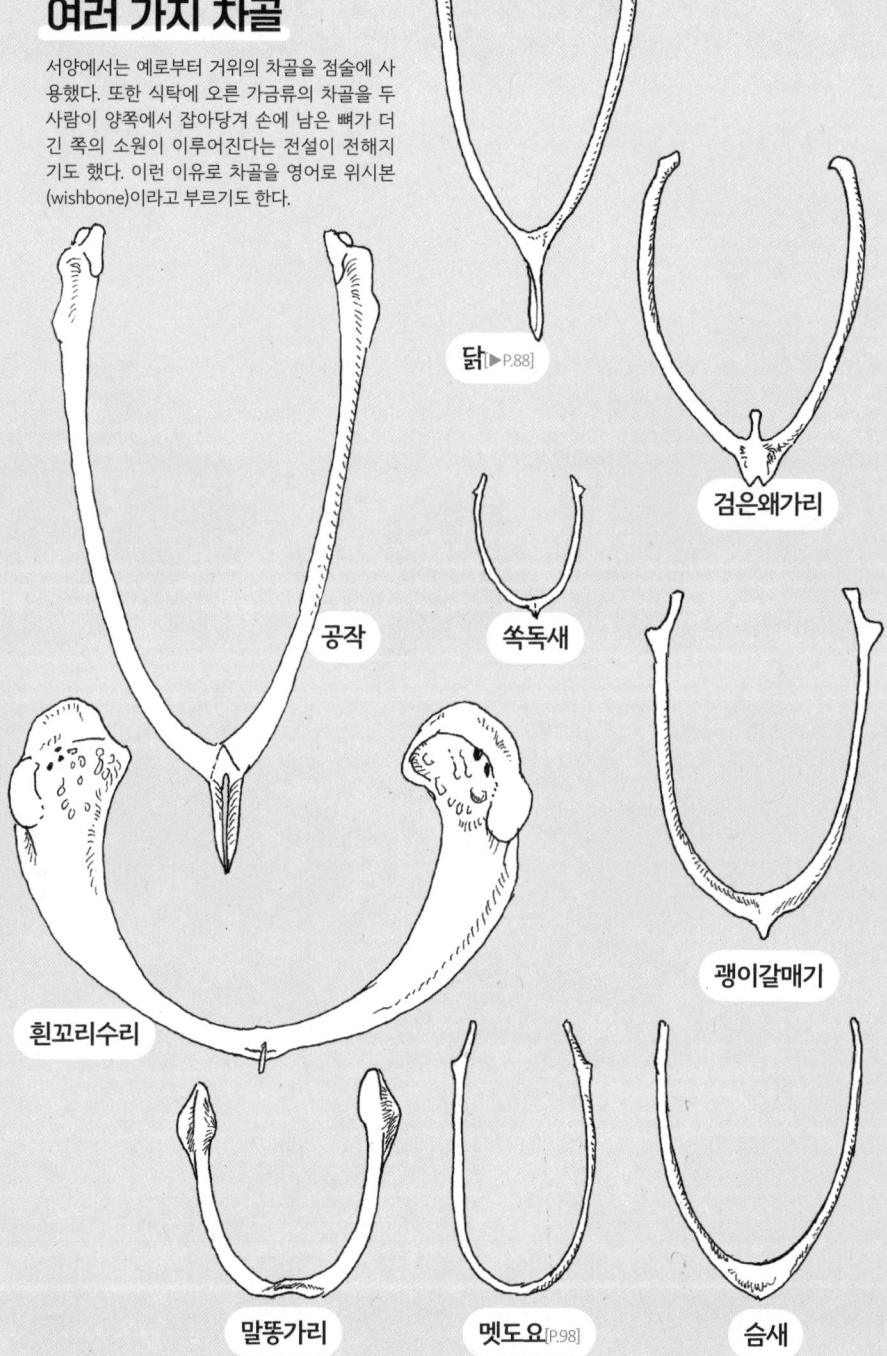

닭 [▶P.88]

검은왜가리

공작

쏙독새

괭이갈매기

흰꼬리수리

말똥가리

멧도요 [P.98]

슴새

소리를 듣는 뼈, 이소주

닭

우리 귀는 공기를 통해 전달된 진동이 고막을 울리면, 그 고막의 진동이 가운데귀(중이)에 있는 3개의 작은 뼈(이소골:망치뼈·모루뼈·등자뼈)를 거쳐 속귀(내이)에 전달되고, 거기서 신경세포가 뇌로 신호를 보내는 구조로 되어 있다. 조류도 기본적으로 같은 구조를 가지고 있지만, 조류의 가운데귀에 있는 것은 사람의 등자뼈에 해당하는 이소주라는 뼈 하나뿐이다. 양서류·파충류·조류 모두 귀속에는 이소주만 있으며, 포유류만이 3개의 이소골(▶P.112)을 가지고 있다. 사실 포유류의 경우, 턱뼈 일부가 씹는 기능에서 벗어나 청각 기능을 담당하는 뼈로 변형된 것이다.

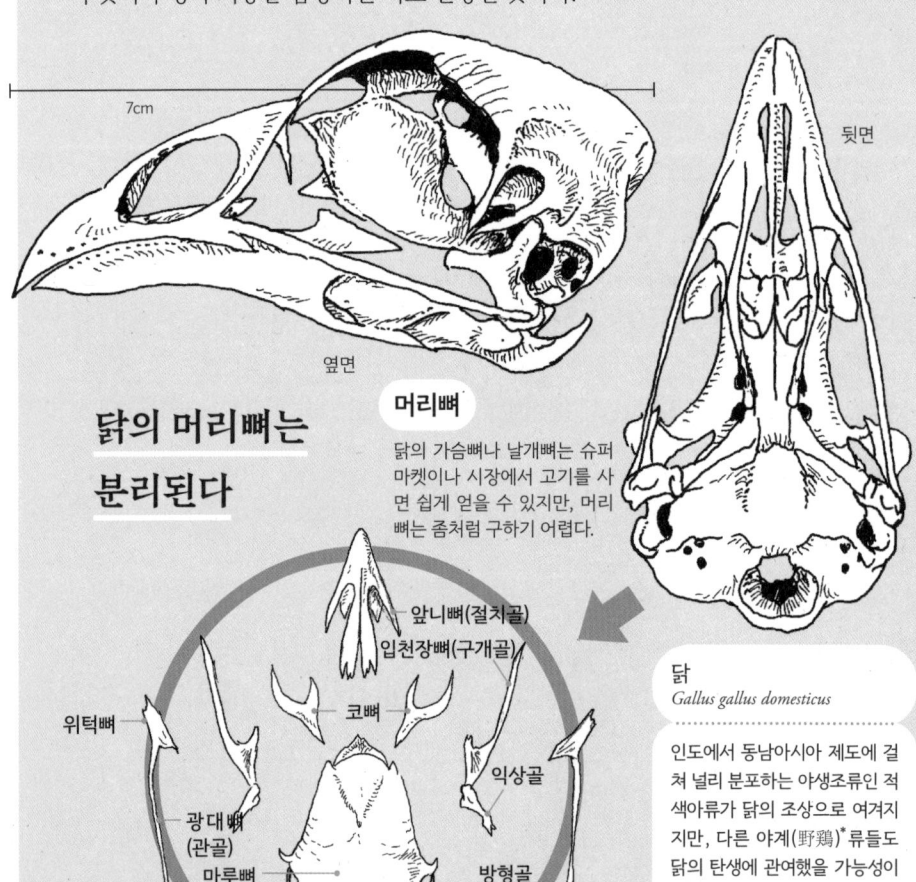

머리뼈
닭의 가슴뼈나 날개뼈는 슈퍼마켓이나 시장에서 고기를 사면 쉽게 얻을 수 있지만, 머리뼈는 좀처럼 구하기 어렵다.

닭
Gallus gallus domesticus

인도에서 동남아시아 제도에 걸쳐 널리 분포하는 야생조류인 적색야계류가 닭의 조상으로 여겨지지만, 다른 야계(野鷄)*류들도 닭의 탄생에 관여했을 가능성이 있다고 한다.

*꿩과의 새. 닭과 비슷한 크기이며 알락달락한 검은 점이 많고 꼬리가 길다.

여러 가지 이소주

이소골은 머리뼈 안에 있어서, 고막이 있는 구멍 부분에서 핀셋 등으로 꺼내지 않는 한 눈으로 볼 수 없다. 하지만 이 작은 뼈에도 다양한 형태가 있다. 참고로 수각류 공룡인 티라노사우루스의 이소주는 30cm에 달한다.

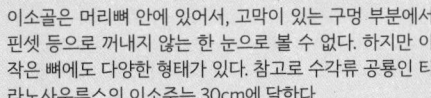
닭

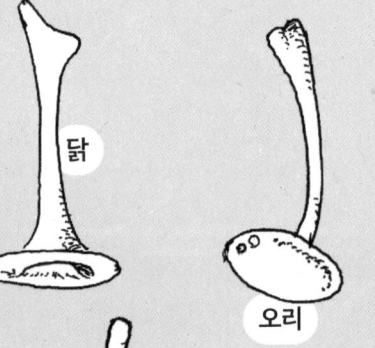
오리

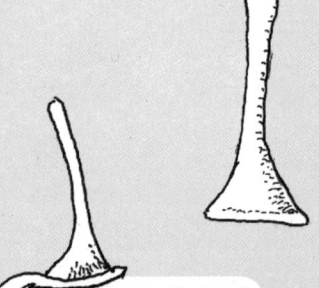
쇠부리슴새

대만 녹색비둘기

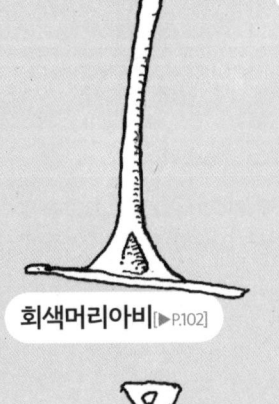
회색머리아비 [▶P.102]

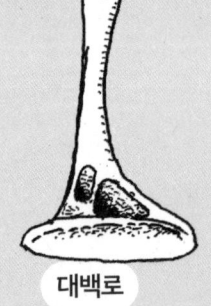
대백로

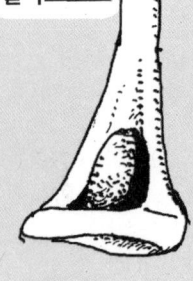
알바트로스

바다쇠오리

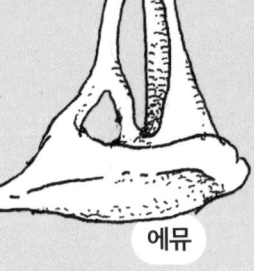
에뮤

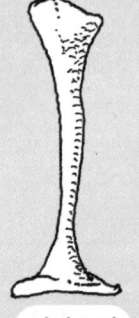
바다오리

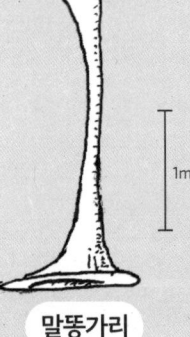
말똥가리

1mm

이소주를 손상시키지 않고 머리뼈에서 꺼내는 건 어려워요.

조류 / 몸을 구성하는 뼈

'곧이곧대로 받아들이는' 뼈
민물가마우지

사람의 말을 아무 의심 없이 받아들이는 것을 일본에서는 '가마우지가 삼키듯 하다'라고 한다. 이 말은 입에 들어온 물고기를 통째로 삼키는 가마우지의 습성에서 유래했으며 일본에서는 전통적으로 이런 습성의 가마우지를 이용해 물고기를 잡아 왔다. 일본에는 민물가마우지·바다가마우지·쇠가마우지·붉은뺨가마우지 등 다양한 가마우지류가 서식하지만, 그중에서도 물고기잡이에 쓰이는 것은 몸집이 큰 바다가마우지다. 하지만 바다가마우지보다 더 자주 볼 수 있는 건 여기서 소개하는 민물가마우지다.

머리뼈

바닷가에서는 가끔 가마우지의 뼈를 주울 수 있다. 백골화되어 흩어진 머리뼈에는 특징적인 후두검골(화살표)이 남아 있는 경우가 있다. 부리가 길고 끝이 갈고리 모양으로 휘어 있는 등 머리뼈의 독특한 형태로 보아 가마우지류라는 것을 금방 알 수 있다. 다만 뼈만 보고 바다가마우지와 민물가마우지를 구별하기는 어렵다. 바다가마우지가 더 크지만, 두 종의 크기가 비슷한 경우도 있기 때문이다.

옆면

아래턱
가마우지류의 입은 큰 물고기도 한입에 삼킬 수 있도록 크게 벌어진다.

뒷면

위턱
잠수에 능한 가마우지류의 위턱에는 콧구멍이 없다.

뒷면

가마우지류의 머리뼈는 모두 비슷하게 생겼어요.

쇠가마우지
쇠가마우지의 머리뼈는 민물가마우지보다 작다.

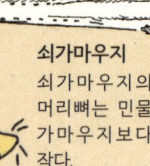

탁월한 잠수와 수영 실력

조류 / 식성의 다양성

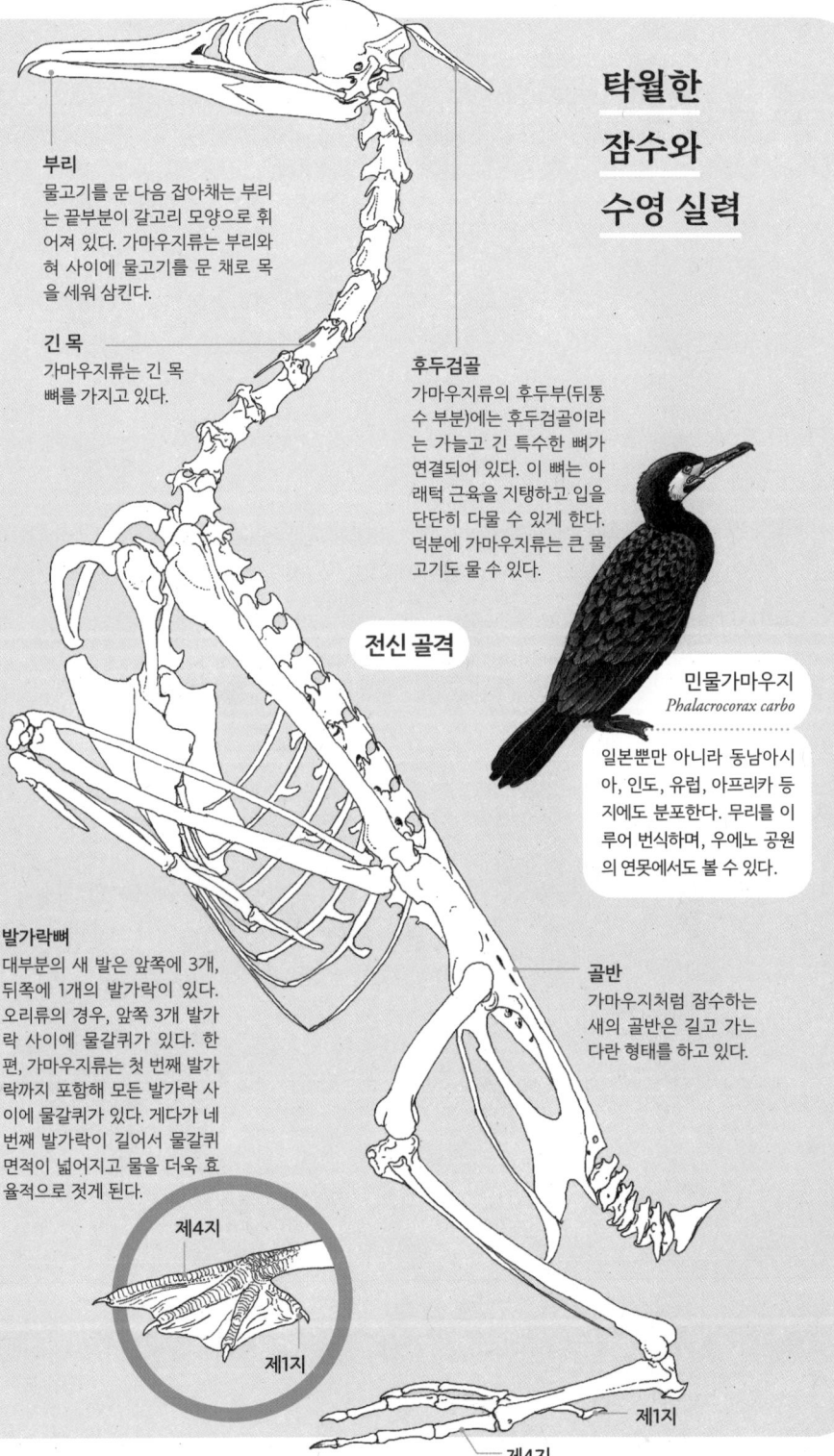

부리
물고기를 문 다음 잡아채는 부리는 끝부분이 갈고리 모양으로 휘어져 있다. 가마우지류는 부리와 혀 사이에 물고기를 문 채로 목을 세워 삼킨다.

긴 목
가마우지류는 긴 목뼈를 가지고 있다.

후두검골
가마우지류의 후두부(뒤통수 부분)에는 후두검골이라는 가늘고 긴 특수한 뼈가 연결되어 있다. 이 뼈는 아래턱 근육을 지탱하고 입을 단단히 다물 수 있게 한다. 덕분에 가마우지류는 큰 물고기도 물 수 있다.

전신 골격

민물가마우지
Phalacrocorax carbo

일본뿐만 아니라 동남아시아, 인도, 유럽, 아프리카 등지에도 분포한다. 무리를 이루어 번식하며, 우에노 공원의 연못에서도 볼 수 있다.

발가락뼈
대부분의 새 발은 앞쪽에 3개, 뒤쪽에 1개의 발가락이 있다. 오리류의 경우, 앞쪽 3개 발가락 사이에 물갈퀴가 있다. 한편, 가마우지류는 첫 번째 발가락까지 포함해 모든 발가락 사이에 물갈퀴가 있다. 게다가 네 번째 발가락이 길어서 물갈퀴 면적이 넓어지고 물을 더욱 효율적으로 젓게 된다.

골반
가마우지처럼 잠수하는 새의 골반은 길고 가느다란 형태를 하고 있다.

제4지
제1지

제4지
제1지

목숨을 건 다이빙으로 물고기를 잡다

갈색얼가니새

갈색얼가니새류는 바다 위를 날면서 먹잇감을 찾는다. 목표 물고기를 발견하면, 10m 이상 높이에서 날개를 접고 바다로 몸을 날려 수면을 뚫고 들어가 사냥한다. 어떤 경우에는 시속 100km 이상의 속도로 다이빙하기도 한다. 갈색얼가니새의 먹이는 날치·전갱이·정어리·고등어이고 자기 몸길이의 절반에 달하는 큰 물고기도 삼킬 수 있다.

고공 다이빙 사냥에 탁월한 머리뼈

북방가넷
Morus bassanus

북대서양에 분포하는 갈색얼가니새 중에서도 부리 끝과 꼬리 끝이 검고, 나머지 몸은 흰색이며, 전체 길이는 100cm에 달한다.

정면을 향한 얕은 홈
갈색얼가니새는 시야가 넓어 사물을 입체적으로 보므로 목표물까지의 거리와 위치를 정확히 파악할 수 있다. 부리 양옆에 있는 얕은 홈은 사냥 시 물속을 들여다보며 거리 감각을 유지하는 데 도움을 준다.

북방가넷의 머리
바다로 뛰어들어 먹이를 잡는 생활에 적응한 결과, 외부로 드러난 콧구멍이 없다.

깃 모양의 톱니
부리 가장자리 양쪽에 나 있는 촘촘한 톱니가 미끄러운 물고기도 놓치지 않는다.

비오리류
물고기를 주로 먹는 오리류인 비오리 중에는 톱니 모양의 부리를 가진 종류가 있다.

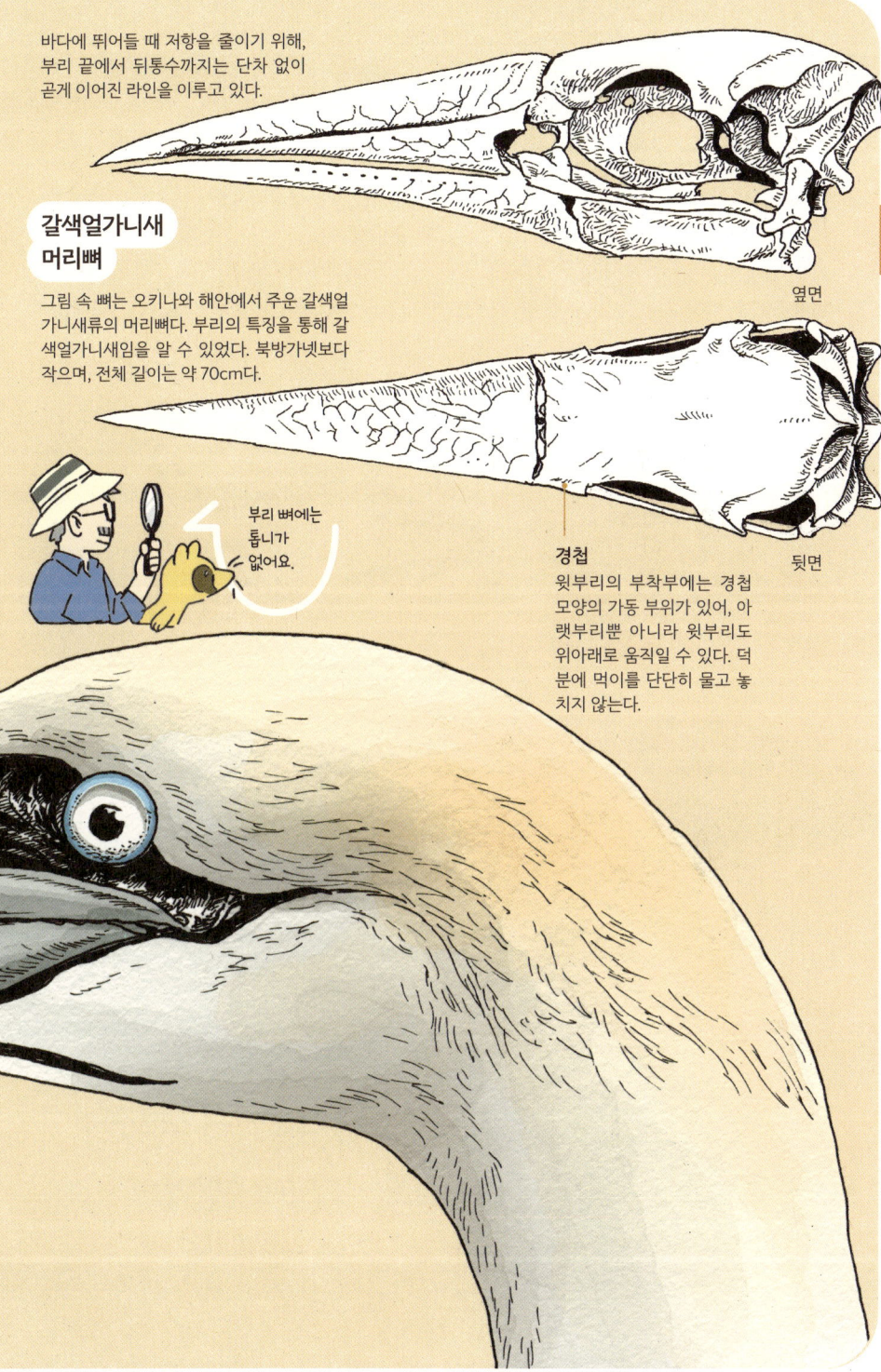

바다에 뛰어들 때 저항을 줄이기 위해, 부리 끝에서 뒤통수까지는 단차 없이 곧게 이어진 라인을 이루고 있다.

갈색얼가니새 머리뼈

그림 속 뼈는 오키나와 해안에서 주운 갈색얼가니새류의 머리뼈다. 부리의 특징을 통해 갈색얼가니새임을 알 수 있었다. 북방가넷보다 작으며, 전체 길이는 약 70cm다.

옆면

부리 뼈에는 톱니가 없어요.

경첩

윗부리의 부착부에는 경첩 모양의 가동 부위가 있어, 아랫부리뿐 아니라 윗부리도 위아래로 움직일 수 있다. 덕분에 먹이를 단단히 물고 놓치지 않는다.

뒷면

조류 / 식성의 다양성

거꾸로 된 부리

플라밍고

플라밍고가 서식하는 곳은 염분 농도가 높고 수심이 얕은 호수와 같은 특수한 환경이다. 이런 물가에는 플랑크톤과 갑각류가 다량 서식한다. 플라밍고는 특이한 부리로 이 작은 생물들을 걸러 먹는다. 대홍학의 주요 먹이는 갑각류와 연체류, 곤충 유충이며, 꼬마홍학의 먹이는 같은 서식지에 사는 조류의 알과 알껍데기도 포함된다. 이 두 종의 플라밍고 몸 색은 먹이에 함유된 카로티노이드 색소에 의해 나타난 것이다.

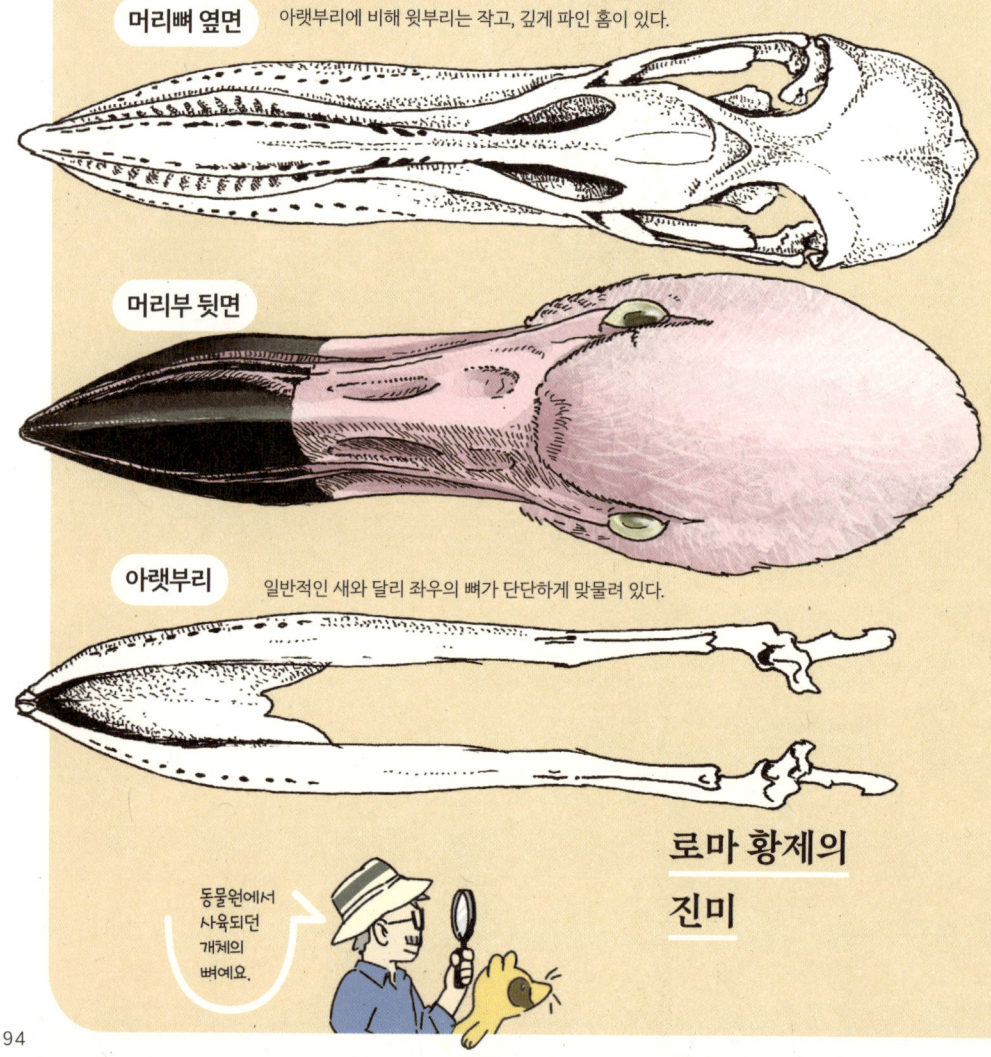

머리뼈 옆면 아랫부리에 비해 윗부리는 작고, 깊게 파인 홈이 있다.

머리부 뒷면

아랫부리 일반적인 새와 달리 좌우의 뼈가 단단하게 맞물려 있다.

로마 황제의 진미

동물원에서 사육되던 개체의 뼈예요.

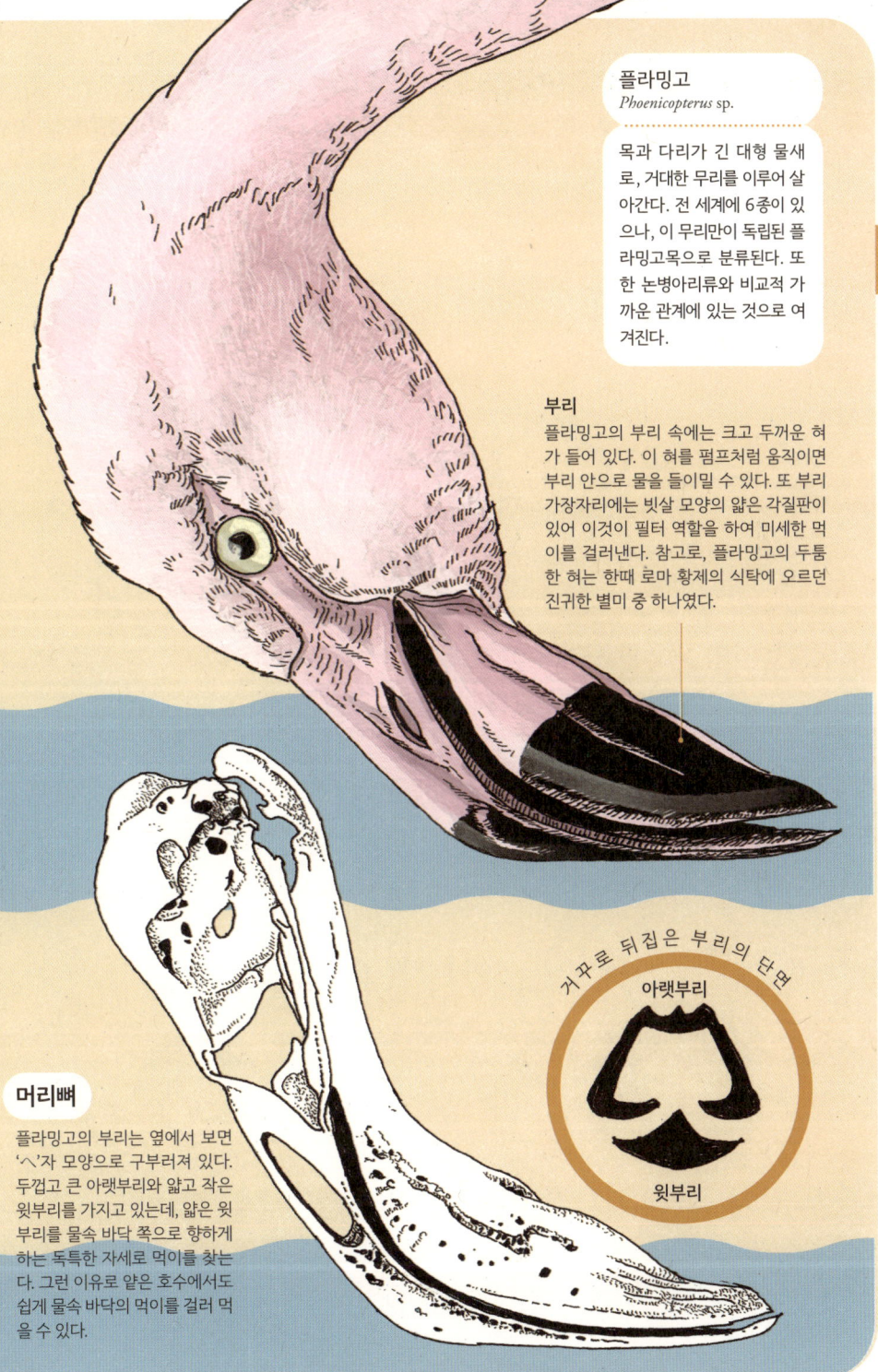

플라밍고
Phoenicopterus sp.

목과 다리가 긴 대형 물새로, 거대한 무리를 이루어 살아간다. 전 세계에 6종이 있으나, 이 무리만이 독립된 플라밍고목으로 분류된다. 또한 논병아리류와 비교적 가까운 관계에 있는 것으로 여겨진다.

부리
플라밍고의 부리 속에는 크고 두꺼운 혀가 들어 있다. 이 혀를 펌프처럼 움직이면 부리 안으로 물을 들이밀 수 있다. 또 부리 가장자리에는 빗살 모양의 얇은 각질판이 있어 이것이 필터 역할을 하여 미세한 먹이를 걸러낸다. 참고로, 플라밍고의 두툼한 혀는 한때 로마 황제의 식탁에 오르던 진귀한 별미 중 하나였다.

거꾸로 뒤집은 부리의 단면
아랫부리
윗부리

머리뼈
플라밍고의 부리는 옆에서 보면 '∧'자 모양으로 구부러져 있다. 두껍고 큰 아랫부리와 얇고 작은 윗부리를 가지고 있는데, 얇은 윗부리를 물속 바닥 쪽으로 향하게 하는 독특한 자세로 먹이를 찾는다. 그런 이유로 얕은 호수에서도 쉽게 물속 바닥의 먹이를 걸러 먹을 수 있다.

조류 식성의 다양성

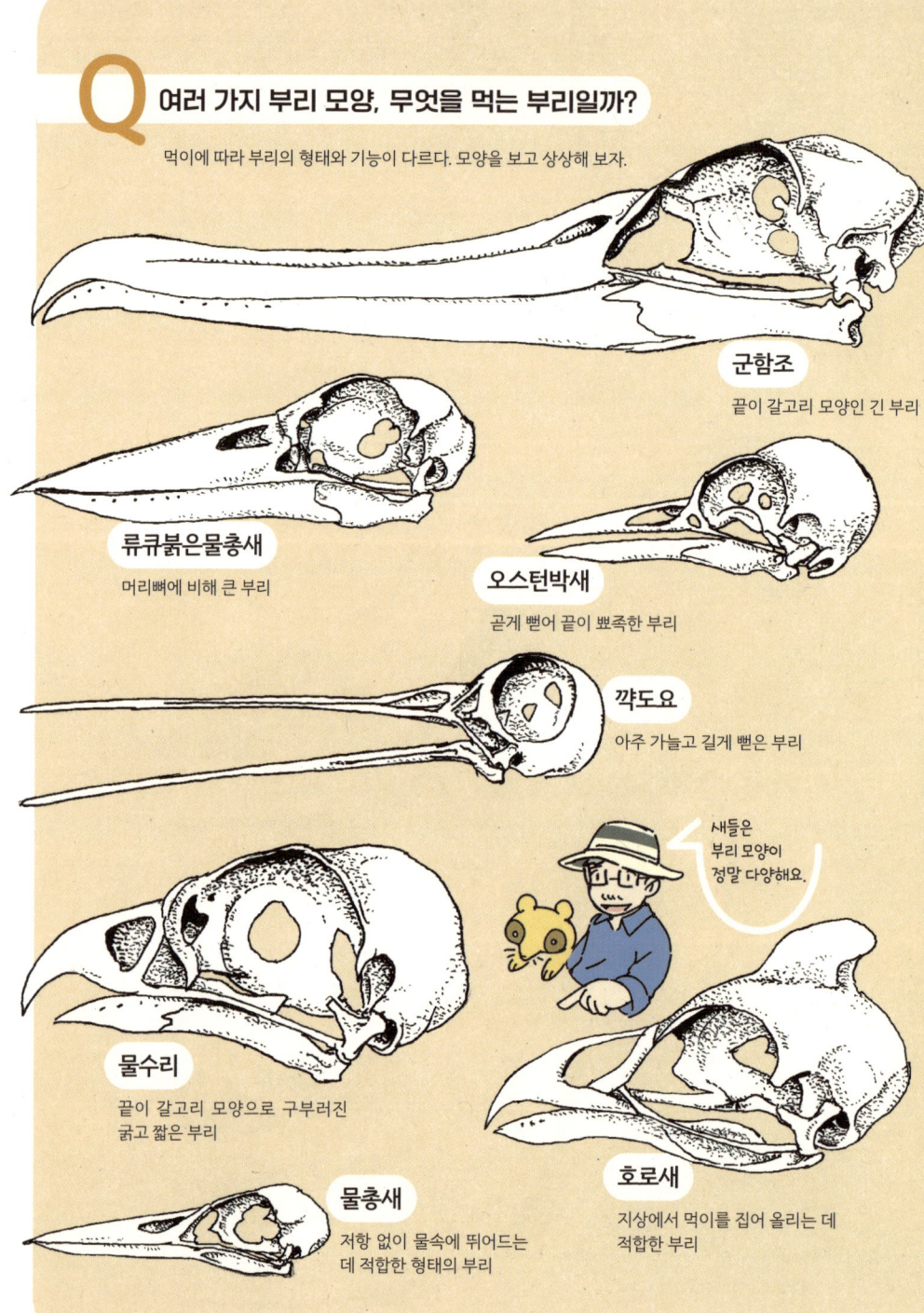

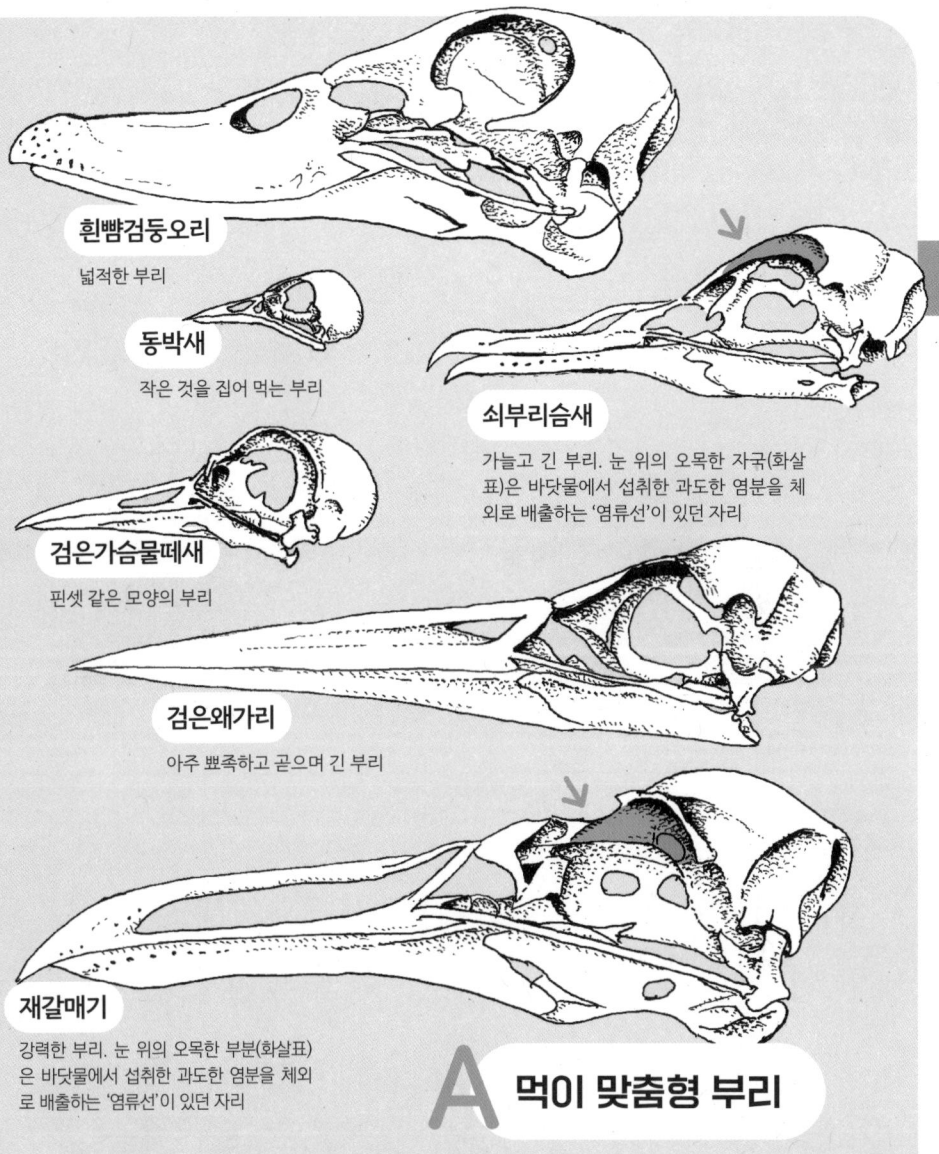

흰뺨검둥오리 넓적한 부리

동박새 작은 것을 집어 먹는 부리

쇠부리슴새 가늘고 긴 부리. 눈 위의 오목한 자국(화살표)은 바닷물에서 섭취한 과도한 염분을 체외로 배출하는 '염류선'이 있던 자리

검은가슴물떼새 핀셋 같은 모양의 부리

검은왜가리 아주 뾰족하고 곧으며 긴 부리

재갈매기 강력한 부리. 눈 위의 오목한 부분(화살표)은 바닷물에서 섭취한 과도한 염분을 체외로 배출하는 '염류선'이 있던 자리

A 먹이 맞춤형 부리

군함조는 수면 위를 날며 급강하해 물고기를 낚아챈다. 류큐붉은물총새는 곤충이나 도마뱀, 물고기를 잡아먹는다. 오스턴박새는 곤충이나 식물의 씨앗을 먹는다. 꺅도요는 진흙 속의 작은 새우나 곤충을 빨아들여 잡는다. 물수리는 물고기를 잡아 살을 먹는다. 호로새는 식물의 잎이나 씨앗, 곤충 등을 먹는다. 동박새는 꽃꿀이나 곤충 등을 먹는다. 흰뺨검둥오리는 곤충, 갑각류, 물고기 등을 먹는다. 물총새는 물속에서 물고기를 잡아먹는다. 검은가슴물떼새는 물가의 곤충이나 작은 물고기를 먹는다. 검은왜가리는 바다나 바위 해안에서 물고기와 게 등을 잡아먹는다. 재갈매기는 주로 바다에서 물고기와 조개 등을 먹는다.

혀의 모양도 가지각색

멧도요

새의 입안에도 혀가 있지만, 사람의 부드러운 살 조직의 혀와는 다르다. 대부분의 새 혀는 각질로 덮여 있으며, 모양은 새의 종류에 따라 길쭉한 모양, 짧은 모양, 솔 모양, 관 모양 등 다양하다. 예를 들어, 긴 부리를 가진 멧도요는 부리와 마찬가지로 긴 혀를 가지고 있으며, 혀의 부착 부위에는 뼈가 있다.

손가락처럼 민감한 부리로 땅속을 탐색한다

멧도요
Scolopax rusticola

많은 도요새류는 해안이나 물가에서 볼 수 있지만, 멧도요는 숲 속을 서식지로 삼는다. 지렁이를 좋아해 즐겨 먹으며 필자가 사고로 죽은 멧도요를 해부했을 때는 위 속에서 지네가 발견된 적이 있다. 이 밖에 곤충류도 주요 먹이다.

신경공
멧도요의 부리 끝에는 수많은 작은 구멍이 열려 있다. 이 구멍은 신경이 지나는 구멍이다. 부리 끝에 신경공이 많은 이유는, 낮에는 어두운 숲속에서, 밤에는 길가나 습지에서 지렁이 같은 토양동물을 먹이로 삼는 멧도요에게, 시각보다는 부리 끝의 감각이 먹이를 찾는 데 효과적으로 작용하기 때문이다.

머리뼈(뒷면)
둥근 머리에 곧게 뻗은 부리가 붙어 있다. 눈 위치는 다른 새에 비해 머리 꼭대기 쪽에 가깝게 자리한다.

부리 끝에는 작은 구멍이 많이 열려 있어요.

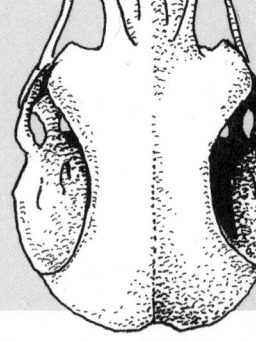

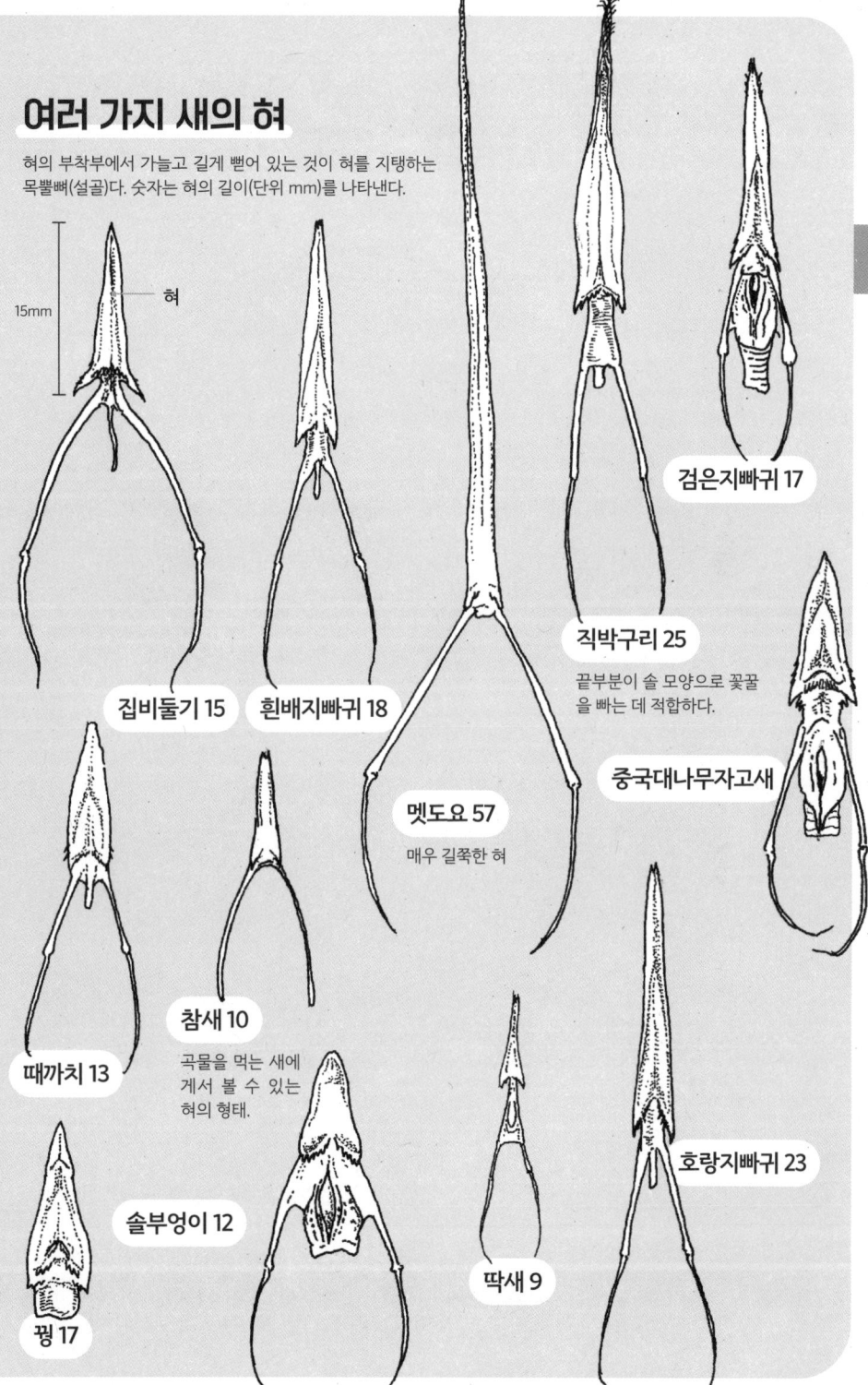

활공 전문가의 에너지 절약 비행

레이산알바트로스

알바트로스류는 거의 날갯짓을 하지 않고 해수면 위의 바람을 이용해 글라이더처럼 섬세하게 조종하며 바다 위를 미끄러지듯 난다. 날개를 길게 펼친 채 수일 동안 계속 활공할 수 있으며, 바람이 부는 먼 바다를 생활 무대로 삼는다. 주로 해면 가까이에서 오징어, 갑각류, 물고기 등을 먹이로 삼으며 번식기에는 특정 해양 섬에 모여 짝짓기와 번식을 한다.

근력에 의존하지 않고, 바람을 타는 뼈

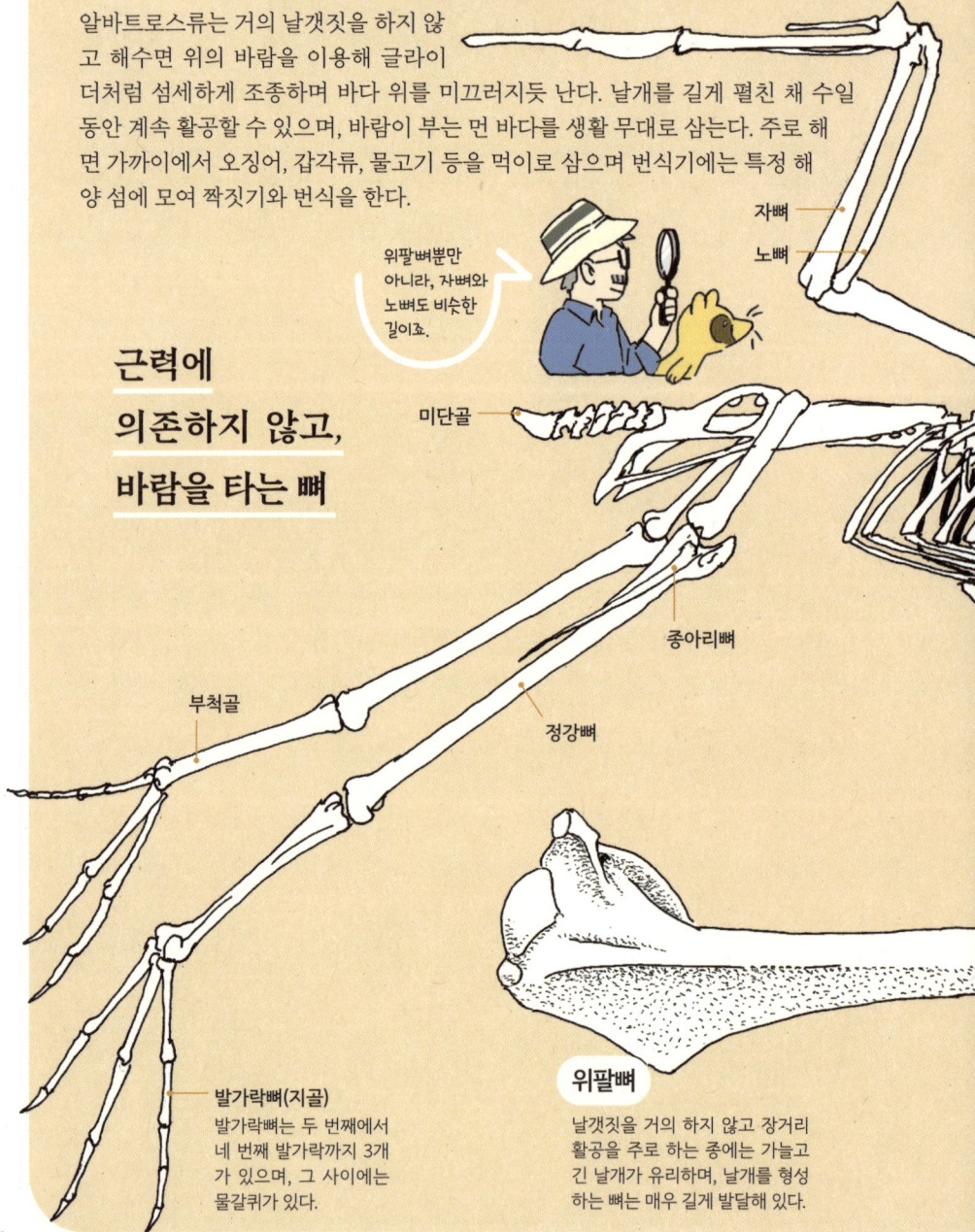

위팔뼈뿐만 아니라, 자뼈와 노뼈도 비슷한 길이죠.

- 자뼈
- 노뼈
- 미단골
- 종아리뼈
- 정강뼈
- 부척골

발가락뼈(지골)
발가락뼈는 두 번째에서 네 번째 발가락까지 3개가 있으며, 그 사이에는 물갈퀴가 있다.

위팔뼈
날갯짓을 거의 하지 않고 장거리 활공을 주로 하는 종에는 가늘고 긴 날개가 유리하며, 날개를 형성하는 뼈는 매우 길게 발달해 있다.

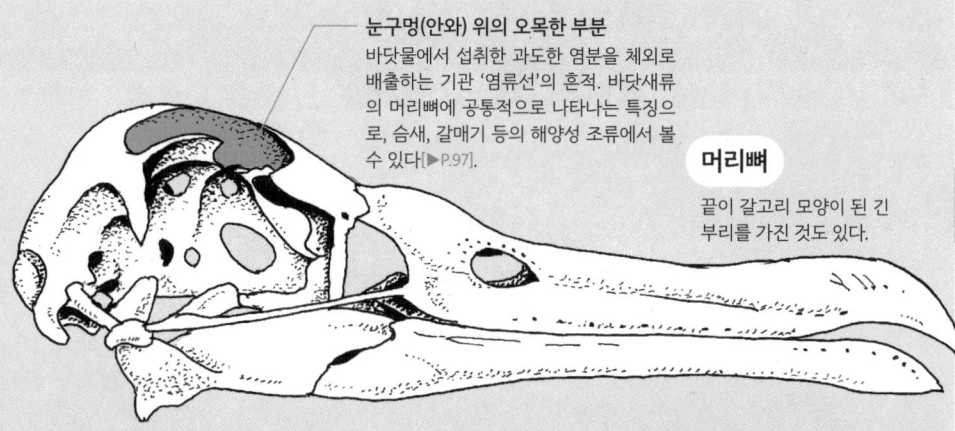

눈구멍(안와) 위의 오목한 부분
바닷물에서 섭취한 과도한 염분을 체외로 배출하는 기관 '염류선'의 흔적. 바닷새류의 머리뼈에 공통적으로 나타나는 특징으로, 슴새, 갈매기 등의 해양성 조류에서 볼 수 있다[▶P.97].

머리뼈
끝이 갈고리 모양이 된 긴 부리를 가진 것도 있다.

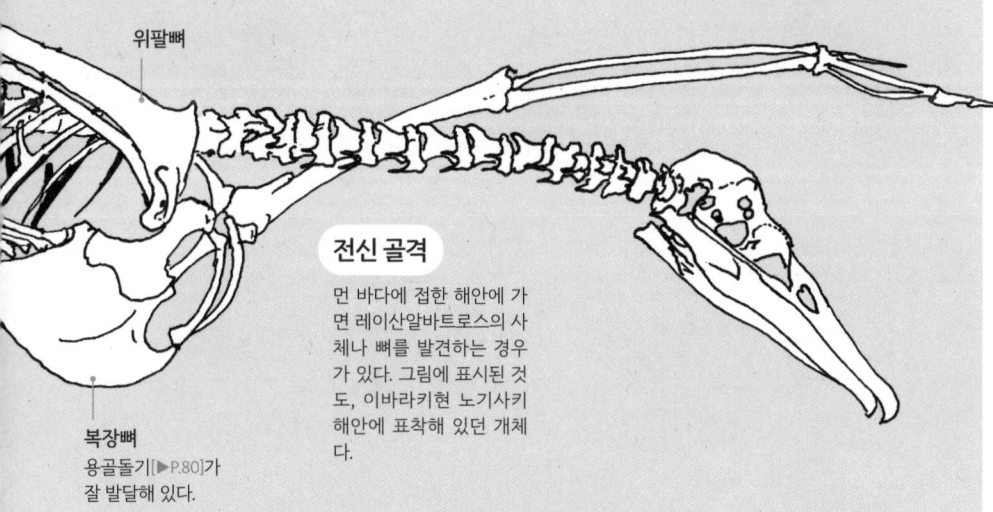

위팔뼈

전신 골격
먼 바다에 접한 해안에 가면 레이산알바트로스의 사체나 뼈를 발견하는 경우가 있다. 그림에 표시된 것도, 이바라키현 노기사키 해안에 표착해 있던 개체다.

복장뼈
용골돌기[▶P.80]가 잘 발달해 있다.

레이산알바트로스
Phoebastria immutabilis

레이산알바트로스는 오가사와라제도에서도 번식하지만, 일본 근해에서 관찰되는 개체의 대부분은 하와이제도를 번식지로 삼고 있다.

조류 / 식성의 다양성

힘차게 잠수하는 골격
회색머리아비

회색머리아비 등 아비과의 새들은 일생의 대부분을 물속이나 수면에서 보내며, 뭍에 올라오는 경우는 번식할 때뿐이다. 아비과 새들의 골격은 이러한 수중 생활에 적응한 형태를 하고 있다. 몸통은 보트처럼 생겼고, 다리는 몸의 뒤쪽 가까이에 붙어 있다. 이렇게 몸 뒤쪽에 다리가 붙어 있으면, 육상에서는 잘 움직이지 못하지만, 물속에서는 다리 끝까지 길게 뻗어 강한 추진력을 내며 잠수하는 데 유리하다.

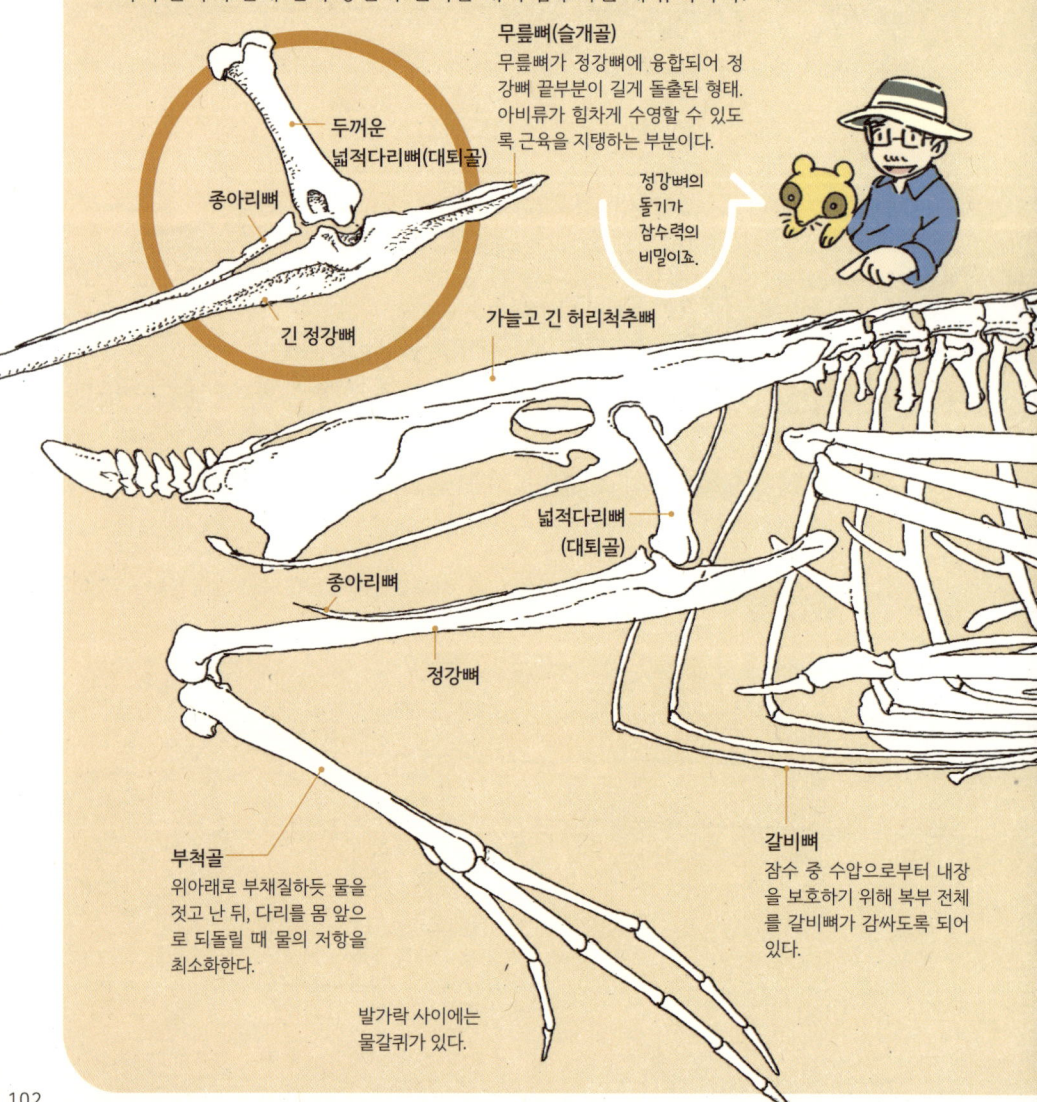

무릎뼈(슬개골)
무릎뼈가 정강뼈에 융합되어 정강뼈 끝부분이 길게 돌출된 형태. 아비류가 힘차게 수영할 수 있도록 근육을 지탱하는 부분이다.

두꺼운 넓적다리뼈(대퇴골)

종아리뼈

긴 정강뼈

정강뼈의 돌기가 잠수력의 비밀이죠.

가늘고 긴 허리척추뼈

넓적다리뼈(대퇴골)

종아리뼈

정강뼈

부척골
위아래로 부채질하듯 물을 젓고 난 뒤, 다리를 몸 앞으로 되돌릴 때 물의 저항을 최소화한다.

갈비뼈
잠수 중 수압으로부터 내장을 보호하기 위해 복부 전체를 갈비뼈가 감싸도록 되어 있다.

발가락 사이에는 물갈퀴가 있다.

회색머리아비
Gavia pacifica

겨울새로 날아와 무리를 지어 작은 물고기를 잡아먹는다. 과거 일본의 세토 내해 지역에서는 이 습성을 이용해 회색머리아비가 쫓아 모아둔 작은 물고기 무리에 모이는 도미나 방어를 낚아 올리는 조지망대(鳥持網代)라는 어획법이 있었다.

전신 골격

굵은 넓적다리뼈 및 그와 관절을 이루는 긴 정강뼈는 몸통 속에 숨겨져 있으며, 몸 바깥에 드러난 것은 발목에서 앞쪽에 해당하는 부분이다.

육지에서는 배로 기어다니지만, 물에 들어가면 훌륭한 잠수부

부리 — 가는 모양에 끝이 날카롭고 뾰족한 부리를 가지고 있다.

머리뼈(뒷면)

눈구멍의 오목한 부분 — 바닷물에서 섭취한 과도한 염분을 체외로 배출하는 기관인 '염류선'이 있던 자리다.

잠수하는 몸

잠수하는 새들의 헤엄치는 방식에는 여러 유형이 있다. 바다쇠오리나 펭귄류는 날개를 사용해 물속을 나는 듯이 헤엄친다. 반면, 아비류는 날개를 쓰지 않고 다리로 헤엄친다. 같은 다리를 추진력으로 사용하는 잠수성 조류라도, 논병아리와 아비류는 체형이 달라 아비류의 가슴은 잠수함을 떠올리게 하는 형태를 하고 있다.

조류 — 이동 방법의 다양성

바닷속을 '날아다니는' 새

임금펭귄

펭귄은 한자로 '인조(人鳥)'라 쓰는데, 이름처럼 뒤뚱뒤뚱 걷는 모습이 어딘가 사람을 닮았다. 비록 지금은 날지 못하지만, 그 조상은 하늘을 날던 새였다. 펭귄의 뼈에는 당시의 흔적이 여전히 남아 있다. 현재 펭귄은 하늘을 나는 대신 바닷속에서 날개를 위아래로 저으며 마치 하늘을 나는 듯 헤엄친다. 펭귄과 가까운 친척인 슴새는 하늘을 날기도 하고 바닷속에서 날개를 이용해 헤엄치기도 하는데, 이러한 모습은 펭귄의 조상을 떠올리게 한다.

머리뼈(아래턱은 생략)
눈구멍 위에 있는 염류선의 흔적(화살표)이 보인다[▶P.101]. 염류선에서 염분이 섞인 체액이 흘러나온다.

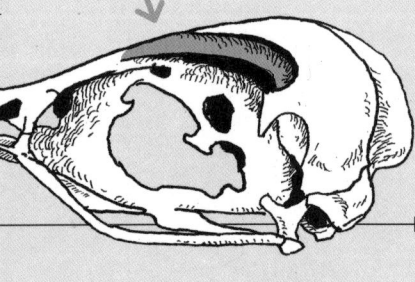

부리
펭귄 가운데 가장 길고 가느다란 부리를 가지고 있다.

19.5cm

전신 골격

부척골(임금펭귄)
새의 발허리뼈는 서로 붙어 부척골을 이루지만, 펭귄의 경우 발허리뼈 사이에 틈이 있어 구멍이 나 있다.

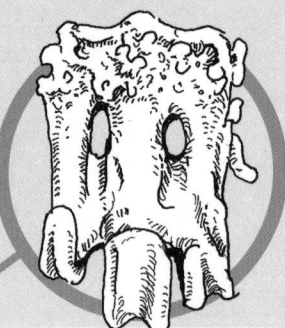

펭귄의 다리는 짧을까?

펭귄은 얼핏 보면 다리가 짧아 보이지만, 넓적다리뼈와 정강뼈의 길이는 다른 새들과 거의 차이가 없다. 다만 새의 다리 중 몸 바깥으로 드러나는 부분은 대부분 발목에서 앞쪽뿐이다. 펭귄의 경우, 발목부터 발등에 해당하는 부척골[▶P.84]이 다른 새들에 비해 굵고 짧아서 다리가 짧아 보이는 것이다.

넓적다리뼈
정강뼈

임금펭귄
Aptenodytes patagonicus

몸길이는 약 90cm로, 펭귄 가운데 두 번째로 큰 종이다. 남극과 아남극의 여러 섬에서 번식한다. 낮에는 수심 300m 이상 잠수하는 것으로 알려져 있다.

펭귄도 새니까, 이렇게 깃털이 있어요.

날개뼈(임금펭귄)

하늘을 나는 새의 위팔뼈는 속이 비어 있지만, 펭귄의 위팔뼈는 속까지 뼈로 꽉 차 있다. 이처럼 다른 새의 뼈와는 질감이 달라서 들어보면 묵직함이 느껴진다. 또한 날개를 이루는 각 뼈는 모두 부채처럼 납작하다.

- 위팔뼈
- 노뼈
- 자뼈
- 손목뼈
- 손목뼈
- 손목손허리뼈
- 제3지
- 제2지

펭귄의 골밀도는 조류 가운데 최고

수영에 최적화된 날개 (훔볼트펭귄)

수영에 특화된 펭귄의 날개는 플리퍼(Flipper)라고 불린다. 날개를 덮고 있는 깃털은 하나하나가 작아 마치 비늘처럼 보인다.

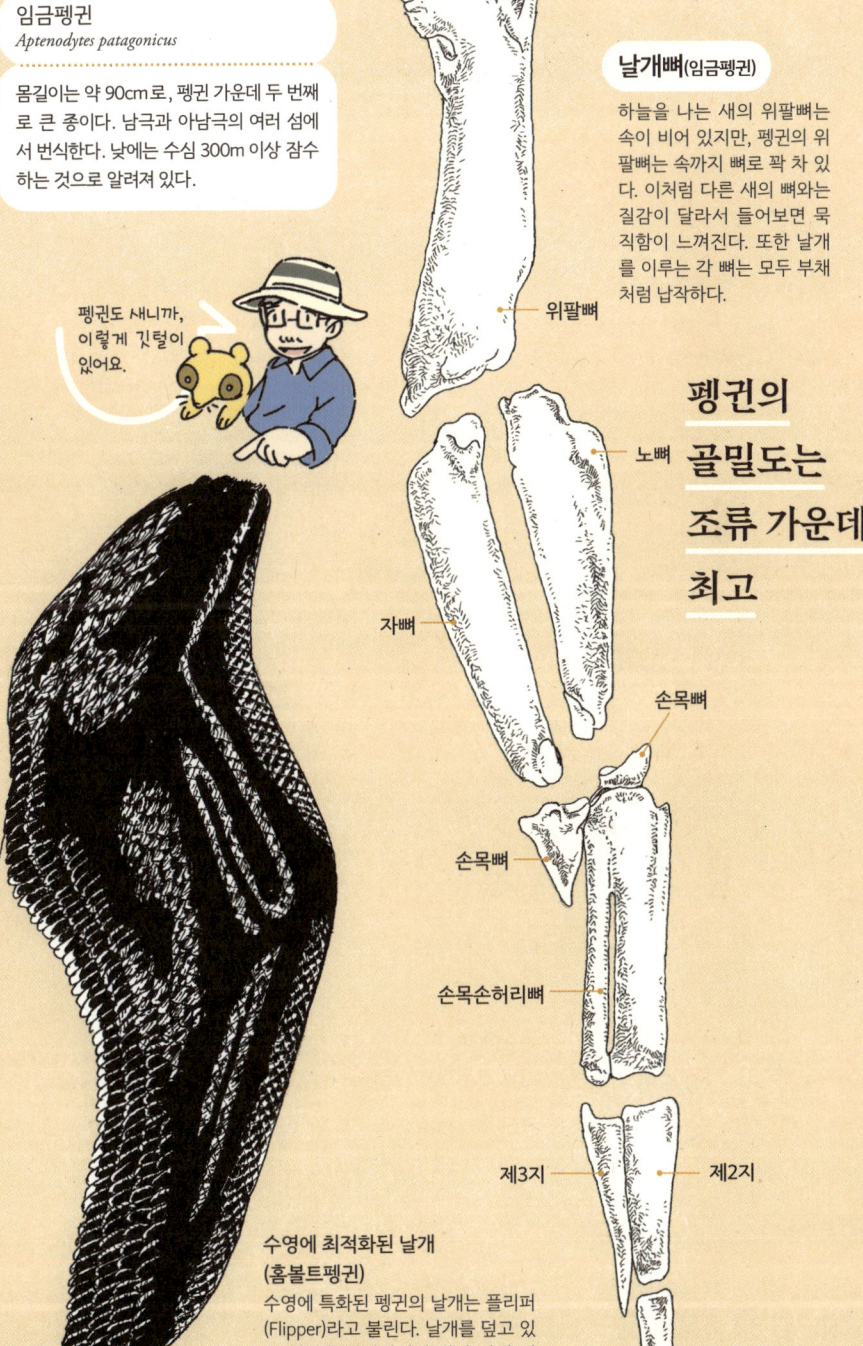

조류 - 이동 방법의 다양성

날지 않는 몸

타조

타조·에뮤·레아 등 하늘을 날지 못하는 새들을 주조류(走鳥類)라고 부른다. 타조는 아프리카, 에뮤는 호주, 레아는 남아메리카 등 서로 다른 대륙에 서식하지만, 유전자 해석 결과 이들은 가까운 친척임이 밝혀졌다. 이 공통 조상은 북반구에 살던 새로, 약 7,000만 년 전에 아시아에서 아프리카로 건너가 현재의 타조로 이어지는 새가 된 셈이다. 타조는 가슴근육 부착부의 용골돌기가 퇴화한 평평한 가슴뼈 등 날지 않는 조류에게서 공통적으로 보이는 특징을 갖고 있다.

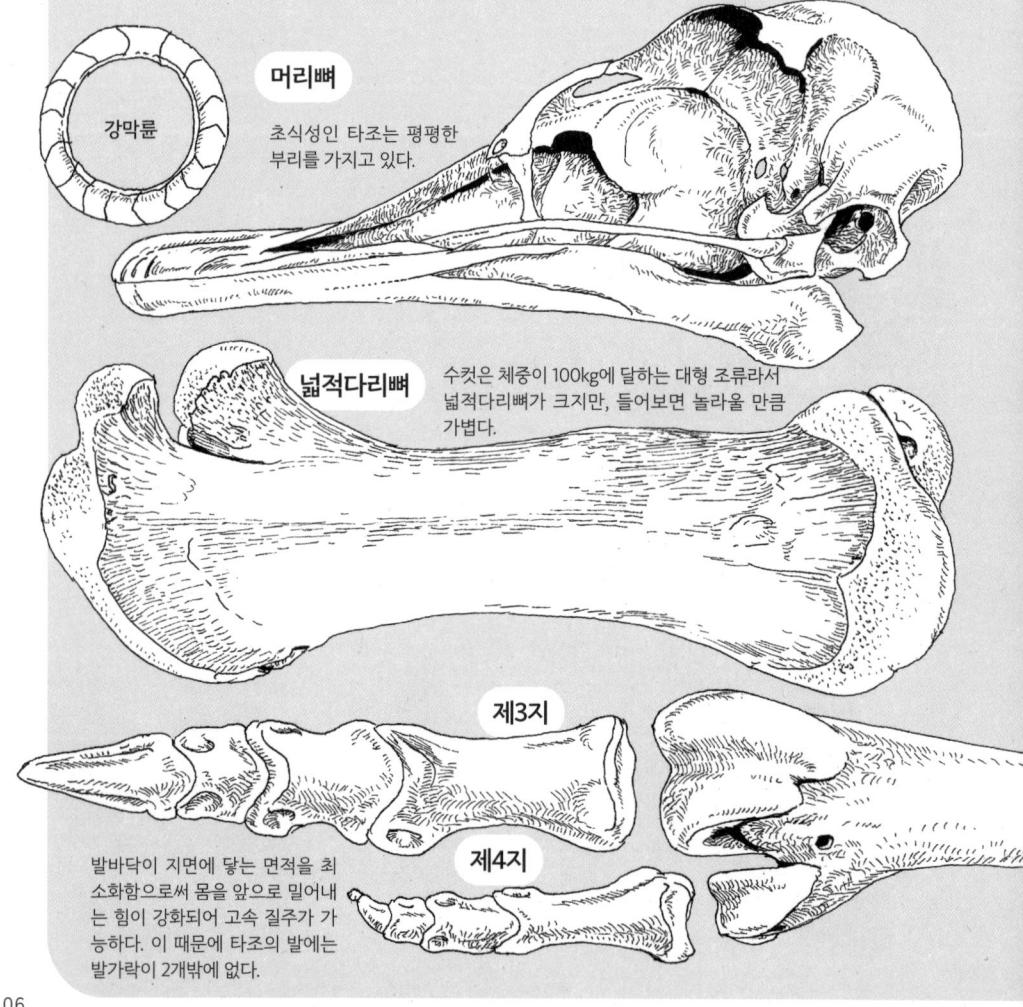

강막륜

머리뼈
초식성인 타조는 평평한 부리를 가지고 있다.

넓적다리뼈
수컷은 체중이 100kg에 달하는 대형 조류라서 넓적다리뼈가 크지만, 들어보면 놀라울 만큼 가볍다.

제3지

제4지

발바닥이 지면에 닿는 면적을 최소화함으로써 몸을 앞으로 밀어내는 힘이 강화되어 고속 질주가 가능하다. 이 때문에 타조의 발에는 발가락이 2개밖에 없다.

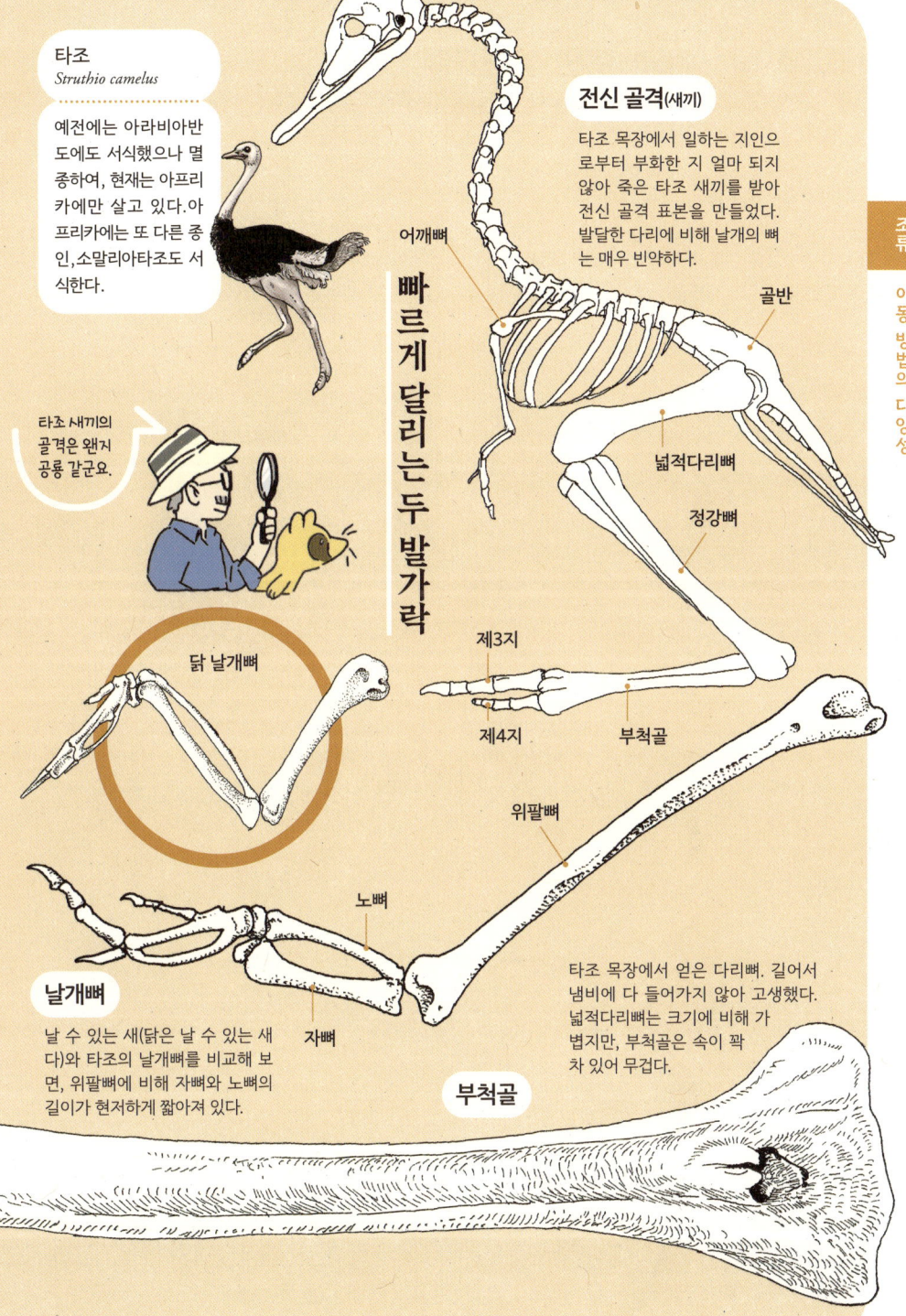

뼈만 남은 새의 복원

발견 노트 - 뼈를 알다

내가 어린 시절 보았던 공룡 복원도와 지금의 복원도 사이에는 큰 차이가 있다. 예전 그림 속 공룡은 꼬리를 끌고 걷는 모습으로 그려졌고, 깃털 달린 공룡은 아직 알려지지 않았다. 공룡은 아니지만 멸종한 새인 도도의 복원도 역시 시대에 따라 달라져 왔다.

마다가스카르 인근 모리셔스섬에서 도도가 처음 발견된 것은 1598년, 네덜란드의 야코프 반 네크가 이끄는 함대가 모리셔스섬에 도착한 이후 1662년에 모리셔스 근처의 작은 섬에서 도도로 여겨지는 새가 목격된 것이 마지막 기록이며, 이 무렵에 멸종한 것으로 보인다. 즉, 발견된 지 약 60여 년 만에 멸종한 셈이다. 멸종의 원인은 사람들의 포획뿐 아니라 사람이 섬에 들여온 들개와 원숭이, 쥐 등이 도도의 알과 새끼를 잡아먹어 빠르게 사라져갔기 때문으로 여겨진다.

도도는 독특한 외모 덕분에 당시의 스케치나 도도 표본이 남아 있지만 도도가 존재하던 시절에는 박제 기술이 발달하지 않아 온전한 형태로 남지 못했다. 현재 옥스퍼드 대학교 자연사박물관에는 세계에서 유일하게 피부가 남아 있는 도도의 머리 표본이 전해진다. 이것은 17세기에 만들어진 박제가 사립 박물관에 소장되었다가 시간이 지나 몸통이 썩어 머리와 다리만 남고 버려진 것이다.

19세기에 모리셔스섬의 습지에서 도도의 뼈가 발견되었고, 이를 조립해 전신 골격이 복원되었다. 당시 복원된 도도의 모습은 둥글고 살집이 많은 무거운 새였으며, 《이상한 나라의 앨리스》에 등장하는 도도 삽화도 바로 이 초기 복원을 바탕으로 하고 있다.

수년 전 영국을 방문했을 때, 런던의 자연사박물관에서 도도의 '박제'를 보았다. 그러나 그것은 실제 도도를 박제한 것이 아니라 다른 새의 깃털을 이용해 복원한 모형이었다. 이어 옥스퍼드 대학교 자연사박물관을 찾았을 때, 그곳의 복원 '박제'는 런던의 자연사박물관의 것보다 얼굴선이 한층 날렵했다(이 책의 그림은 옥스퍼드 대학교 자연사박물관의 박제를 스케치한 것이다). 한때 도도의 체중은 약 20kg으로 추정되었으나, 최근 연구에서는 약 10kg 정도였을 것으로 새롭게 추정되고 있다. 따라서 이 박제의 모습은 실제보다 더 통통하게 표현된 셈이며, 실제 도도는 훨씬 더 날씬했을 가능성이 크다.

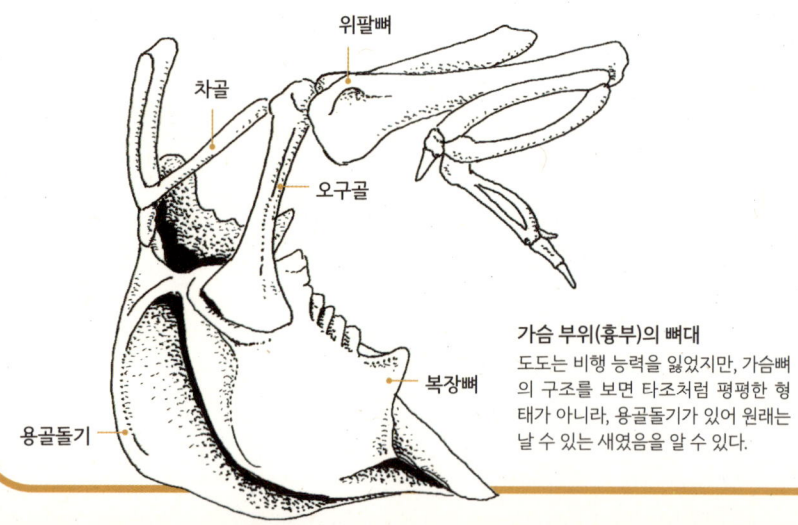

가슴 부위(흉부)의 뼈대
도도는 비행 능력을 잃었지만, 가슴뼈의 구조를 보면 타조처럼 평평한 형태가 아니라, 용골돌기가 있어 원래는 날 수 있는 새였음을 알 수 있다.

(위팔뼈, 차골, 오구골, 복장뼈, 용골돌기)

뼈 자료 수집과 실체 탐구

발견 노트 – 뼈에 빠지다

골격 표본을 만들거나 수집하려면 먼저 뼈가 있는 동물의 사체를 확보해야 한다. 물고기의 경우에는 직접 낚시를 하거나 생선 가게에서 구입할 수 있다. 그렇다면 포유류나 조류는 어떻게 구할까? 교통사고를 당한 너구리나 유리창에 부딪혀 죽은 멧비둘기 같은 개체를 이용해 뼈를 만들 수도 있다. 또 다른 방법은 바닷가를 찾는 것이다. 해안에는 다양한 동물의 사체가 표류해 오는데, 물고기뿐 아니라 바다거북이나 바닷새의 사체가 종종 밀려온다. 심지어 육지에 살던 동물들의 사체가 강물을 따라 흘러 내려와 해안에 표착하는 경우도 있다.

해안에서 사체를 수집할 때는 무엇이 떠밀려 올지 가보기 전까지는 알 수 없다. 준비물로는 크고 작은 비닐봉지가 필요하며, 부패한 동물을 가져가려면 냄새를 막기 위해 신문지에 싸서 다시 비닐에 넣는다. 경우에 따라 건조제를 동봉하거나 모래 속에 넣어 밀봉하기도 한다. 또 하나 중요한 준비물은 가위나 커터 칼로, 부패한 사체에서 뼈 이외의 부분을 잘라내는 데 꼭 필요하다. 예전에 요나구니섬 해안에서 큰붉은바다거북 사체를 발견했을 때는 이런 도구가 없어 해변에 있던 깨진 유리 조각을 이용해 머리만 잘라서 가져와 뼈로 만든 적도 있다(66쪽에서 소개한 머리뼈가 그것이다).

바닷가를 걷다 보면 이미 백골화된 뼈를 주울 때도 많다. 이런 경우는 가져갈 때 냄새가 나지 않는다. 다만, 주운 뼈가 어떤 종의 어떤 부위인지 알 수 없는 경우가 가끔 있다. 반면, 해변에서 발견한 뼛조각이 어떤 동물의 어느 부위인지 정확히 알았을 때는 매우 기쁘다. 한편, 일부 뼈가 대체 무슨 뼈인지 명확히 알아내려면, 종류가 분명한 완전한 전신 골격 표본을 구하는 것이 가장 빠른 길이라는 것도 덧붙여 두고 싶다.

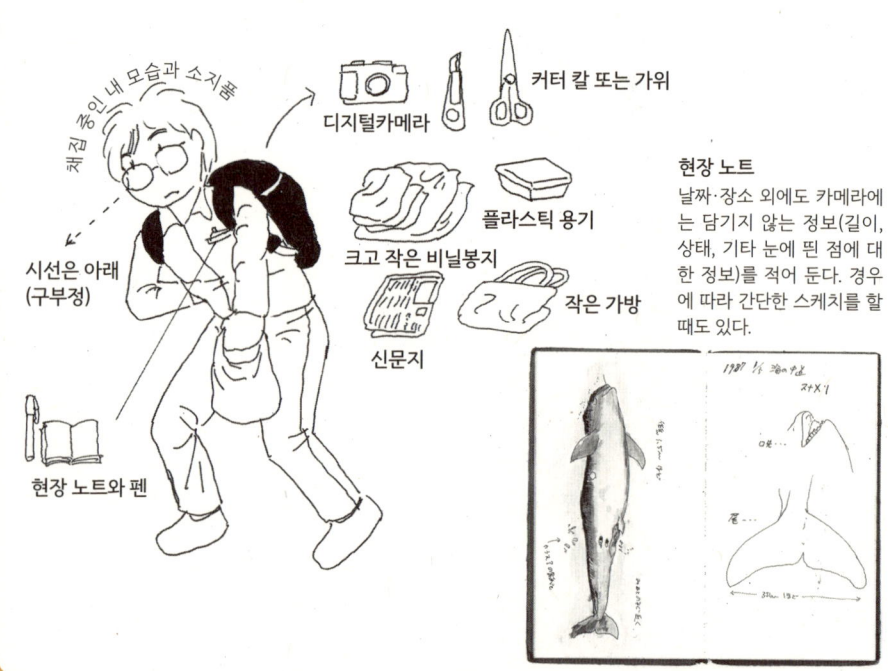

채집 중인 내 모습과 소지품
시선은 아래 (구부정)
현장 노트와 펜
디지털카메라
커터 칼 또는 가위
플라스틱 용기
크고 작은 비닐봉지
신문지
작은 가방

현장 노트
날짜·장소 외에도 카메라에는 담기지 않는 정보(길이, 상태, 기타 눈에 띈 점에 대한 정보)를 적어 둔다. 경우에 따라 간단한 스케치를 할 때도 있다.

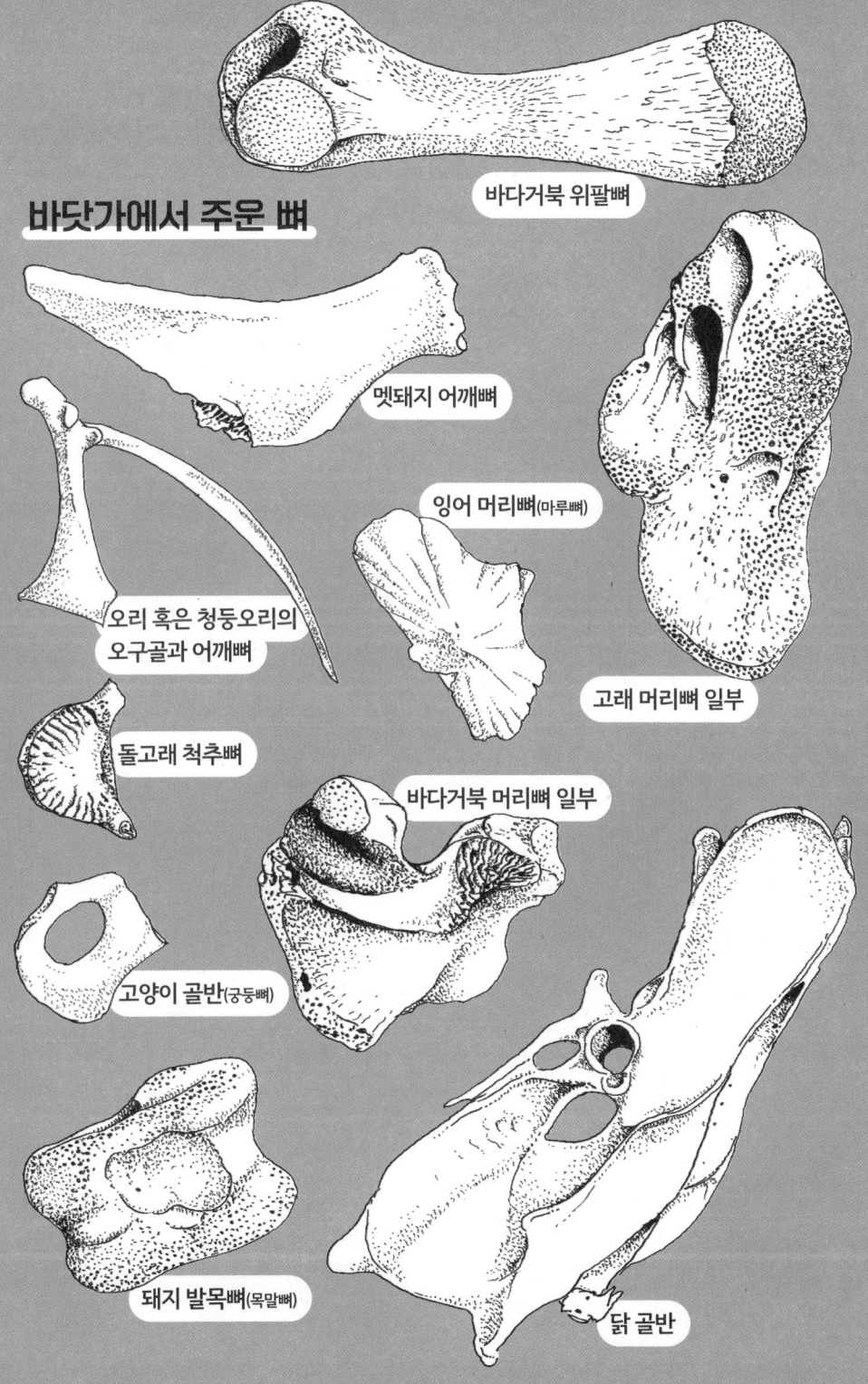

제4장 포유류
다른 모양의 이빨을 가진 동물

포유류는 내온성을 지니며 체표가 털가죽으로 덮여 있고, 태생으로 새끼를 낳아 젖을 먹여 기른다. 이들은 고대의 다른 파충류 무리에서 진화했으며, 약 6,500만 년 전 중생대 말에 공룡이 멸종하면서 다양한 환경에 적응해 여러 갈래로 분화했다. 내온성을 가진 포유류는 추운 기후에도 진출할 수 있었고, 그 내온성을 유지하게 해 준 중요한 특징 가운데 하나가 바로 포유류 특유의 치아 구조였다.

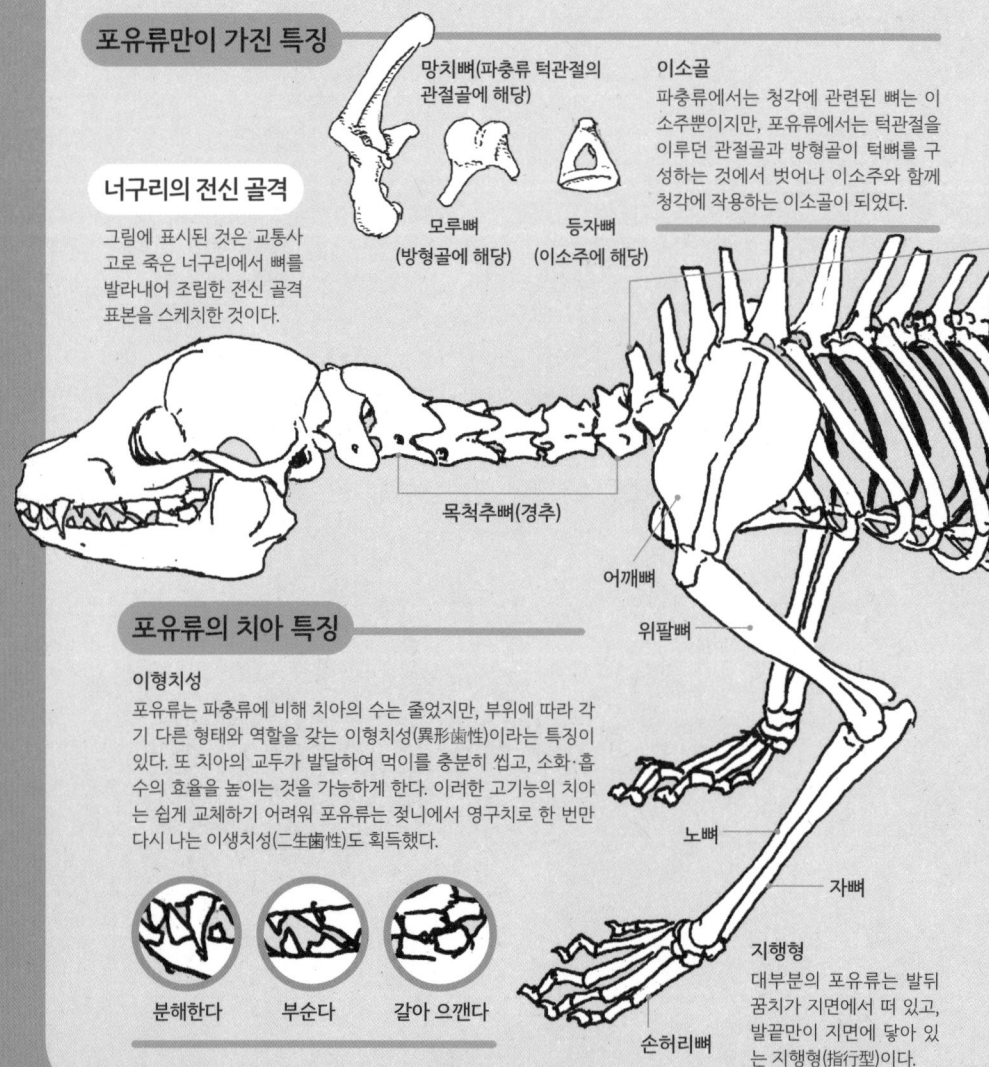

포유류만이 가진 특징

망치뼈(파충류 턱관절의 관절골에 해당)
모루뼈 (방형골에 해당)
등자뼈 (이소주에 해당)

이소골
파충류에서는 청각에 관련된 뼈는 이소주뿐이지만, 포유류에서는 턱관절을 이루던 관절골과 방형골이 턱뼈를 구성하는 것에서 벗어나 이소주와 함께 청각에 작용하는 이소골이 되었다.

너구리의 전신 골격
그림에 표시된 것은 교통사고로 죽은 너구리에서 뼈를 발라내어 조립한 전신 골격 표본을 스케치한 것이다.

목척추뼈(경추)
어깨뼈
위팔뼈
노뼈
자뼈
손허리뼈

포유류의 치아 특징

이형치성
포유류는 파충류에 비해 치아의 수는 줄었지만, 부위에 따라 각기 다른 형태와 역할을 갖는 이형치성(異形齒性)이라는 특징이 있다. 또 치아의 교두가 발달하여 먹이를 충분히 씹고, 소화·흡수의 효율을 높이는 것을 가능하게 한다. 이러한 고기능의 치아는 쉽게 교체하기 어려워 포유류는 젖니에서 영구치로 한 번만 다시 나는 이생치성(二生齒性)도 획득했다.

분해한다 부순다 갈아 으깬다

지행형
대부분의 포유류는 발뒤꿈치가 지면에서 떠 있고, 발끝만이 지면에 닿아 있는 지행형(指行型)이다.

너구리
Nyctereutes procyonoides

너구리는 산뿐만 아니라 도심에서도 볼 수 있는 갯과의 잡식성 포유류로, 나무 열매, 곤충, 지렁이 등은 물론, 사람이 남긴 음식도 즐겨 먹는다. 일정한 장소에 배설하는 습성이 있다.

털가죽 아래에 숨겨진 뼈

성기에 뼈가 있을까?

성기(음경)에 뼈가 있는 포유류와 없는 포유류가 있다. 음경뼈는 개, 원숭이, 박쥐 등에게는 있지만, 소나 말, 코끼리 등에게는 없다. 또한 원숭이의 일종이라 하더라도 인간에게는 음경뼈가 없다. 갯과인 너구리의 음경뼈는 그림과 같이 가늘고 길다.

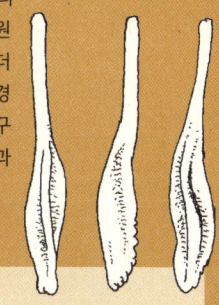

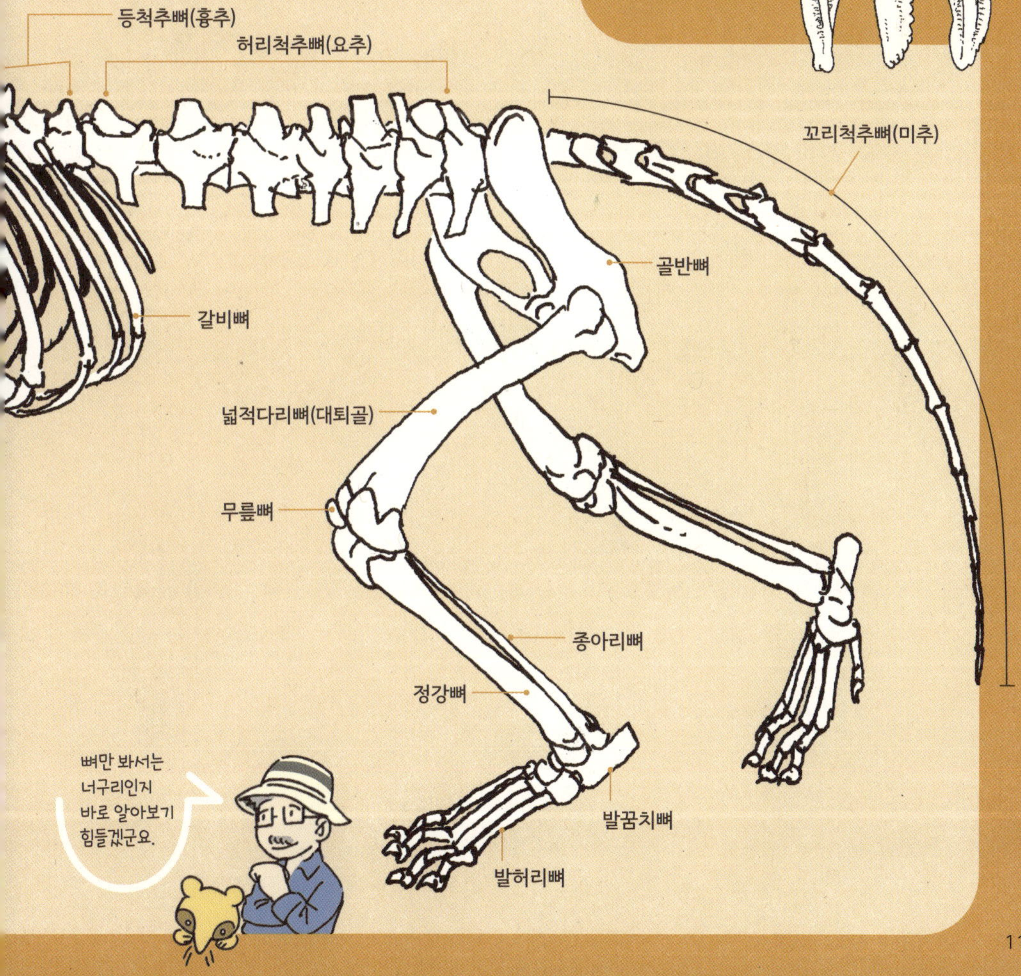

- 등척추뼈(흉추)
- 허리척추뼈(요추)
- 꼬리척추뼈(미추)
- 갈비뼈
- 골반뼈
- 넓적다리뼈(대퇴골)
- 무릎뼈
- 종아리뼈
- 정강뼈
- 발꿈치뼈
- 발허리뼈

뼈만 봐서는 너구리인지 바로 알아보기 힘들겠군요.

고양잇과의 사냥꾼
사자

육식동물 가운데서도 고양잇과는 먹이를 붙잡아 죽이는 데 특화된 무리다. 두 눈이 앞을 향해 있어 입체적으로 사물을 볼 수 있으며, 이를 통해 먹이와의 거리를 정확히 가늠할 수 있다. 이러한 시각 발달과 포식 행동에 적응하기 위해 머리뼈는 전체적으로 둥근 형태를 띤다. 정면에서 보면 먹이를 잡는 데 쓰이는 강력한 송곳니와 고기를 자르거나 찢는 데 특화된 어금니인 열육치가 뚜렷하다. 또한 사자의 머리뼈를 옆에서 바라보면 강한 씹는 힘을 지탱하기 위해 옆으로 크게 돌출된 광대활(관골궁)*이 잘 드러난다.

*광대뼈(관골)와 관자뼈(측두골)가 이어진 뼈의 아치 구조.

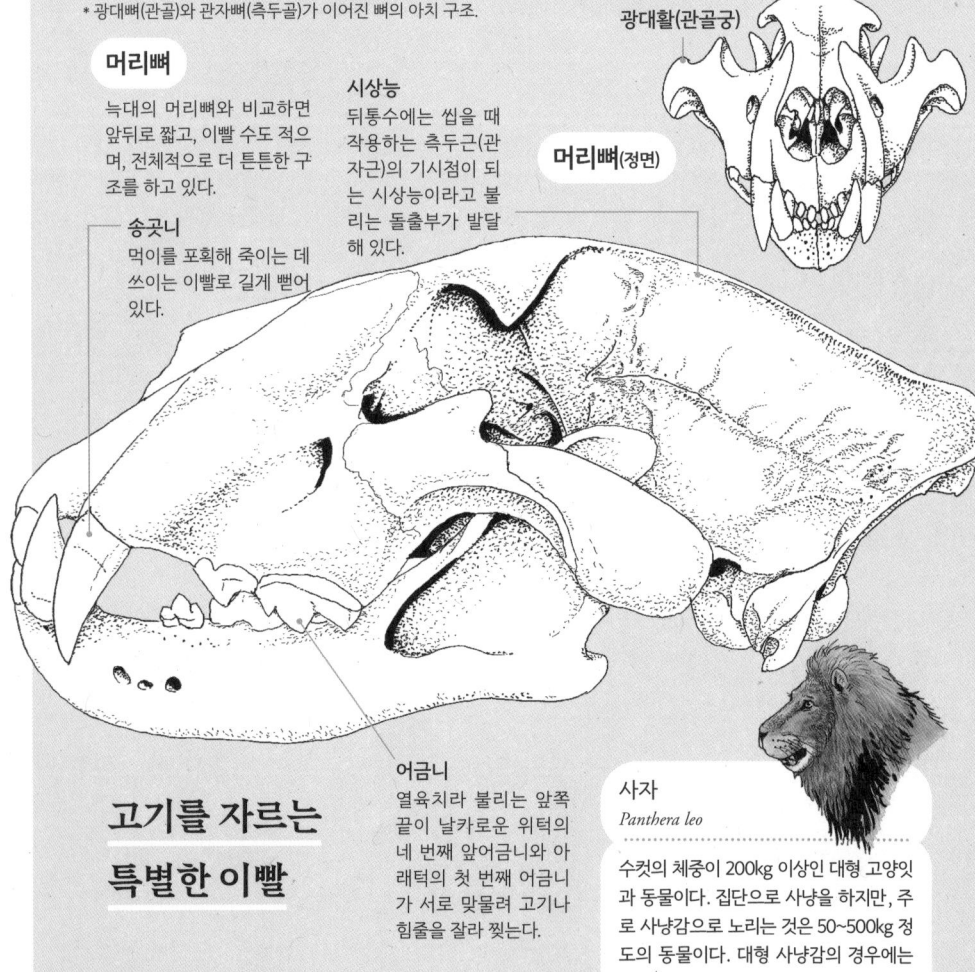

광대활(관골궁)

머리뼈(정면)

머리뼈
늑대의 머리뼈와 비교하면 앞뒤로 짧고, 이빨 수도 적으며, 전체적으로 더 튼튼한 구조를 하고 있다.

시상능
뒤통수에는 씹을 때 작용하는 측두근(관자근)의 기시점이 되는 시상능이라고 불리는 돌출부가 발달해 있다.

송곳니
먹이를 포획해 죽이는 데 쓰이는 이빨로 길게 뻗어 있다.

어금니
열육치라 불리는 앞쪽 끝이 날카로운 위턱의 네 번째 앞어금니와 아래턱의 첫 번째 어금니가 서로 맞물려 고기나 힘줄을 잘라 찢는다.

고기를 자르는 특별한 이빨

사자
Panthera leo

수컷의 체중이 200kg 이상인 대형 고양잇과 동물이다. 집단으로 사냥을 하지만, 주로 사냥감으로 노리는 것은 50~500kg 정도의 동물이다. 대형 사냥감의 경우에는 코나 목을 물어 질식사시킨다.

갯과의 사냥꾼
늑대

갯과 동물은 뛰어난 후각을 이용해 먹잇감을 추적하고 포획한다. 이 때문에 주둥이가 길게 뻗어 있다. 또 위턱의 네 번째 앞어금니와 아래턱의 첫 번째 어금니가 열육치로 발달하여 날카롭게 고기를 절단한다. 고양잇과 동물보다 이빨 수가 많아 먹이를 잘게 으깨는 어금니도 함께 갖추고 있다. 이런 특징 덕분에 갯과 동물은 식성이 좀 더 잡식성을 띤다.

코끝이 긴 것이 고양잇과와의 차이

머리뼈

사자의 머리뼈와 비교하면 늑대의 머리뼈는 전체적으로 가늘고 길다. 또 늑대의 측두근(관자근)이 시작되는 부위에는 뚜렷한 시상능이 발달해 있다. 늑대는 개의 조상에 가까운 동물이기 때문에 머리뼈의 기본 구조는 개와 비슷하지만, 형태나 치아 배열, 크기 등에서 차이가 나타난다.

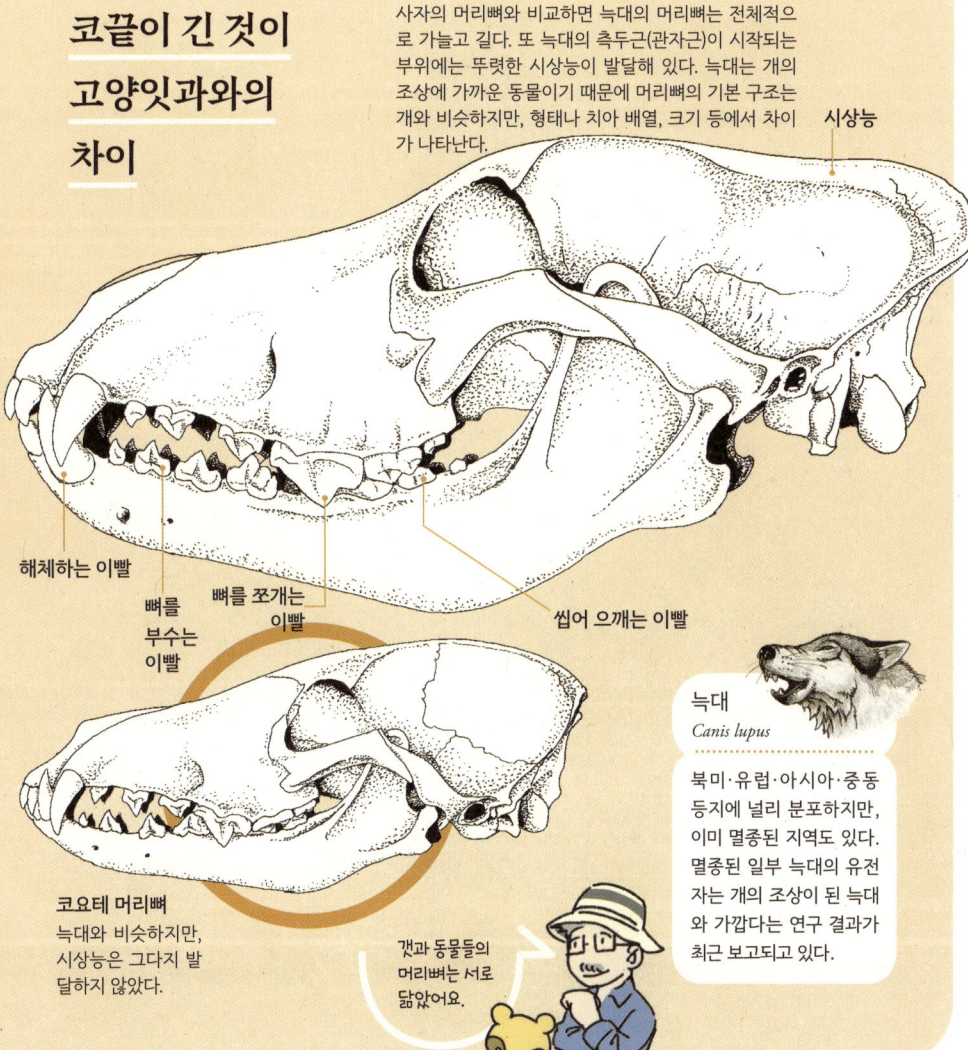

시상능

해체하는 이빨
뼈를 부수는 이빨
뼈를 쪼개는 이빨
씹어 으깨는 이빨

코요테 머리뼈
늑대와 비슷하지만, 시상능은 그다지 발달하지 않았다.

갯과 동물들의 머리뼈는 서로 닮았어요.

늑대
Canis lupus

북미·유럽·아시아·중동 등지에 널리 분포하지만, 이미 멸종된 지역도 있다. 멸종된 일부 늑대의 유전자는 개의 조상이 된 늑대와 가깝다는 연구 결과가 최근 보고되고 있다.

포유류 / 이빨(식육목·육식)

잡식성 부류

이리오모테삵

오키나와의 이리오모테섬에 서식하는 이리오모테삵은 발견 당시 새로운 속과 종으로 동시에 분류된 야생고양이로 기록되었다. 그러나 이후 유전자 연구 등이 진행되면서 대륙에 널리 분포하는 삵의 아종으로 여겨지게 되었다. 분류학적 위치와는 별개로, 이리오모테삵의 특별한 점은 전 세계 야생고양잇과 동물 가운데 가장 좁은 범위에 서식한다는 사실이다. 작은 섬이라는 환경 때문에 설치류나 토끼조차 존재하지 않았고, 그 결과 이리오모테삵의 식성은 외래종인 들쥐를 비롯해 곤충·갑각류·파충류·양서류·조류 등 매우 다양한 먹이를 포함하게 되었다.

이리오모테삵
Prionailurus bengalensis iriomotensis

이리오모테삵은 이리오모테섬 고유의 아종으로 여겨지며, 털빛 등에서 다른 지역의 삵과는 구별되는 특징을 보인다. 현지에서는 이 동물을 '야마피카랴'라고 부르는데, 이는 '산에서 빛나는 것'이라는 뜻으로, 밤에 삵의 눈이 빛을 반사하는 모습에서 비롯된 것으로 보인다.

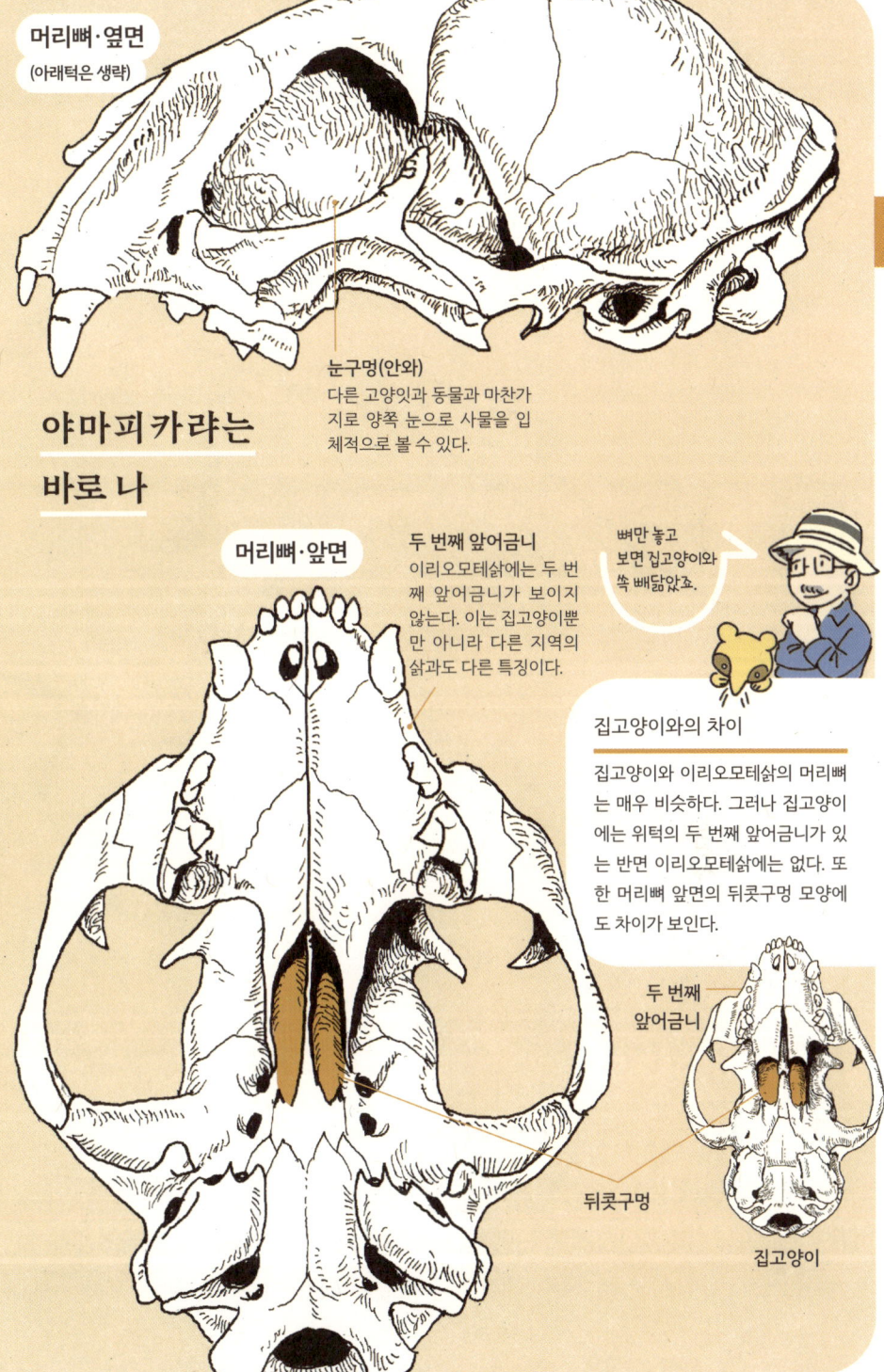

머리뼈·옆면
(아래턱은 생략)

눈구멍(안와)
다른 고양잇과 동물과 마찬가지로 양쪽 눈으로 사물을 입체적으로 볼 수 있다.

머리뼈·앞면

두 번째 앞어금니
이리오모테삵에는 두 번째 앞어금니가 보이지 않는다. 이는 집고양이뿐만 아니라 다른 지역의 삵과도 다른 특징이다.

뼈만 놓고 보면 집고양이와 쏙 빼닮았죠.

집고양이와의 차이
집고양이와 이리오모테삵의 머리뼈는 매우 비슷하다. 그러나 집고양이에는 위턱의 두 번째 앞어금니가 있는 반면 이리오모테삵에는 없다. 또한 머리뼈 앞면의 뒤콧구멍 모양에도 차이가 보인다.

두 번째 앞어금니

뒤콧구멍

집고양이

포유류 이빨(식육목·육식)

거대한 산의 주인

불곰

곰은 북미와 아시아 전역에 널리 서식한다. 곰은 같은 육식성인 고양잇과 동물에 비해 잡식성에 적응한 종으로, 불곰도 풀이나 칡뿌리, 도토리 같은 식물성 먹이는 물론, 약한 사슴, 강을 거슬러 오르는 연어류, 매미 애벌레나 개미 등 다양한 먹이를 섭취한다. 불곰은 암수 사이의 체격 차이가 큰 동물로 알려져 있다.

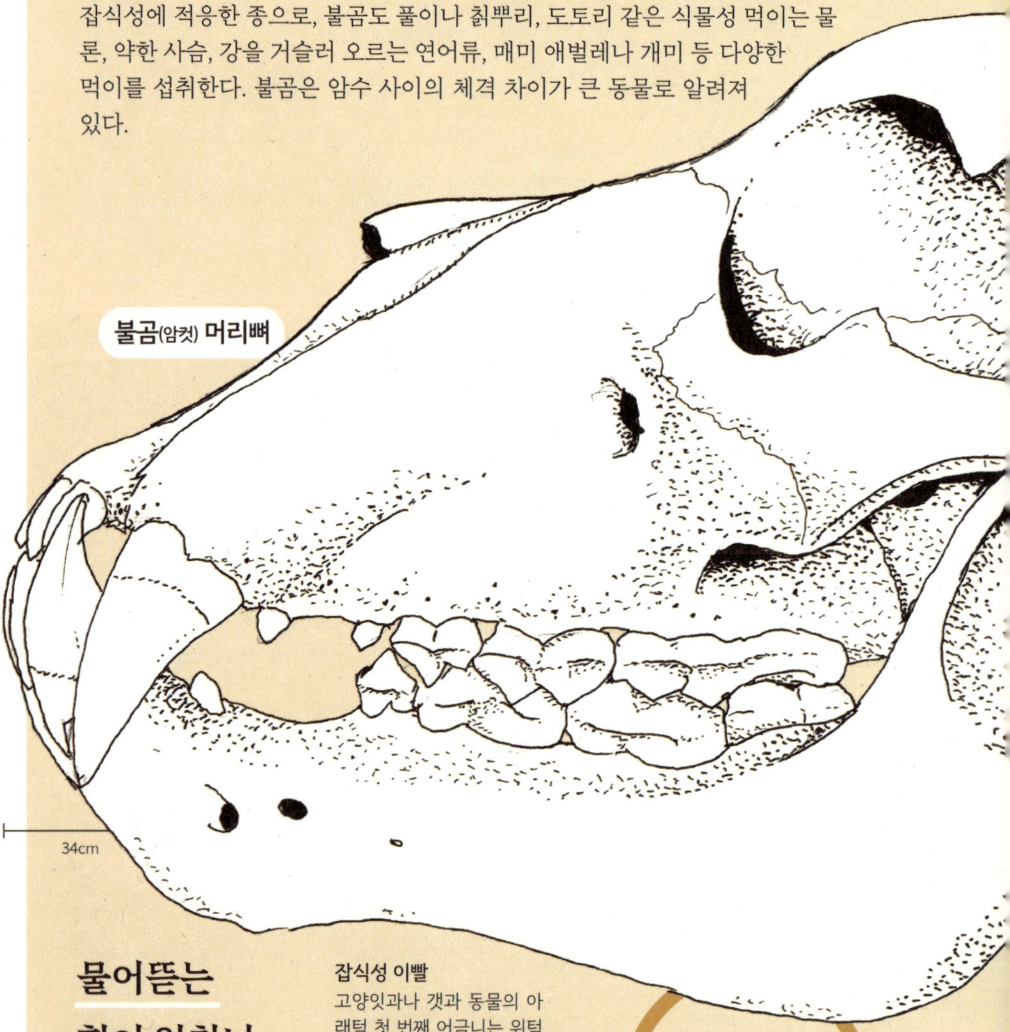

불곰(암컷) 머리뼈

34cm

물어뜯는 힘이 엄청난 이빨

잡식성 이빨
고양잇과나 갯과 동물의 아래턱 첫 번째 어금니는 위턱의 이빨과 맞물려 고기와 힘줄을 절단하는 열육치로 기능한다. 이에 비해 불곰의 어금니는 그림에서 보듯 먹이를 씹고 으깨는 데 적합한 형태로 발달해 있다.

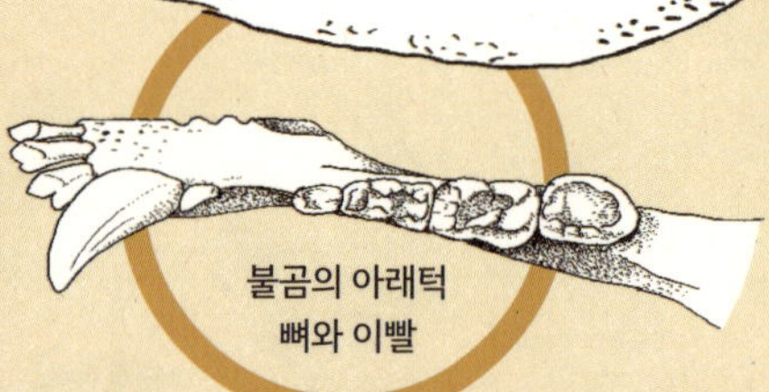

불곰의 아래턱 뼈와 이빨

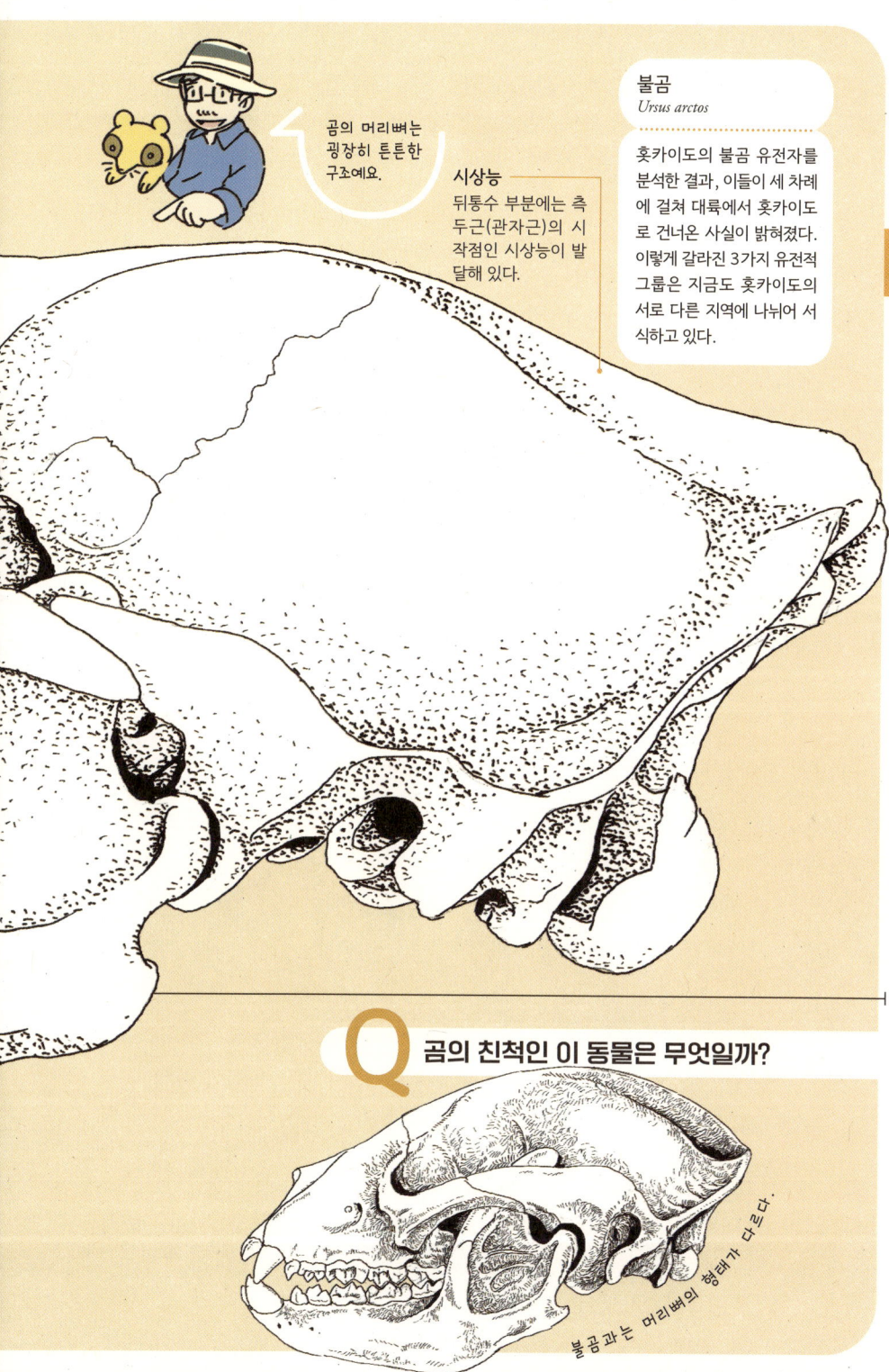

곰의 머리뼈는 굉장히 튼튼한 구조예요.

시상능
뒤통수 부분에는 측두근(관자근)의 시작점인 시상능이 발달해 있다.

불곰
Ursus arctos

홋카이도의 불곰 유전자를 분석한 결과, 이들이 세 차례에 걸쳐 대륙에서 홋카이도로 건너온 사실이 밝혀졌다. 이렇게 갈라진 3가지 유전적 그룹은 지금도 홋카이도의 서로 다른 지역에 나뉘어 서식하고 있다.

포유류 이빨(식육목·잡식)

Q 곰의 친척인 이 동물은 무엇일까?

불곰과는 머리뼈의 형태가 다르다.

대나무를 주로 먹게 된 자이언트판다

자이언트판다가 학계에 알려졌을 당시, 학자들은 대나무를 먹는 레서판다의 친척으로 보았다. 실제로 1986년에 출판된 포유류 도감에서는 두 동물 모두 너구릿과에 속한다고 소개되어 있었다. 그러나 이후 연구를 통해 자이언트판다는 잡식성이던 곰 무리에서 갈라져 나와 대나무를 주식으로 삼게 된 것으로 여겨지게 되었다. 한편, 레서판다는 너구릿과가 아니라 레서판다과 동물로 분류된다. 결국 두 판다는 서로 다른 계통에 속하면서도 대나무를 주식으로 먹도록 각각 진화한 동류였던 셈이다.

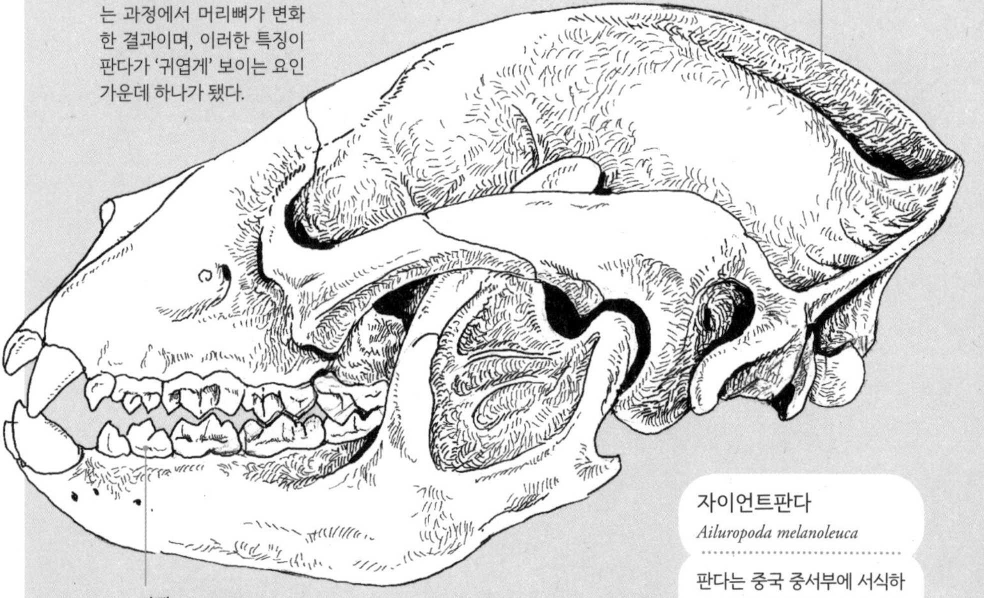

머리뼈
곰과 비슷하지만 전체적으로 더 둥근 인상을 준다. 이는 대나무를 먹는 데 적응하는 과정에서 머리뼈가 변화한 결과이며, 이러한 특징이 판다가 '귀엽게' 보이는 요인 가운데 하나가 됐다.

시상능
뒤통수 쪽에는 측두근(관자근)의 시작점이 되는 시상능이 발달해 있다.

자이언트판다
Ailuropoda melanoleuca

판다는 중국 중서부에 서식하며, 1869년에 처음으로 유럽에 알려졌다. 주식은 대나무이지만, 야생에서는 풀이나 때때로 곤충과 설치류 같은 것도 먹는 것으로 보고된다.

이빨
판다는 곰과 비교했을 때 앞어금니가 더 크고, 단단한 대나무를 씹기에 알맞은 형태로 발달해 있다.

가느다란 대나무를 어떻게 잡을 수 있을까?

불곰은 발가락뿐만 아니라 발바닥과 뒤꿈치까지 땅에 붙여 걷는 '척행성' 동물이다. 이렇게 발 전체를 디디고 걷는 곰은 나무를 오르는 데도 유리하다. 다만 곰의 앞다리는 원숭이처럼 물건을 자유롭게 쥘 수는 없다. 원숭이는 엄지가 다른 손가락과 마주 보도록 발달해 물건을 붙잡을 수 있지만, 곰은 그렇지 않다. 그런데 판다는 조금 다르다. 손바닥이 시작하는 부위에 있는 노쪽 종자뼈(요측종자골)*와 덧손목뼈(부수근골)**가 길게 뻗어 있어, 이 뼈들과 접한 다섯 손가락이 서로 마주 보는 구조를 이루게 된다. 덕분에 판다는 대나무를 단단히 움켜쥘 수 있는 것이다.

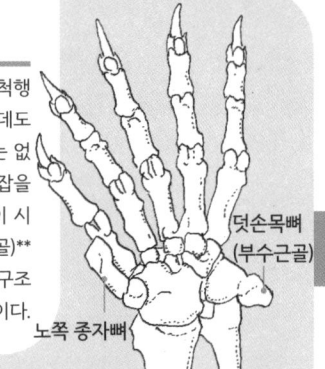

덧손목뼈(부수근골)

노쪽 종자뼈

왼쪽 앞다리

* 손목뼈 근처의 힘줄이나 인대 속에 존재하는 작은 뼈.
** 손목이나 발목의 작은 뼈들 중에서 정상 개수 외에 추가로 있는 뼈.

둥그런 얼굴이 귀여움의 비밀

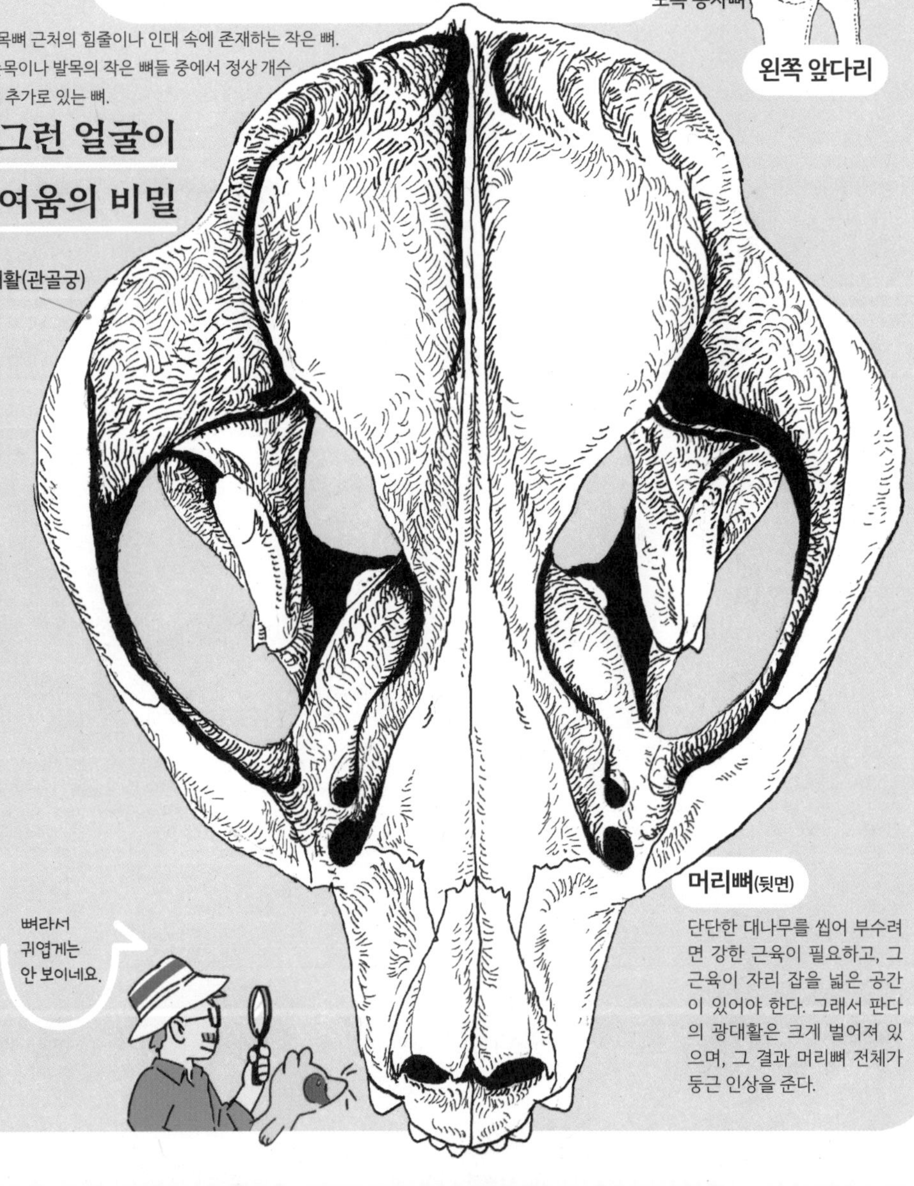

광대활(관골궁)

머리뼈(뒷면)

단단한 대나무를 씹어 부수려면 강한 근육이 필요하고, 그 근육이 자리 잡을 넓은 공간이 있어야 한다. 그래서 판다의 광대활은 크게 벌어져 있으며, 그 결과 머리뼈 전체가 둥근 인상을 준다.

뼈라서 귀엽게는 안 보이네요.

포유류 이빨(식육목·초식)

사람과 가장 가까운 동물·유인원
고릴라

사람과 가장 가까운 동물은 침팬지·고릴라·오랑우탄·긴팔원숭이 같은 유인원들이다. 이 가운데 침팬지·고릴라·오랑우탄은 사람과 함께 '사람과'에 속한다. 그중에서도 사람과 가장 가까운 유인원은 침팬지로, 둘은 약 600만 년 전에 공통 조상으로부터 갈라져 나온 것으로 알려져 있다. 유전자 분석에 따르면, 사람과 침팬지의 공통 조상은 고릴라의 조상과 약 800만 년 전에 이미 갈라진 것으로 보인다. 고릴라는 지상 생활에 적응한 유인원으로, 머리뼈에서도 그에 맞는 특징이 드러난다.

눈구멍 위 돌기
고릴라는 눈 위쪽의 뼈 돌기가 발달해 있어 사람의 머리뼈보다 훨씬 강인한 인상을 준다. 반면 현생 인류의 머리뼈에서는 이 돌기가 비교적 약하게 나타난다.

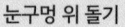
30cm

고릴라 머리뼈
초식에 특화된 유인원인 고릴라는 씹는 힘을 위한 턱 근육이 발달해 사람의 머리뼈보다 훨씬 억센 인상을 준다.

아래턱
머리뼈에서 아래턱이 차지하는 무게의 비율은 사람의 경우 11~13%이지만, 고릴라는 30%에 이른다.

2,700만 년 전에 갈라진 일본원숭이

사람과 가까운 원숭이류는 유인원인데, 유인원과 가장 가까운 무리는 긴꼬리원숭잇과에 속하는 원숭이들이다. 유인원의 공통 조상과 긴꼬리원숭이의 조상은 약 2,700만 년 전에 갈라진 것으로 알려져 있다. 긴꼬리원숭이 무리에는 꼬리가 짧지만 일본원숭이도 포함된다.

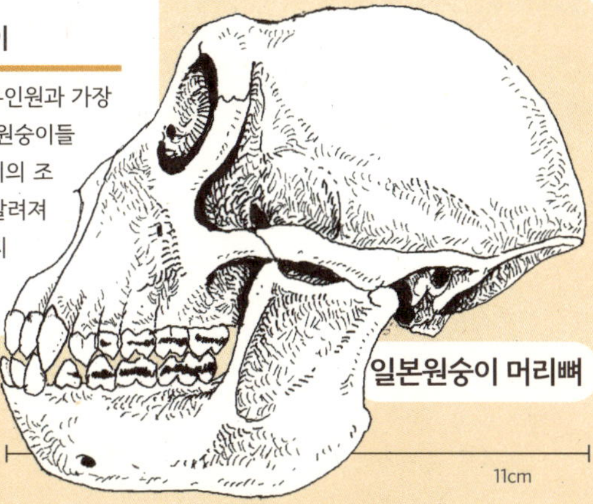

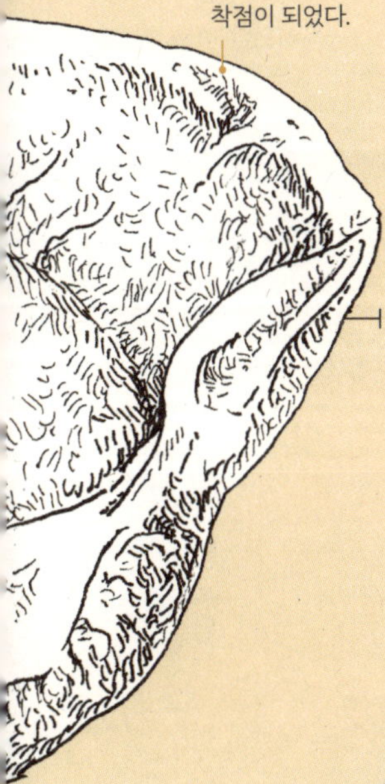

시상능
강한 씹는 힘을 만들어 내기 위해 크게 발달한 측두근(관자근)의 부착점이 되었다.

일본원숭이 머리뼈
11cm

초식으로 전환한 고릴라

송곳니가 꽤 튼튼하죠.

고릴라
Gorilla gorilla
고릴라는 무리를 지어 생활하며, 주로 식물의 잎이나 열매를 먹지만, 개미 같은 것도 먹는다.

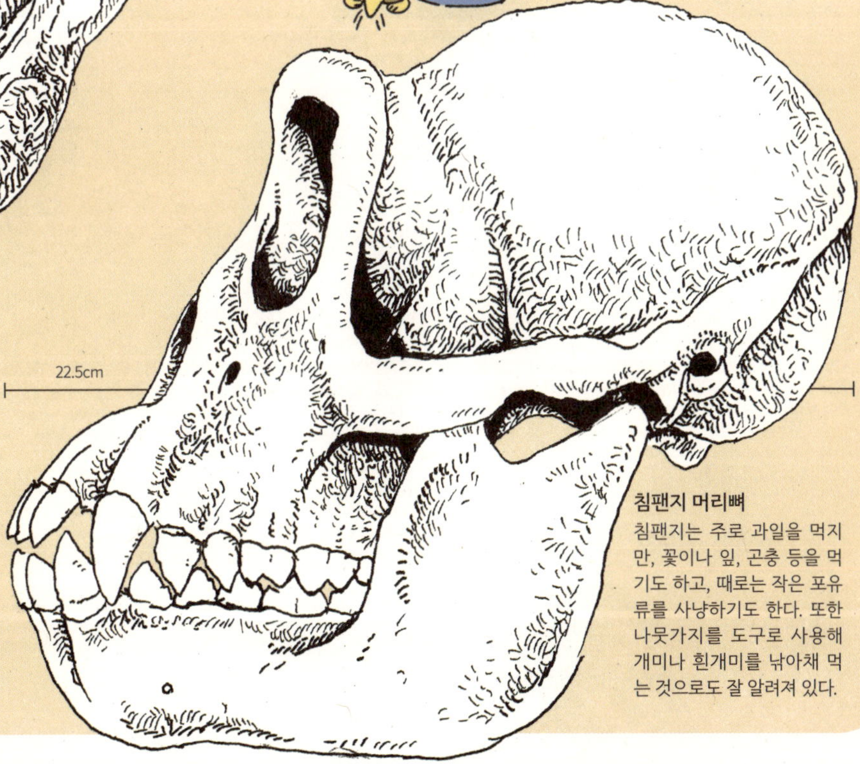

22.5cm

침팬지 머리뼈
침팬지는 주로 과일을 먹지만, 꽃이나 잎, 곤충 등을 먹기도 하고, 때로는 작은 포유류를 사냥하기도 한다. 또한 나뭇가지를 도구로 사용해 개미나 흰개미를 낚아채 먹는 것으로도 잘 알려져 있다.

포유류 · 이빨(영장목 · 잡식)

갑옷을 걸친 동물
아르마딜로

아르마딜로는 한때 몸 표면이 단단한 비늘로 덮인 천산갑과 함께 빈치류*라는 한 그룹으로 묶여 있었다. 그러나 유전자 분석 결과, 천산갑은 식육류에 더 가깝고 아르마딜로는 전혀 다른 무리에 속한다는 사실이 밝혀졌다. 현재 천산갑은 유린목에, 아르마딜로는 피갑목이라는 별도의 그룹으로 분류된다. 아르마딜로는 치아와 턱이 약하지만, 날카로운 발톱으로 땅속을 파 흰개미나 개미 같은 곤충을 먹는다.

*포유류 중 이빨이 없거나 불완전한 이빨을 가진 동물.

머리 부분
아르마딜로는 머리에도 단단한 갑옷이 있다.

갑옷(꼬리는 결손됨)
아르마딜로의 갑옷은 변형된 피부 비늘과 뼈로 이루어져 있다. 그 모양이 작은 북처럼 보여, 남아메리카 안데스 지역의 민속 악기인 '차랑고'의 몸통 재료로 쓰이기도 한다. 삽화에 그려진 갑옷은 실제로 남미 기념품 가게에서 판매되는 물건이기도 하다.

악기에도 사용되는 단단한 갑옷

머리뼈

아르마딜로의 이빨은 전반적으로 빈약하다. 다만 왕아르마딜로는 예외인데, 합쳐서 거의 100개에 이르는 작은 이빨을 지니고 있다. 아홉띠아르마딜로는 식성이 매우 다양해 작은 척추동물이나 곤충뿐 아니라 버섯, 과일, 동물의 사체까지도 먹는다.

등쪽은 피부가 피골로 덮여 있고, 배쪽은 부드러워요.

아홉띠아르마딜로
Dasypus novemcinctus

아르마딜로는 미국 남부에서 남아메리카에 걸쳐 서식한다. 앞발의 날카로운 발톱으로 단단한 땅을 파 굴을 만들 수 있으며, 강을 헤엄쳐 건너는 것도 가능하다.

포유류 — 이빨(피갑목)

이빨이 필요 없다
큰개미핥기

개미핥기는 나무늘보와 같은 유모목*으로 분류된다. 유모목은 아르마딜로가 속한 피갑목과 함께 '이절류(異節類)'로 불리며, 그 이름은 척추 관절 구조 등 다른 포유류에서는 볼 수 없는 독특한 특징에서 비롯되었다. 남미에 사는 큰개미핥기의 앞다리 둘째와 셋째 발가락에는 흰개미 둥지를 무너뜨리기에 알맞은 강력한 발톱이 발달해 있으며, 이는 방어에도 쓰인다.

*포유류 중 털이 있는 무리.

놀라울 만큼 머리뼈 모양이 이상하네요.

머리뼈(등쪽)
가늘고 긴, 매우 독특한 형태. 언뜻 가볍게 보이지만, 실제로 들어 보면 묵직하다.

34cm

위턱
이빨이 보이지 않고, 주둥이가 길게 뻗어 있다.

아래턱
아래턱에도 이빨이 없으며, 구조가 단순하다.

60cm나 되는 혀
큰개미핥기는 가느다란 긴 주둥이 끝에서 60cm나 되는 혀를 내밀 수 있다. 또 혀의 표면에는 작은 돌기가 있고, 끈끈한 침으로 덮여 있다. 이 혀를 빠르게 내밀고 집어넣으며 개미와 흰개미를 핥아먹는다.

큰개미핥기
Myrmecophaga tridactyla

주로 개미와 흰개미를 먹는다. 하루 중 약 14시간을 잠으로 보내며, 거대한 꼬리로 몸을 덮고 잔다.

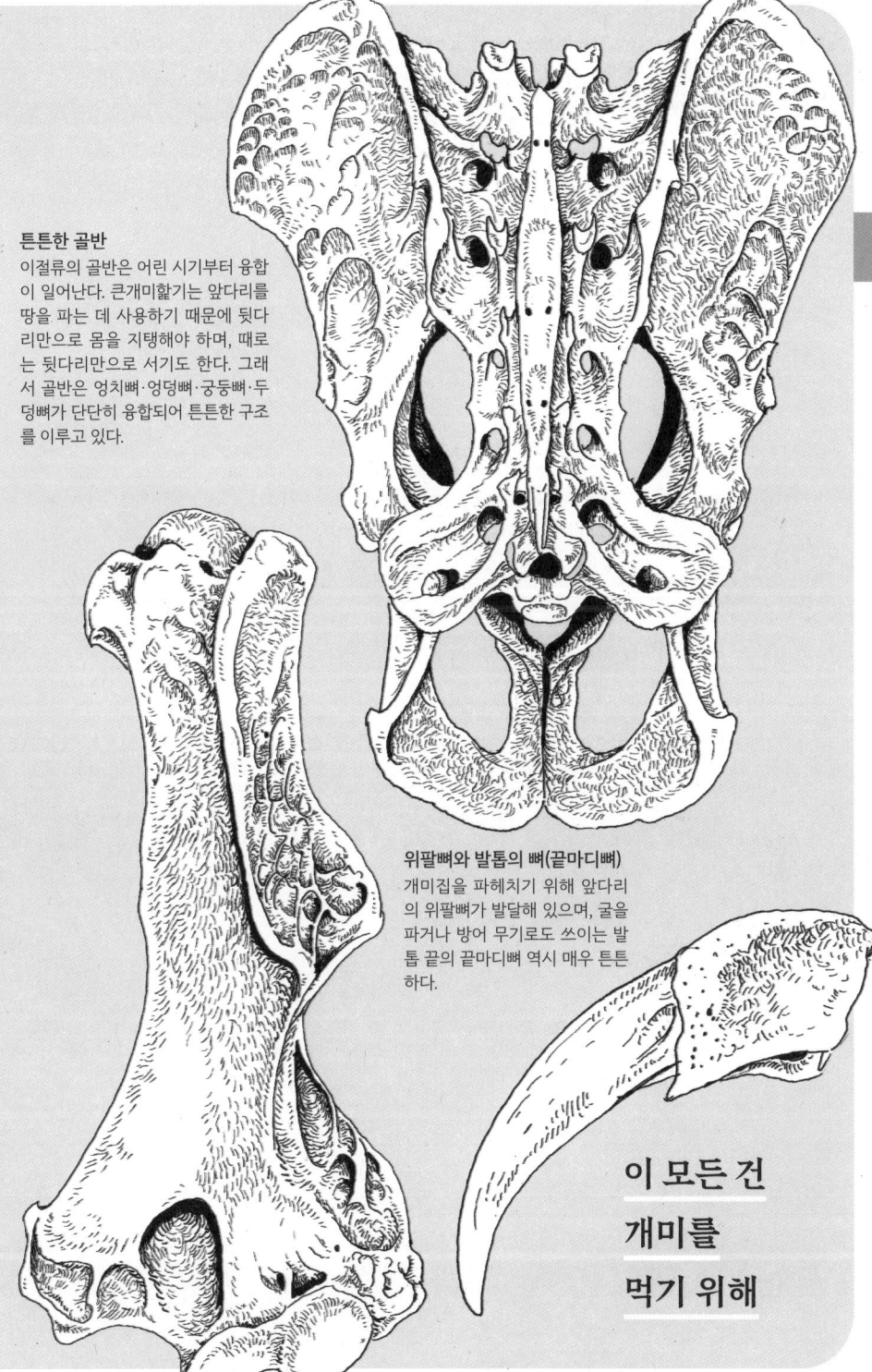

튼튼한 골반
이절류의 골반은 어린 시기부터 융합이 일어난다. 큰개미핥기는 앞다리를 땅을 파는 데 사용하기 때문에 뒷다리만으로 몸을 지탱해야 하며, 때로는 뒷다리만으로 서기도 한다. 그래서 골반은 엉치뼈·엉덩뼈·궁둥뼈·두덩뼈가 단단히 융합되어 튼튼한 구조를 이루고 있다.

위팔뼈와 발톱의 뼈(끝마디뼈)
개미집을 파헤치기 위해 앞다리의 위팔뼈가 발달해 있으며, 굴을 파거나 방어 무기로도 쓰이는 발톱 끝의 끝마디뼈 역시 매우 튼튼하다.

이 모든 건
개미를
먹기 위해

포유류
이빨(유모목)

앞니가 이중

집토끼

토끼의 머리뼈에는 평생 자라는 앞니(절치)가 있으며, 송곳니는 없고 앞니와 어금니 사이에는 빈틈이 있다. 이런 특징은 설치류와 비슷하다. 그러나 토끼는 앞니 한 쌍 뒤에 또 한 쌍의 쐐기형 앞니라 불리는 치아를 가지고 있다는 점에서 설치류와 구분된다. 이 때문에 토끼는 '토끼목'이라는 독자적인 그룹으로 분류되었으며, 최근 유전자 분석 결과에서도 토끼가 설치류와 가까운 무리가 아님이 확인되었다.

귀가 없으면 알아볼 수 없다

집토끼
Oryctolagus cuniculus

이베리아반도에 서식하던 야생 굴토끼를 가축화한 것이 집토끼다. 6세기에서 10세기 무렵에 유럽에서 사육되기 시작한 것으로 여겨진다.

귓바퀴
토끼는 육식동물이나 대형 맹수에게 중요한 먹잇감이 된다. 그래서 포식자를 빨리 발견해 달아나기 위해 긴 귀를 발달시켰다. 굴토끼처럼 특정 굴에서만 사는 토끼는 귀가 더욱 길게 발달한 것으로 알려져 있다.

앞니(절치)

전신 골격
집토끼 정도의 작은 동물의 경우, 뼈를 따로 분해하지 않고 틀니 세정제를 사용해 전체 골격 표본으로 만들 수 있다.

귀
귓바퀴는 연골과 근육으로 이루어져 있기 때문에 골격 표본에는 남지 않는다. 따라서 뼈 표본만 보면 그것이 토끼의 것인지 알기 어려울 수도 있다.

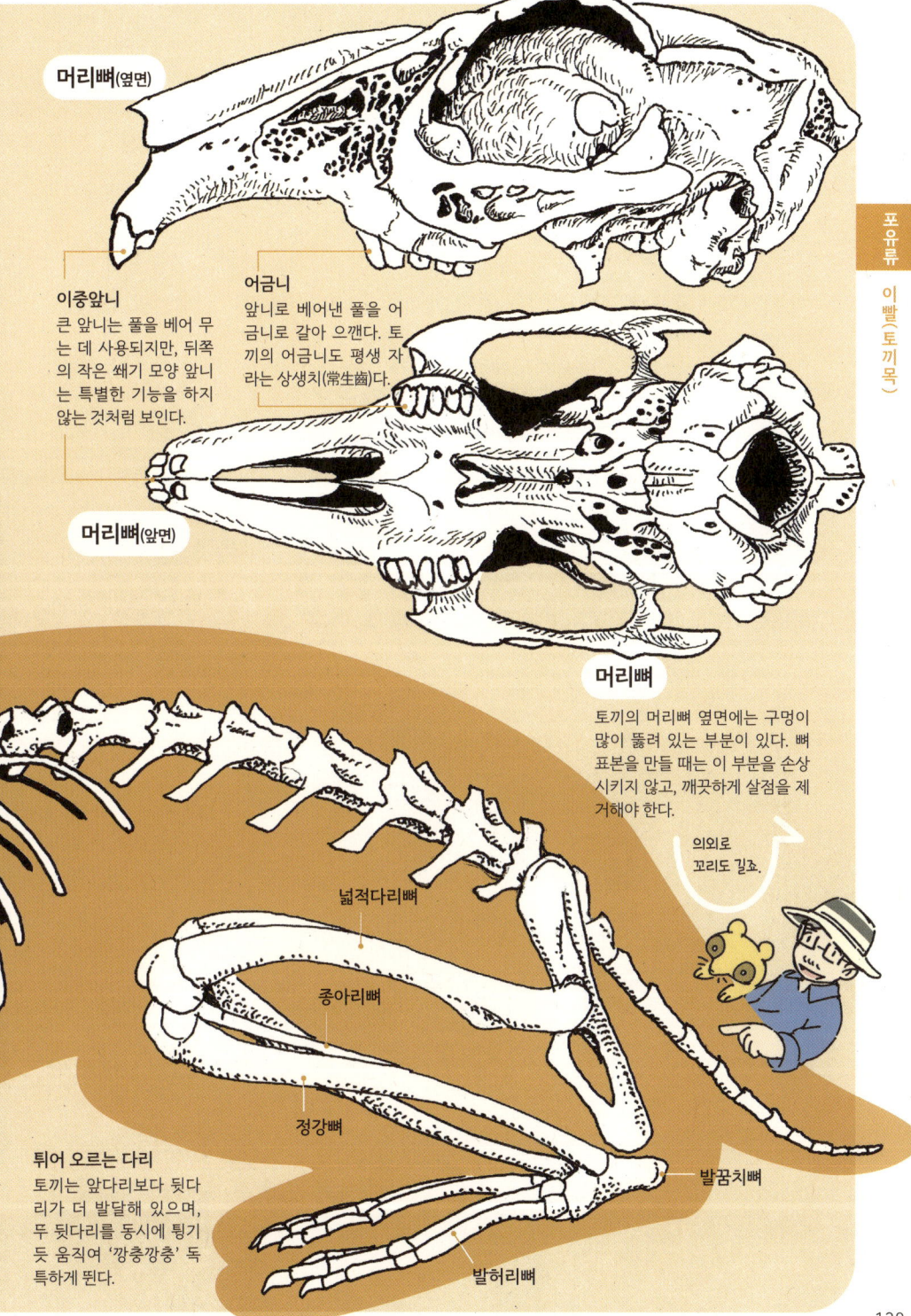

머리뼈(옆면)

이중앞니
큰 앞니는 풀을 베어 무는 데 사용되지만, 뒤쪽의 작은 쐐기 모양 앞니는 특별한 기능을 하지 않는 것처럼 보인다.

어금니
앞니로 베어낸 풀을 어금니로 갈아 으깬다. 토끼의 어금니도 평생 자라는 상생치(常生齒)다.

머리뼈(앞면)

머리뼈
토끼의 머리뼈 옆면에는 구멍이 많이 뚫려 있는 부분이 있다. 뼈 표본을 만들 때는 이 부분을 손상시키지 않고, 깨끗하게 살점을 제거해야 한다.

의외로 꼬리도 길죠.

넓적다리뼈
종아리뼈
정강뼈
발꿈치뼈
발허리뼈

튀어 오르는 다리
토끼는 앞다리보다 뒷다리가 더 발달해 있으며, 두 뒷다리를 동시에 팅기듯 움직여 '깡충깡충' 독특하게 뛴다.

포유류 — 이빨(토끼목)

세상에서 가장 큰 설치류
카피바라

전체 포유류 약 5,400종 가운데 2,200종 이상이 설치류에 속한다. 설치류는 초원과 삼림은 물론 툰드라와 사막, 나아가 도시 한복판까지, 세계 거의 모든 환경에 적응한 포유류라 할 수 있다. 몸집의 크기도 다양해 몸무게 6g 남짓한 작은 종부터 70kg에 이르는 대형 종까지 폭넓게 분포한다. 이처럼 다양한 설치류는 쥐형아목·호저아목·비버형아목·천축서아목·다람쥐아목의 다섯 무리로 나눌 수 있다. 세계에서 가장 큰 설치류인 카피바라는 이 가운데 천축서아목에 속한다.

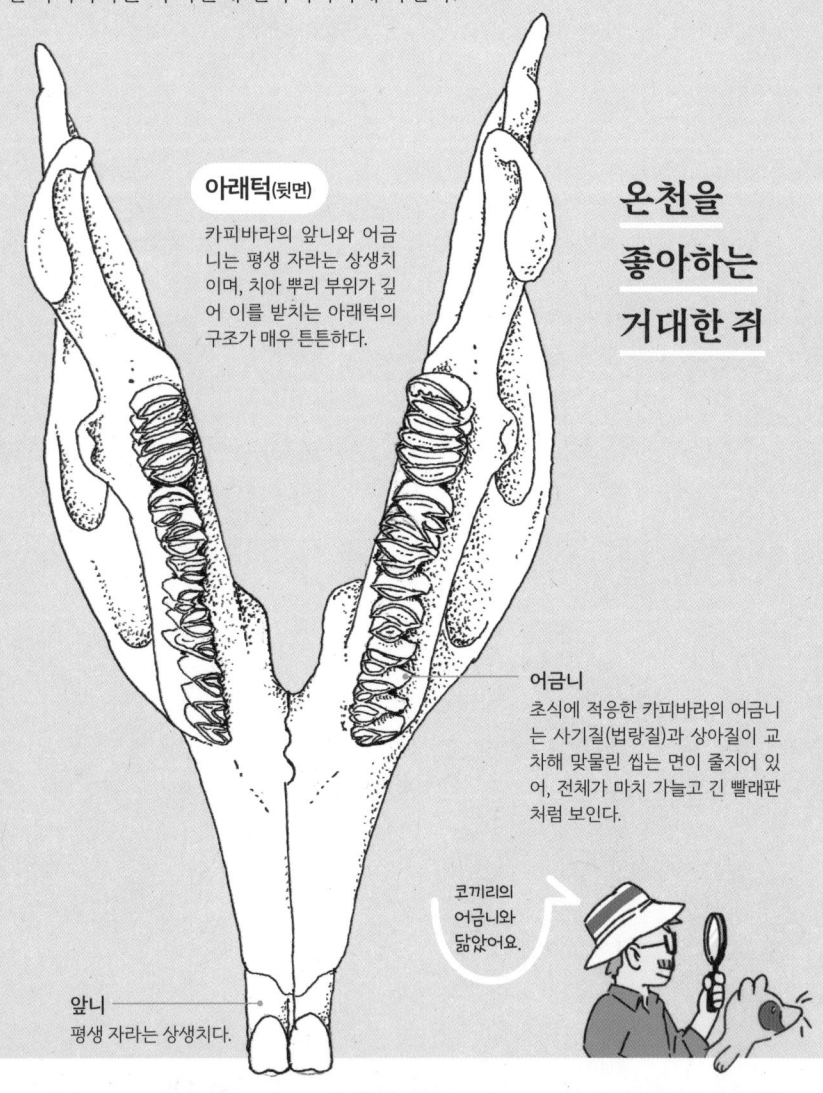

아래턱(뒷면)
카피바라의 앞니와 어금니는 평생 자라는 상생치이며, 치아 뿌리 부위가 깊어 이를 받치는 아래턱의 구조가 매우 튼튼하다.

온천을 좋아하는 거대한 쥐

어금니
초식에 적응한 카피바라의 어금니는 사기질(법랑질)과 상아질이 교차해 맞물린 씹는 면이 줄지어 있어, 전체가 마치 가늘고 긴 빨래판처럼 보인다.

앞니
평생 자라는 상생치.

코끼리의 어금니와 닮았어요.

카피바라 뒷다리의 발가락 수

가옥에 출몰하는 검은쥐는 앞다리에 4개, 뒷다리에 5개의 발가락을 가지고 있다. 그런데 같은 설치류라도 카피바라는 앞다리 발가락이 4개지만, 뒷다리 발가락은 3개밖에 없다. 이런 발가락 수의 차이는 천축서아목에서도 보이며, 같은 그룹에 속하는 기니피그도 같은 발가락 수를 가지고 있다.

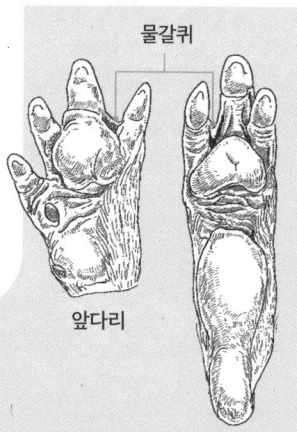

물갈퀴

앞다리
뒷다리

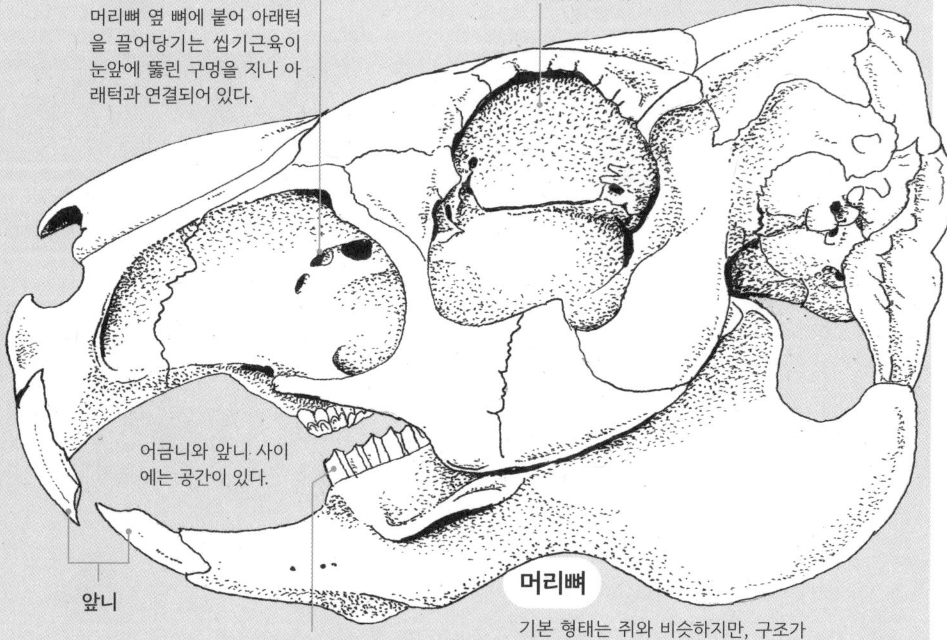

눈구멍아래구멍(안와하공)
머리뼈 옆 뼈에 붙어 아래턱을 끌어당기는 씹기근육이 눈앞에 뚫린 구멍을 지나 아래턱과 연결되어 있다.

눈구멍(안와)

어금니와 앞니 사이에는 공간이 있다.

앞니

어금니

머리뼈

기본 형태는 쥐와 비슷하지만, 구조가 훨씬 더 두껍고 튼튼하다.

카피바라
Hydrochoerus hydrochaeris

남아메리카 아마존강 유역 등지에 서식하며, 볏과 식물을 먹으면서 물속이나 물가에서 생활한다. 수중 생활에 적응해 앞다리와 뒷다리에는 물갈퀴가 발달해 있다. 일본에서 사육되는 카피바라가 온천을 좋아하는 것도 원래 열대의 물가에서 사는 동물이기 때문이다.

> 빨래판 같은 어금니가 생명

아시아코끼리

아시아코끼리는 몸길이 3~3.4m, 체중 4,700~5,400kg으로, 아프리카코끼리와 함께 육상에서 가장 큰 초식동물이다. 거대한 몸집 덕분에 다른 초식동물이 손대지 못하는 단단한 나무 같은 먹이도 쉽게 먹을 수 있다. 예를 들어 나무껍질을 먹을 때는 이빨로 칼집을 내고 긴 코로 껍질을 벗겨 먹는다. 그러나 소나 말처럼 반추위나 발달한 장을 지닌 초식동물이 아니어서 먹이의 영양분 중 약 40~50%만 흡수할 수 있다. 그 결과 코끼리는 필요한 영양을 충당하기 위해 많은 양의 먹이를 먹어야 한다.

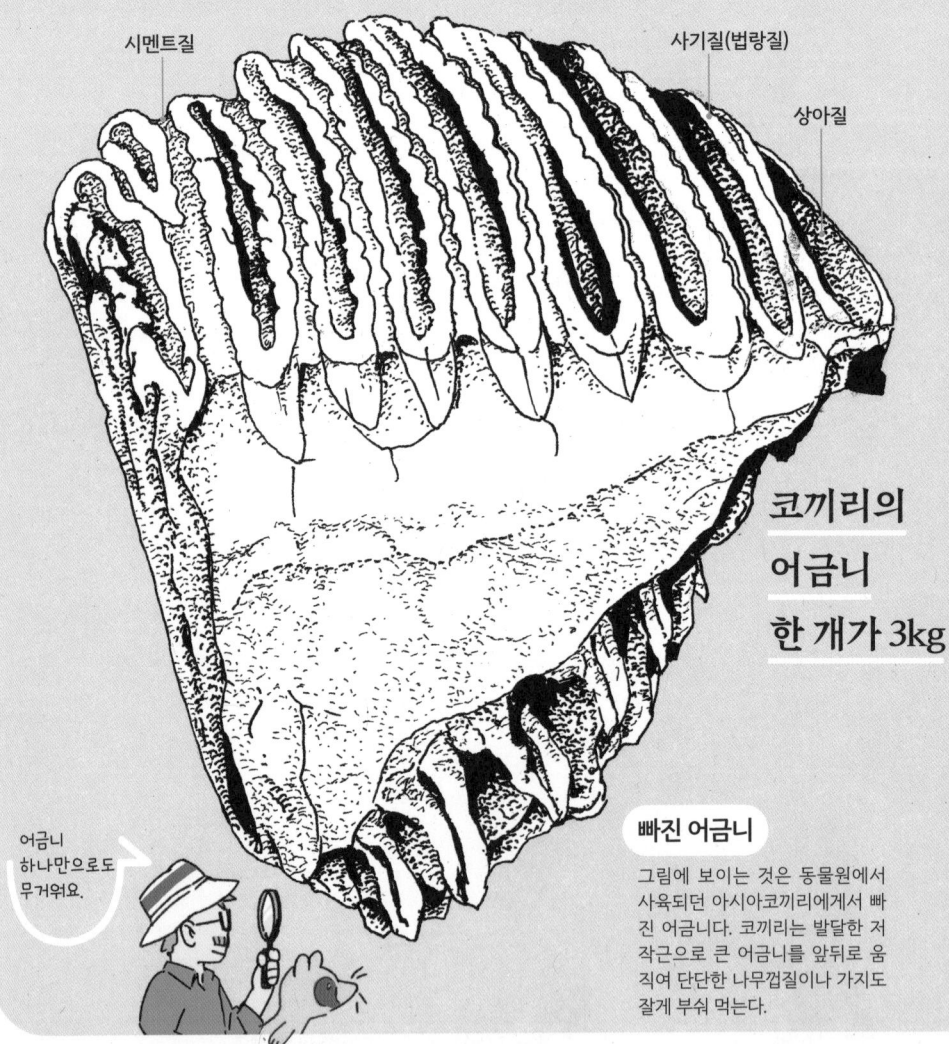

시멘트질
사기질(법랑질)
상아질

코끼리의 어금니 한 개가 3kg

어금니 하나만으로도 무거워요.

빠진 어금니

그림에 보이는 것은 동물원에서 사육되던 아시아코끼리에게서 빠진 어금니다. 코끼리는 발달한 저작근으로 큰 어금니를 앞뒤로 움직여 단단한 나무껍질이나 가지도 잘게 부숴 먹는다.

코끼리의 어금니 교체식

코끼리의 위턱과 아래턱에는 한쪽에 각각 6개의 어금니(젖어금니 3개, 어금니 3개)가 있다. 그러나 이 어금니들은 한꺼번에 나는 것이 아니라 일생 동안 순차적으로 교체된다. 사용하던 어금니가 닳아 없어지면 턱 안쪽에서 새로운 어금니가 돋아나 자리를 대신하고, 앞쪽으로 밀려난 이는 결국 빠져나간다. 이렇게 여섯 번째 어금니까지 모두 닳고 나면 더 이상 교체할 이가 없어 코끼리의 수명은 보통 60~70년 정도에 이른다.

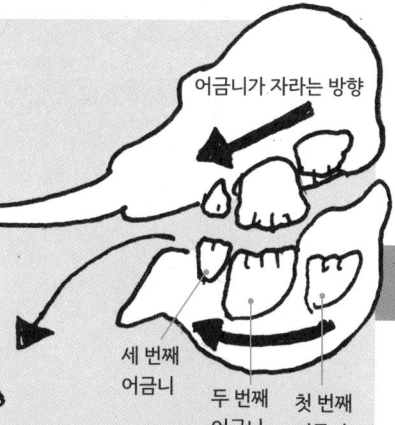

어금니가 자라는 방향

세 번째 어금니 / 두 번째 어금니 / 첫 번째 어금니

머리뼈

상아는 두 번째 앞니가 길게 자라난 것이다. 아시아코끼리의 경우 암컷에게는 눈에 띄는 긴 상아가 없지만, 수컷의 상아는 무려 3m에 달했다는 기록이 전해진다. 또 코끼리 머리뼈 정면 중앙에는 커다란 콧구멍이 뚫려 있어, 고대에는 작은 코끼리의 머리뼈 화석이 거대한 인류의 머리뼈로 오해되기도 했다.

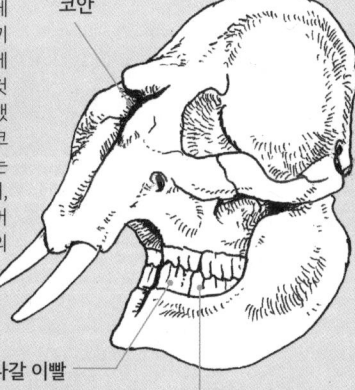

코안

빠져나갈 이빨

주로 사용하는 이빨

아시아코끼리
Elephas maximus

동남아시아, 중국 남부, 인도에 분포한다. 아프리카코끼리에 비해 다소 작으며, 귀도 더 작다.

포유류 이빨(장비長鼻목)

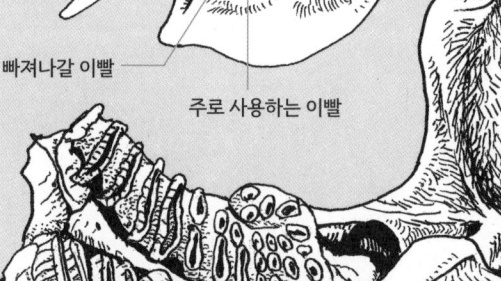

아래턱

바다로 되돌아간 코끼리의 친척

듀공

인어의 모델로 전해지는 듀공은 원래 육지에서 살던 포유류가 바다로 돌아가 적응한 바다소목에 속한다. 이 무리에는 듀공 외에도 세 종류의 매너티*와 멸종한 스텔라바다소가 포함된다. 듀공은 뒷다리가 퇴화해 꼬리지느러미를 가진 모습이 고래와 비슷하지만, 혈연적으로는 멀고 가장 가까운 친척은 코끼리류다. 흥미롭게도 코끼리의 어금니가 '수평 교환'이라 불리는 방식으로 교체되듯, 듀공의 어금니 역시 같은 방식으로 교체된다.

*서아프리카매너티·아마존매너티·서인도제도매너티를 말한다.

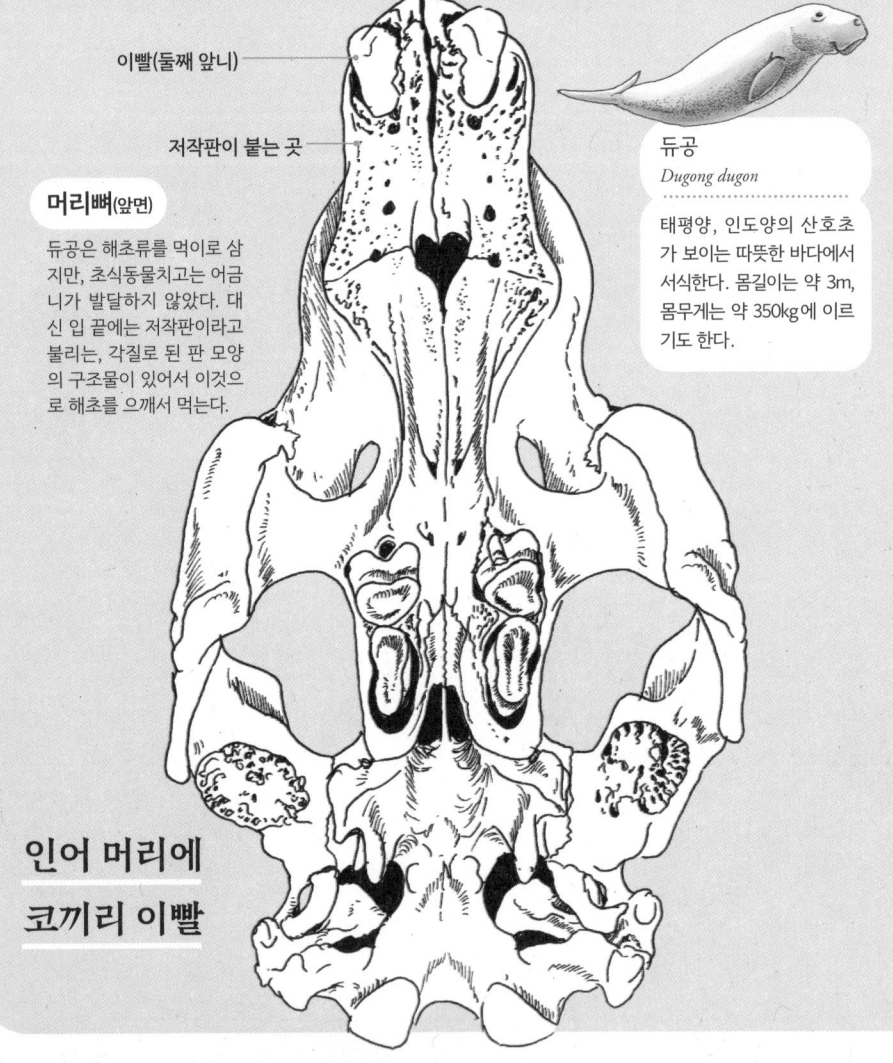

- 이빨(둘째 앞니)
- 저작판이 붙는 곳

머리뼈(앞면)

듀공은 해초류를 먹이로 삼지만, 초식동물치고는 어금니가 발달하지 않았다. 대신 입 끝에는 저작판이라고 불리는, 각질로 된 판 모양의 구조물이 있어서 이것으로 해초를 으깨서 먹는다.

듀공
Dugong dugon

태평양, 인도양의 산호초가 보이는 따뜻한 바다에서 서식한다. 몸길이는 약 3m, 몸무게는 약 350kg에 이르기도 한다.

**인어 머리에
코끼리 이빨**

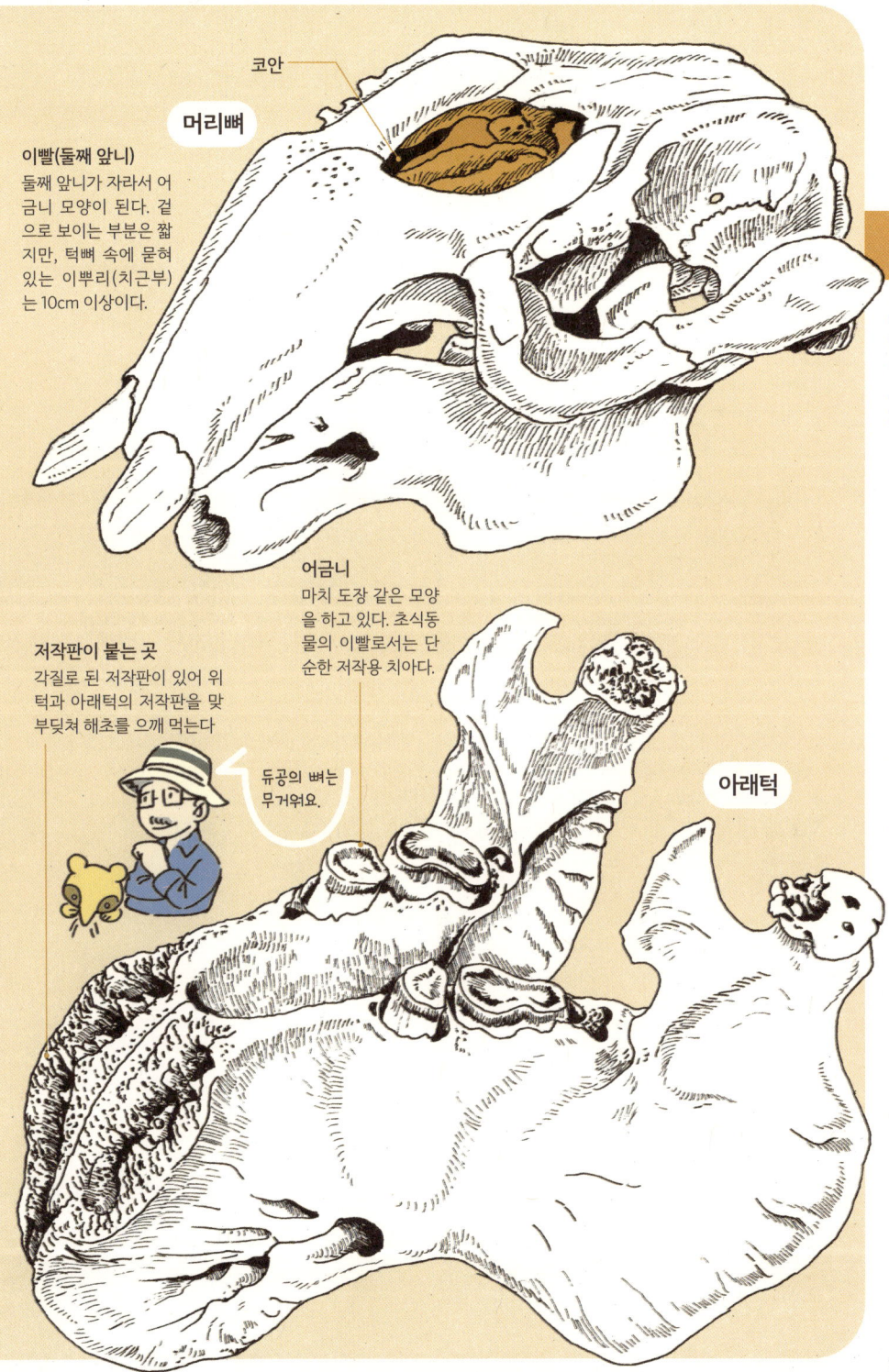

패총과 듀공의 뼈

발견 노트 - 뼈를 알다

처음 듀공의 뼈를 발견한 것은 바다 수면이 가장 낮은 간조 때였다. 이리오모테섬 하구의 갯벌에서 바다 생물을 찾고 있었는데, 진흙 위로 갈색으로 변색된 뼈 하나가 드러나 있었다. 모양을 보니 어깨뼈 같았지만, 익숙지 않은 형태였다. 들어올려 보니 묵직했다. 그 순간, '듀공이다'라는 생각이 스쳤다.

듀공의 먹이는 해저에 자라는 해초다. 그러나 식물에 풍부한 섬유질은 쉽게 소화·흡수되지 않기 때문에, 초식동물은 위와 창자에서 발효 과정을 거쳐 이를 분해한다. 이 과정에서 가스가 발생하는데, 물속에서 살아가는 듀공에게는 이 가스가 부력을 만들어 오히려 잠수를 방해할 수 있다. 그래서 듀공은 다른 포유류에 비해 뼈가 훨씬 무겁다. 마치 다이버가 잠수할 때 납추를 허리에 차는 것과 같은 원리다. 그렇기에 처음 보는 뼈였음에도, 손에 전해지는 묵직한 감각 덕분에 그것이 듀공의 뼈임을 확신할 수 있었다.

한때 이리오모테섬을 비롯한 야에야마 제도의 섬들 근해에는 듀공이 풍부하게 서식했다. 듀공은 조수 간만에 맞춰 산호초 안쪽, 넓게 펼쳐진 얕은 모래밭에서 자라는 해초를 뜯어 먹으러 왔다. 패총 시대의 사람들은 듀공을 사냥해 먹은 뒤, 그 뼈를 패총, 즉 조개 무더기 속에 버렸다. 시간이 흐르면서 파도와 빗물에 깎인 패총에서 씻겨 나온 뼈들이 갯벌 위로 굴러다니곤 했다. 그 뒤로는 해안에 나갈 때마다 의식적으로 듀공의 뼈를 찾게 되었다. 그러자 드물지만 꾸준히, 역시 패총에서 유래한 뼛조각들을 발견할 수 있었다. 그중 가장 흔히 눈에 띄는 것은 갈비뼈 조각이었다. 듀공의 갈비뼈는 유난히 두껍고 묵직해, 한눈에 알아볼 수 있었다.

야에야마의 패총 시대는 14세기 무렵까지 이어졌으나, 이후 이 지역은 류큐 왕부의 통치 아래 들어갔다. 그때부터 듀공은 왕가의 관리 대상이 되었고, 이리오모테섬 앞바다의 아라구스쿠섬 사람들은 듀공을 사냥해 세금의 일부로 왕부에 바치게 되었다. 왕부에 바친 것은 포획한 듀공의 가죽을 말린 것이었는데, 이는 귀한 손님을 맞을 때 특별한 접대용으로 쓰였다.

나는 오키나와로 이주하기 전부터 해마다 한 번은 이리오모테섬을 찾곤 했다. 단골로 묵던 여관의 주인은 아라구스쿠섬 출신이었다. 메이지기에 류큐 왕부가 해체되자 듀공 포획에 대한 관리도 사라졌고, 그 결과 무분별한 남획이 이어졌다. 그 여파로 야에야마 바다에서 듀공의 모습은 자취를 감추게 되었다. 그럼에도 아라구스쿠 사람들 사이에는 여전히 듀공 사냥 노래가 전승되고 있었다. 나는 단골 여관 주인을 통해 그 노래를 배울 기회를 얻었다.

"방조림에서 황근과 야자나무 줄기로 듀공 사냥 그물을 짜 배에 싣고, 노를 저어 이시가키섬 쪽으로 가서 듀공이 드나드는 산호초 틈에 그물을 쳐 두고, 썰물을 기다려 바다로 나가려는 듀공을 잡는다네······."

이렇듯 남쪽 섬에는 바다로 되돌아간 포유류에 얽힌 긴 역사가 남아 있다. 해변에 흩어진 뼈와 섬에 전해 내려오는 노래 속에서 그 단편을 엿볼 수 있다.

바닷속 해저에 사는 해초와 듀공

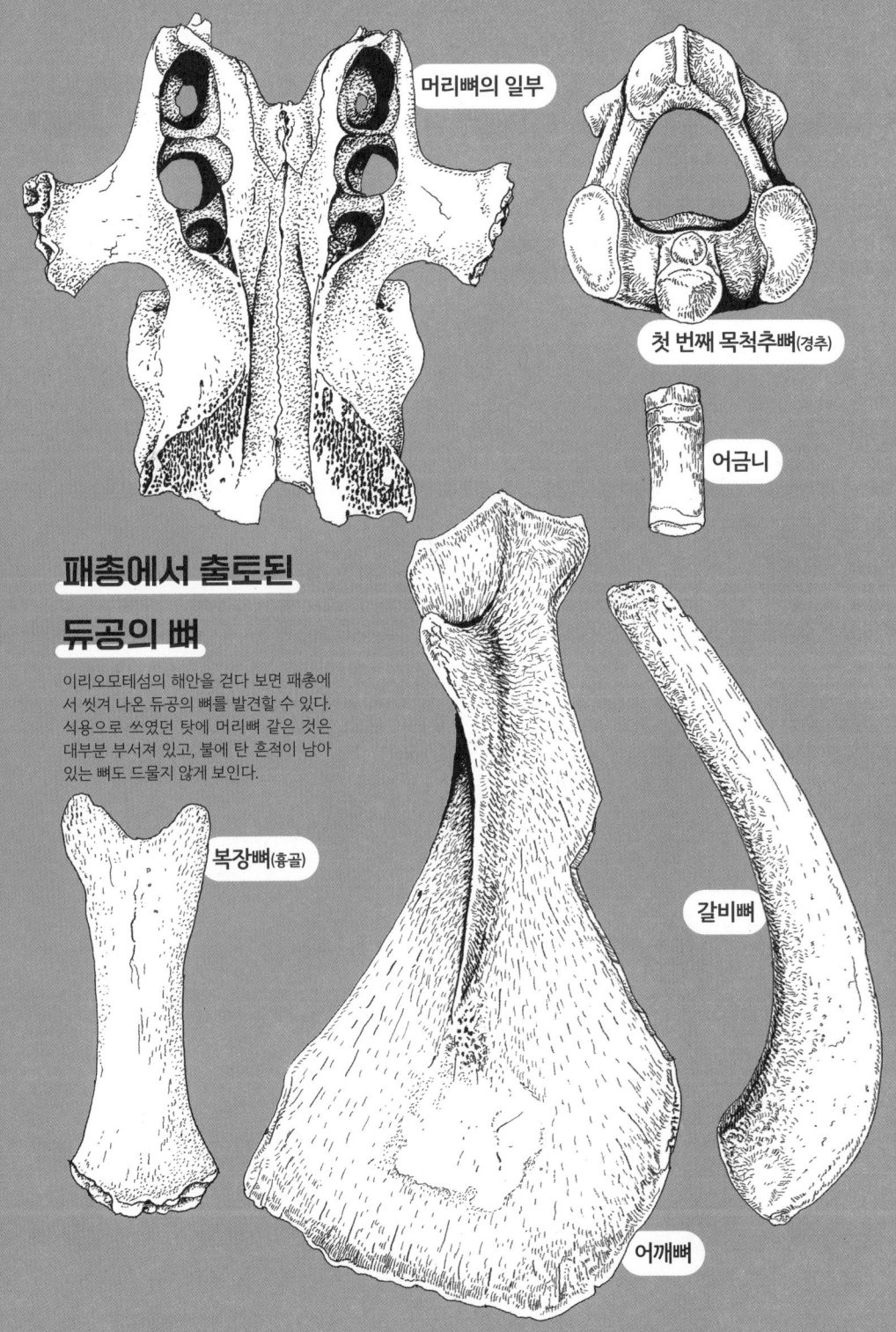

돌고래의 이빨은 동형치

돌고래

고래는 크게 수염고래와 이빨고래로 나뉜다. 이 가운데 비교적 작은 이빨고래들을 관례상 '돌고래'라고 부르지만, 사실 돌고래라는 이름으로 따로 분류되는 단위는 존재하지 않는다. 바다로 돌아간 포유류 가운데 고래류는 해양 환경에 가장 철저히 적응해 진화한 그룹으로, 지금까지 알려진 종만 해도 약 85종에 이른다. 그 안에는 강에서 살아가는 민물돌고래, 심해까지 잠수할 수 있는 향고래, 그리고 넓은 바다에서 서식하면서도 생태가 거의 알려지지 않은 민부리고래 등이 포함된다.

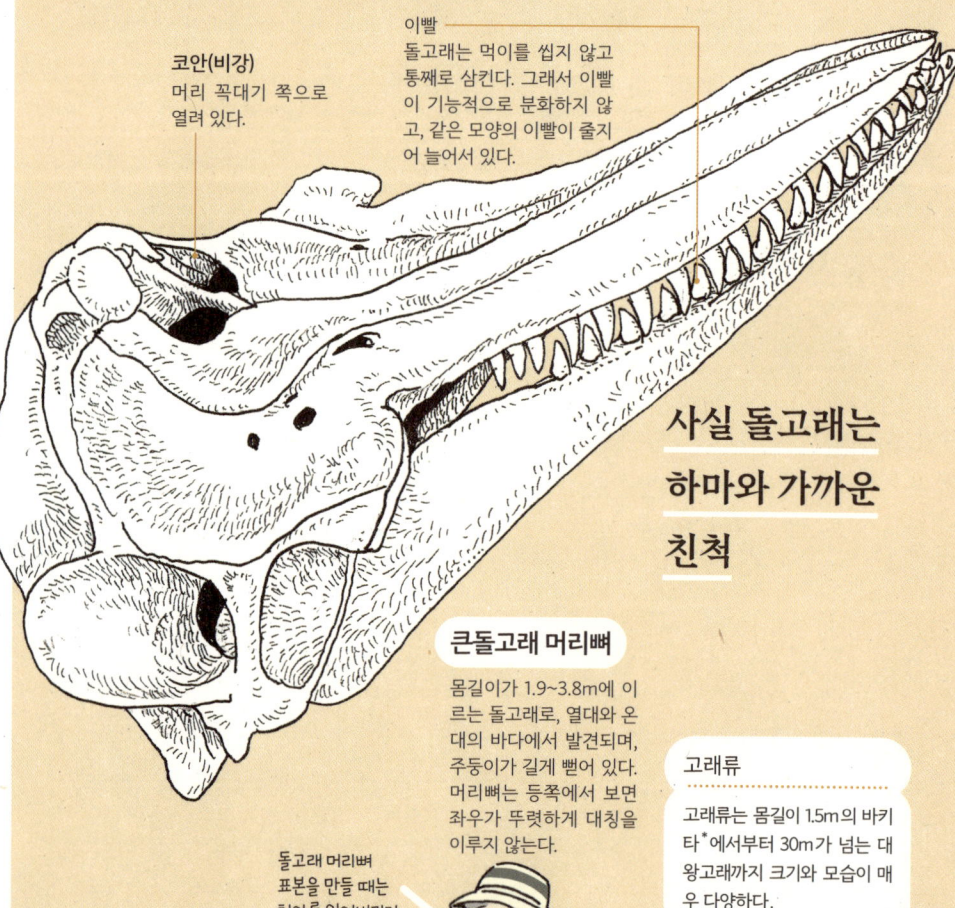

코안(비강)
머리 꼭대기 쪽으로 열려 있다.

이빨
돌고래는 먹이를 씹지 않고 통째로 삼킨다. 그래서 이빨이 기능적으로 분화하지 않고, 같은 모양의 이빨이 줄지어 늘어서 있다.

사실 돌고래는 하마와 가까운 친척

큰돌고래 머리뼈
몸길이가 1.9~3.8m에 이르는 돌고래로, 열대와 온대의 바다에서 발견되며, 주둥이가 길게 뻗어 있다. 머리뼈는 등쪽에서 보면 좌우가 뚜렷하게 대칭을 이루지 않는다.

고래류
고래류는 몸길이 1.5m의 바키타*에서부터 30m가 넘는 대왕고래까지 크기와 모습이 매우 다양하다.

돌고래 머리뼈 표본을 만들 때는 치아를 잃어버리지 않도록 주의해야 해요.

* 멕시코 캘리포니아만에만 서식하는 세계에서 가장 작은 돌고래로, '바다의 판다'로 불리는 희귀종.

듀공과 돌고래는 조상이 다르다

듀공이 속하는 바다소목은 코끼리와 친척 관계에 있는 동물이다. 한편, 돌고래를 포함한 고래류는 고래의 조상에 해당하는 동물 화석 연구와 유전자 분석을 통해 현생 포유류 중에서는 우제류인 하마와 가장 가깝다는 사실이 밝혀졌다. 그 결과 지금은 고래류와 우제류를 포함한 경우제류라는 명칭이 사용되고 있다.

전신 골격

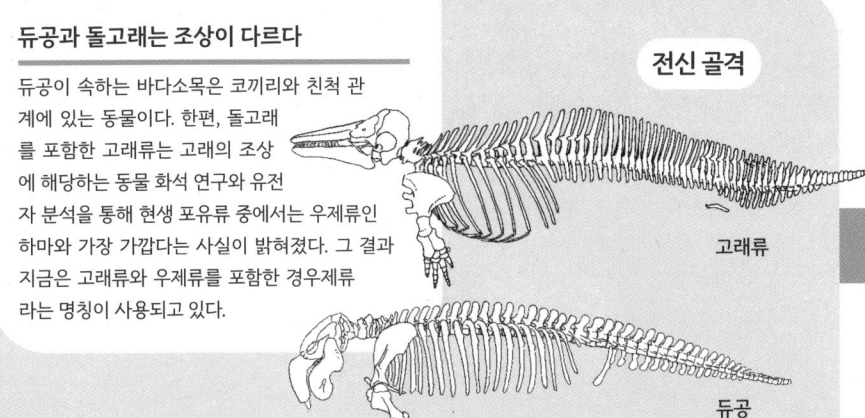

고래류

듀공

돌고래·고래의 이빨

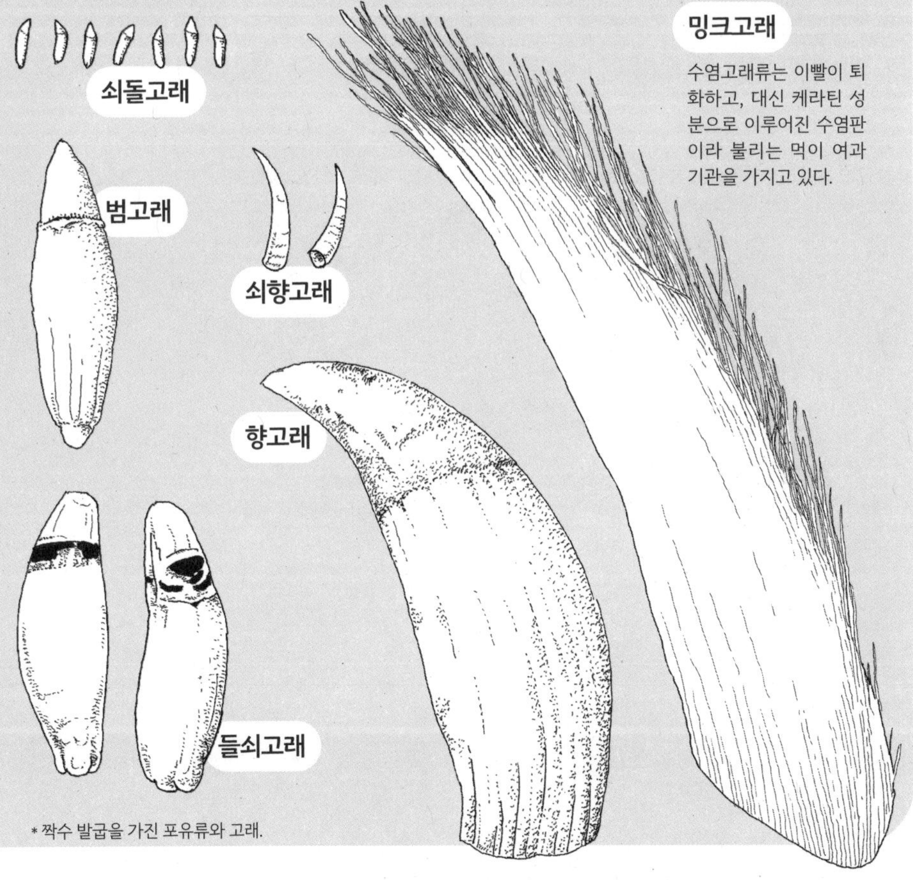

쇠돌고래

범고래

쇠향고래

향고래

들쇠고래

밍크고래

수염고래류는 이빨이 퇴화하고, 대신 케라틴 성분으로 이루어진 수염판이라 불리는 먹이 여과 기관을 가지고 있다.

*짝수 발굽을 가진 포유류와 고래.

이빨이 자랑인 멧돼지

바비루사

멧돼지는 앞니·송곳니·앞어금니·어금니까지 포유류 치아의 기본 형태를 모두 갖추고 있어 다양한 먹이에 대응할 수 있다. 이러한 치열은 잡식성 동물인 멧돼지의 식성에 잘 어울린다. 다만 멧돼지의 먹이는 대부분 식물이며, 특히 도토리를 좋아한다. 또 멧돼지는 후각이 매우 발달해 있다. 멧돼지 무리 가운데 바비루사는 위아래 송곳니가 특이하게 발달했는데, 특히 위턱 송곳니는 위로 휘어 자란다. 이 송곳니 끝은 윗입술을 뚫고 머리 위로 치솟아 마치 사슴의 뿔처럼 보인다.

옛사람들은 바비루사의 송곳니가 나뭇가지에 걸쳐 머리를 쉬게 하는 데 쓰이거나, 수풀 속에서 먹이를 찾을 때 눈을 보호하는 역할을 한다고 여겼다.

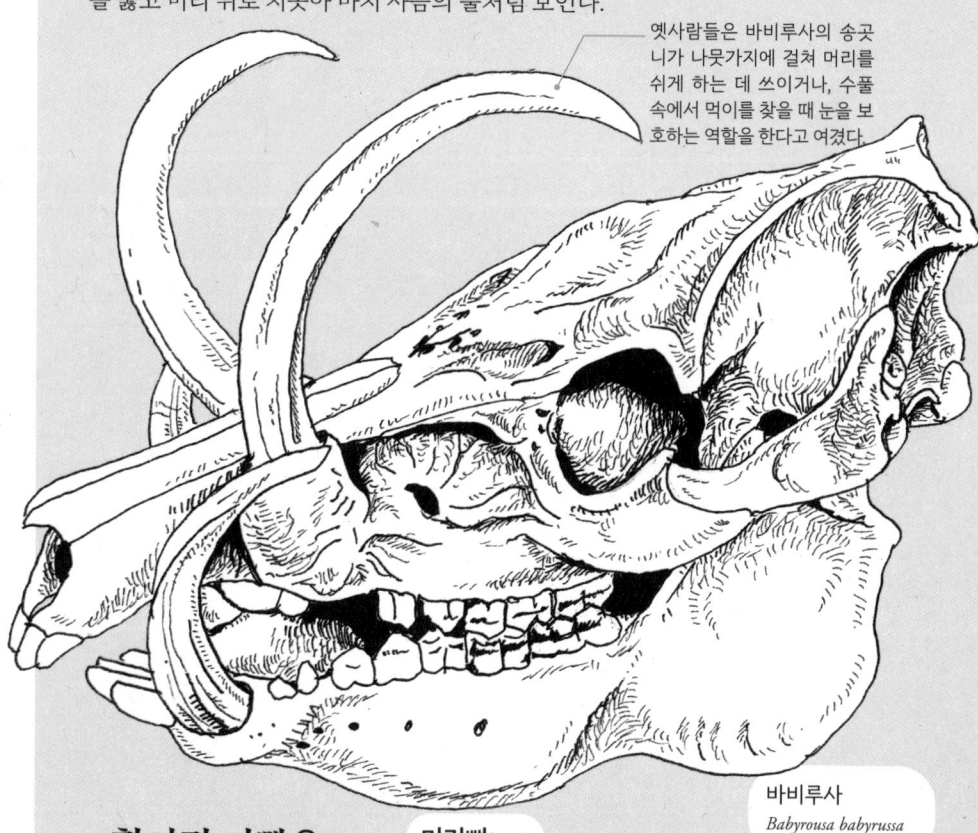

휘어진 이빨은 어떤 용도일까?

머리뼈(수컷)

길게 뻗은 위턱의 송곳니는 반대로 휘어져 자라며, 수컷에게만 나타난다. 아마도 암컷을 향한 과시의 수단으로 쓰였을 것이라 여겨진다. 바비루사라는 이름은 인도네시아어에서 멧돼지를 뜻하는 '바비'와 사슴을 뜻하는 '루사'에서 유래했다.

바비루사
Babyrousa babyrussa

인도네시아의 술라웨시섬과 그 인근 섬의 숲에 서식한다. 잡식성이며, 체중은 최대 100kg에 이른다.

멧돼지와 돼지는 어떻게 다를까?

돼지는 멧돼지를 가축화한 동물이다. 골격을 살펴보면 돼지의 머리뼈는 앞뒤로 짧아진 형태를 띤다. 또한 돼지는 멧돼지보다 척추뼈 수가 2~5개 더 많다. 이는 고기를 더 많이 얻기 위해 척추뼈가 긴 개체가 선택된 결과다. 한편 돼지에게도 원래는 멧돼지와 같은 송곳니가 있지만, 사육 환경에서는 새끼 돼지가 태어날 때 잘라내는 경우가 많다.

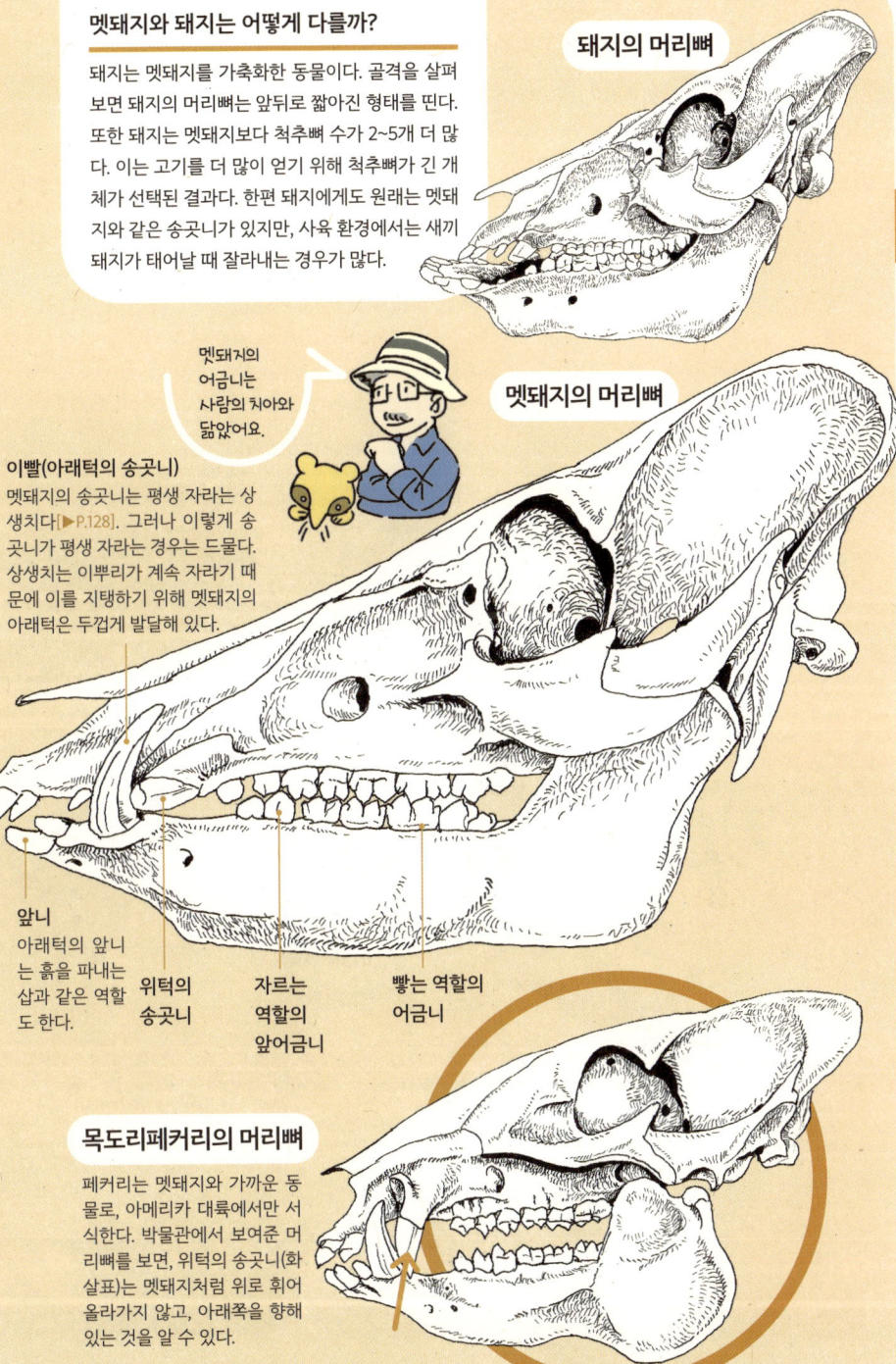

돼지의 머리뼈

멧돼지의 어금니는 사람의 치아와 닮았어요.

멧돼지의 머리뼈

이빨(아래턱의 송곳니)

멧돼지의 송곳니는 평생 자라는 상생치다[▶P.128]. 그러나 이렇게 송곳니가 평생 자라는 경우는 드물다. 상생치는 이뿌리가 계속 자라기 때문에 이를 지탱하기 위해 멧돼지의 아래턱은 두껍게 발달해 있다.

앞니
아래턱의 앞니는 흙을 파내는 삽과 같은 역할도 한다.

위턱의 송곳니

자르는 역할의 앞어금니

빻는 역할의 어금니

목도리페커리의 머리뼈

페커리는 멧돼지와 가까운 동물로, 아메리카 대륙에서만 서식한다. 박물관에서 보여준 머리뼈를 보면, 위턱의 송곳니(화살표)는 멧돼지처럼 위로 휘어 올라가지 않고, 아래쪽을 향해 있는 것을 알 수 있다.

포유류 / 이빨(우제목)

코뿔소 뿔은 뼈가 아니다

흰코뿔소

포유류의 뿔에는 몇 가지 유형이 있다. 솟과 동물의 뿔은 머리뼈에서 자라난 뼈 돌기를 피부가 각질화된 각초(角鞘)가 덮고 있는 구조로, 한 번 자라면 다시 나지 않는다. 반면 코뿔소의 뿔은 머리뼈에서 자라난 뼈 돌기가 아니어서 해마다 다시 자란다. 이 뿔은 '중실각(中實角)'이라 불리며 솟과 동물의 뿔과 달리 피부가 각질화되면서 단단해진 섬유가 뭉쳐 형성된 것으로, 성분상 손톱이나 머리카락과 비슷하다. 따라서 뿔이 부러져도 다시 자란다. 이러한 코뿔소의 뿔은 한약재나 장식품으로 귀하게 여겨져 밀렵꾼들의 표적이 되고, 그 때문에 개체 수가 줄어들고 있다.

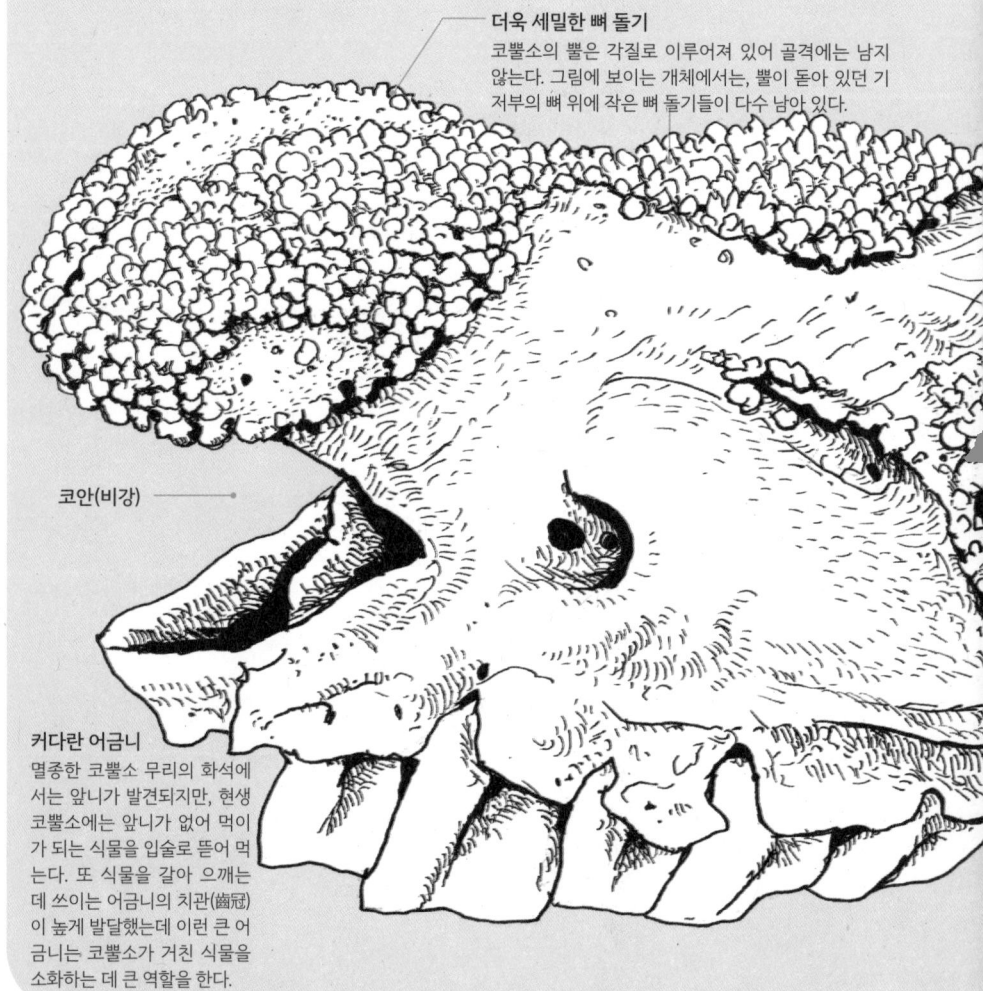

더욱 세밀한 뼈 돌기
코뿔소의 뿔은 각질로 이루어져 있어 골격에는 남지 않는다. 그림에 보이는 개체에서는, 뿔이 돋아 있던 기저부의 뼈 위에 작은 뼈 돌기들이 다수 남아 있다.

코안(비강)

커다란 어금니
멸종한 코뿔소 무리의 화석에서는 앞니가 발견되지만, 현생 코뿔소에는 앞니가 없어 먹이가 되는 식물을 입술로 뜯어 먹는다. 또 식물을 갈아 으깨는 데 쓰이는 어금니의 치관(齒冠)이 높게 발달했는데 이런 큰 어금니는 코뿔소가 거친 식물을 소화하는 데 큰 역할을 한다.

A
순록의 뿔은 수컷과 암컷 모두에 있다

수컷 사슴의 뿔은 매년 다시 자란다. 교미철인 가을에는 암컷을 차지하기 위한 싸움이나 영역 방어에 쓰이지만, 뿔을 기르는 데는 많은 에너지가 든다. 뿔이 떨어진 뒤에는 체력 회복과 다음 해 뿔을 키우기 위한 에너지 축적에 힘을 기울인다. 한편, 순록은 사슴류 가운데 유일하게 암컷도 뿔을 지니고 있는데 그 이유는 아직 명확히 밝혀지지 않았다. 암컷 순록은 수컷보다 늦게 뿔을 떨어뜨려 눈이 녹는 시기, 즉 출산기가 끝난 무렵까지 뿔을 유지한다. 이 때문에 겨울철 먹이 확보나 새끼 보호에 뿔이 쓰였을 가능성이 있다고 여겨진다.

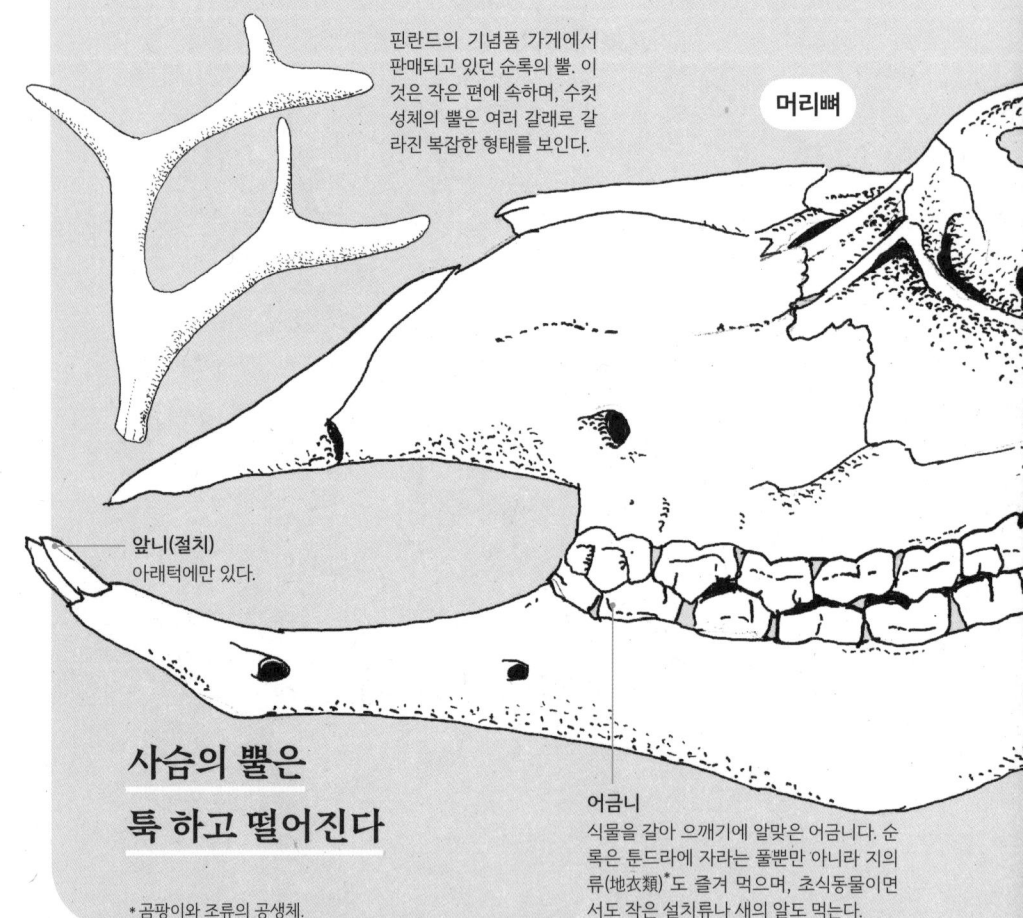

핀란드의 기념품 가게에서 판매되고 있던 순록의 뿔. 이것은 작은 편에 속하며, 수컷 성체의 뿔은 여러 갈래로 갈라진 복잡한 형태를 보인다.

머리뼈

앞니(절치)
아래턱에만 있다.

어금니
식물을 갈아 으깨기에 알맞은 어금니. 순록은 툰드라에 자라는 풀뿐만 아니라 지의류(地衣類)*도 즐겨 먹으며, 초식동물이면서도 작은 설치류나 새의 알도 먹는다.

사슴의 뿔은 툭 하고 떨어진다

*곰팡이와 조류의 공생체.

북쪽으로 갈수록 커지는 베르크만의 법칙

같은 종의 포유류는 북쪽으로 갈수록 대형 개체가 보이는 경우가 있다. 이를 베르크만의 법칙이라고 한다. 홋카이도에 사는 꽃사슴의 아종인 에조사슴은 체중이 약 140kg에 달하지만, 야쿠시마의 아종인 야쿠사슴은 고작 40kg 정도밖에 되지 않는다.

뿔

소처럼 머리뼈의 일부가 뿔처럼 돌출한 것은 아니다. 가늘고 긴 주머니 모양으로 뻗은 피부 안에 뼈가 형성되어 뿔을 만든다. 뿔이 다 자라면, 둘러싸고 있던 피부가 벗겨지며 뿔의 모습이 드러난다. 이 뿔은 뿔의 밑부분에서 매년 툭 하고 떨어진다.

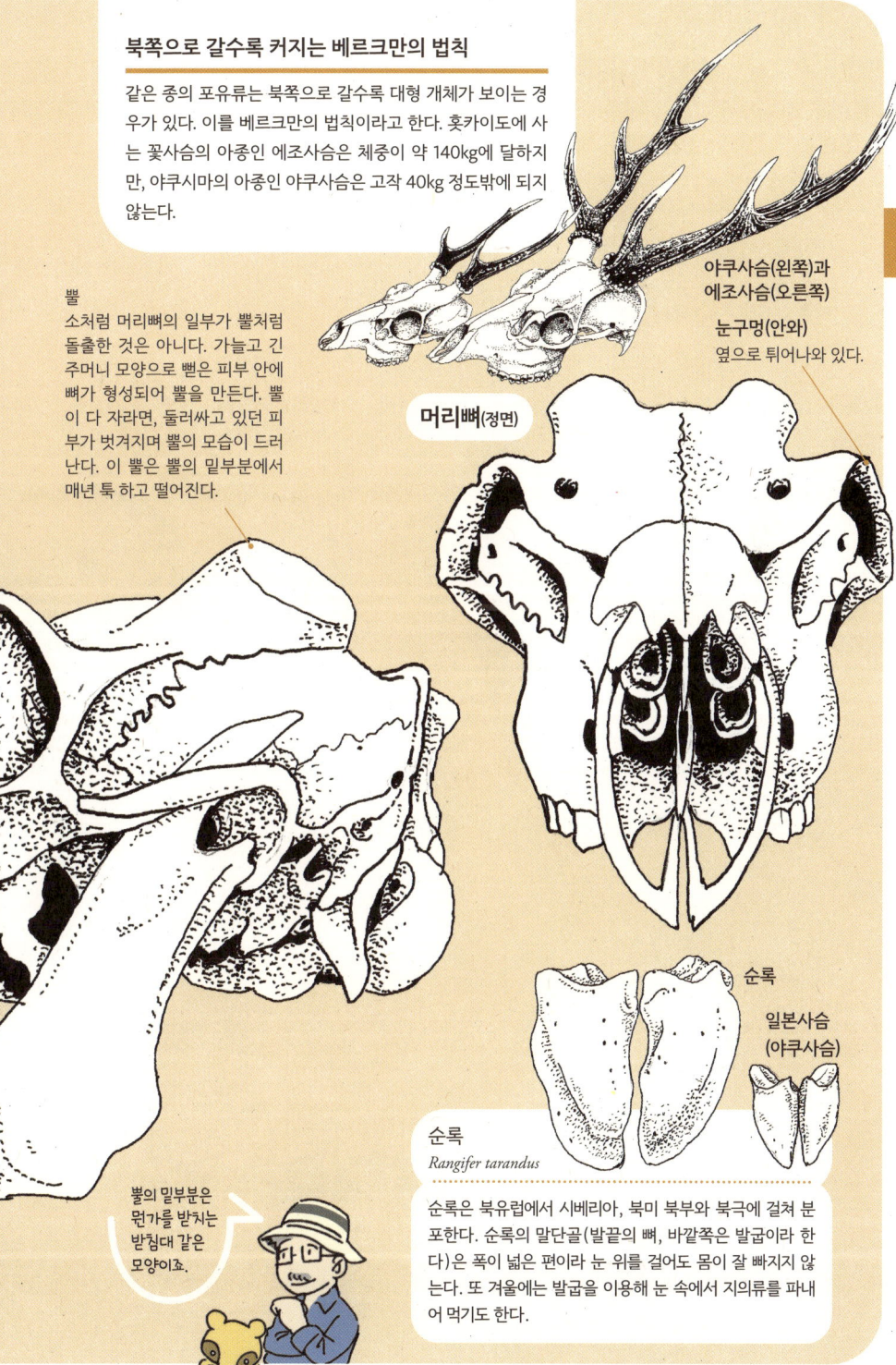

야쿠사슴(왼쪽)과 에조사슴(오른쪽)

눈구멍(안와) 옆으로 튀어나와 있다.

머리뼈(정면)

순록
일본사슴(야쿠사슴)

순록
Rangifer tarandus

순록은 북유럽에서 시베리아, 북미 북부와 북극에 걸쳐 분포한다. 순록의 말단골(발끝의 뼈, 바깥쪽은 발굽이라 한다)은 폭이 넓은 편이라 눈 위를 걸어도 몸이 잘 빠지지 않는다. 또 겨울에는 발굽을 이용해 눈 속에서 지의류를 파내어 먹기도 한다.

뿔의 밑부분은 먼가를 받치는 받침대 같은 모양이죠.

빠지지 않는 뿔

일본산양

일본산양은 이름에 산양이라는 이름이 붙어 있지만, 솟과에 속한다. 솟과에는 소뿐만 아니라 일본산양·염소·양·영양 등이 포함되어 있으며, 전부 합쳐 120종이 넘는 종류가 있다. 일본산양은 혼슈에서 규슈에 걸친 숲에 사는 일본 고유종으로, 특별천연기념물로 지정되어 있다.

산양과 닮았지만, 솟과에 속하죠

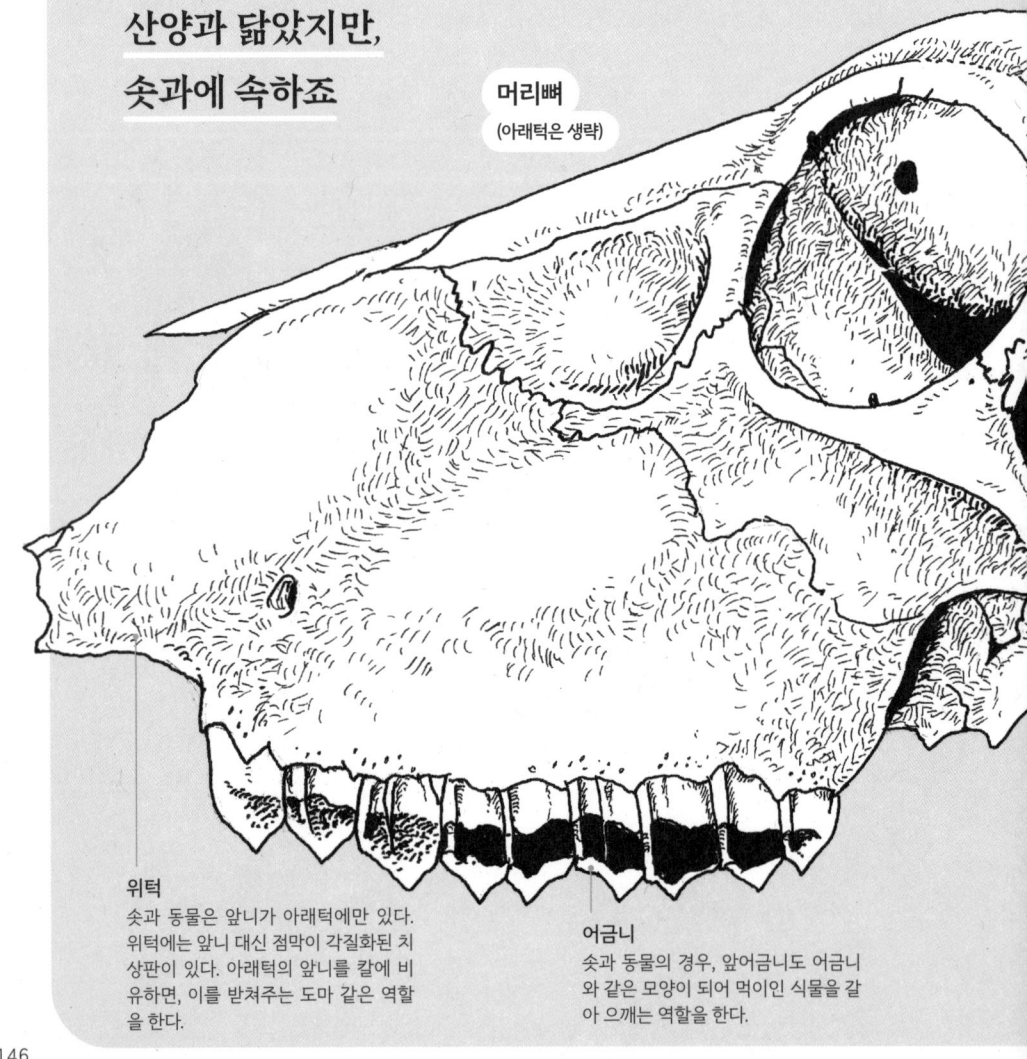

머리뼈
(아래턱은 생략)

위턱
솟과 동물은 앞니가 아래턱에만 있다. 위턱에는 앞니 대신 점막이 각질화된 치상판이 있다. 아래턱의 앞니를 칼에 비유하면, 이를 받쳐주는 도마 같은 역할을 한다.

어금니
솟과 동물의 경우, 앞어금니도 어금니와 같은 모양이 되어 먹이인 식물을 갈아 으깨는 역할을 한다.

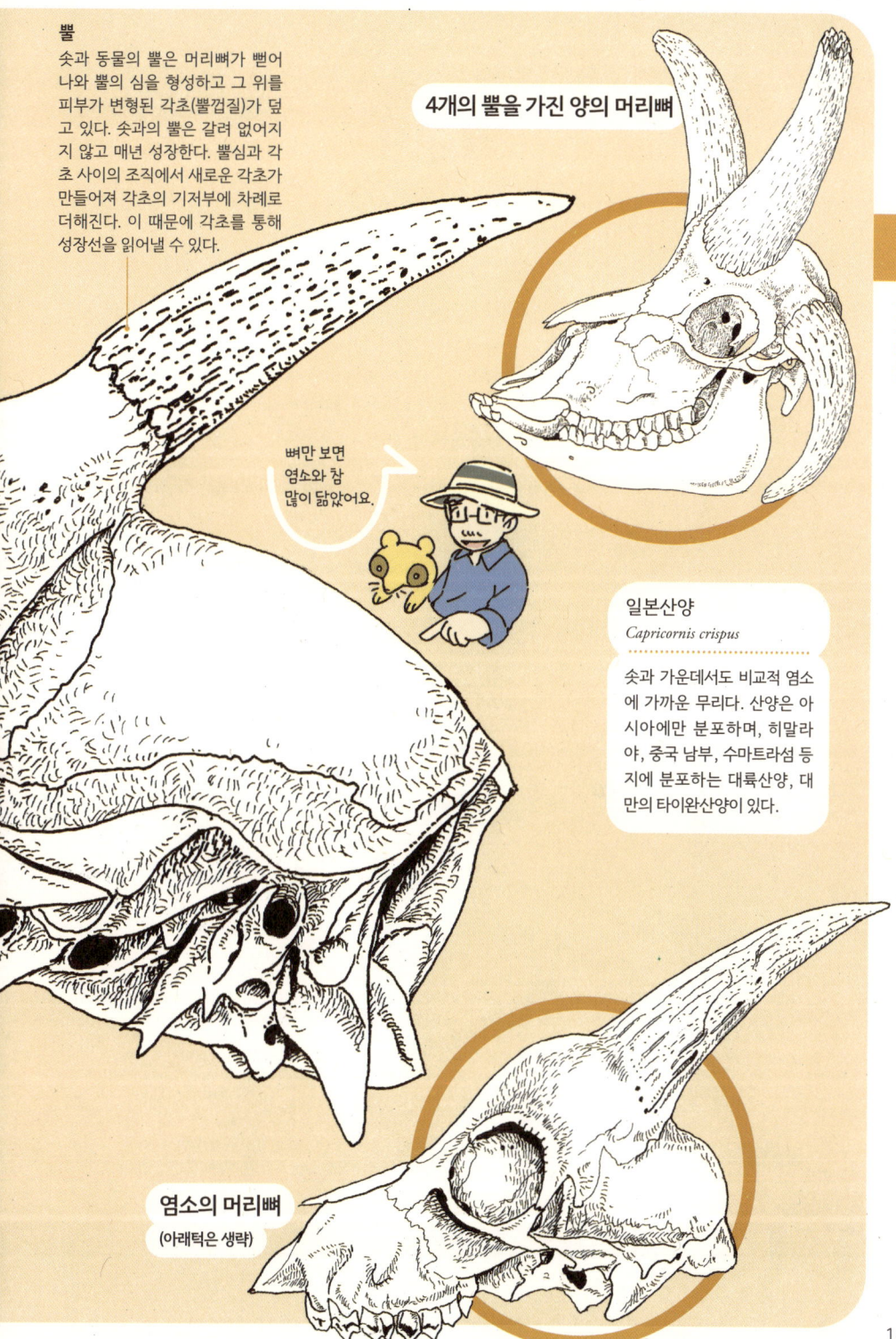

뿔

솟과 동물의 뿔은 머리뼈가 뻗어 나와 뿔의 심을 형성하고 그 위를 피부가 변형된 각초(뿔껍질)가 덮고 있다. 솟과의 뿔은 갈려 없어지지 않고 매년 성장한다. 뿔심과 각초 사이의 조직에서 새로운 각초가 만들어져 각초의 기저부에 차례로 더해진다. 이 때문에 각초를 통해 성장선을 읽어낼 수 있다.

4개의 뿔을 가진 양의 머리뼈

뼈만 보면 염소와 참 많이 닮았어요.

일본산양
Capricornis crispus

솟과 가운데서도 비교적 염소에 가까운 무리다. 산양은 아시아에만 분포하며, 히말라야, 중국 남부, 수마트라섬 등지에 분포하는 대륙산양, 대만의 타이완산양이 있다.

염소의 머리뼈
(아래턱은 생략)

포유류　뿔(우제목)

피부와 털로 덮인 뿔

기린

기린이라고 하면 무엇보다 길게 뻗은 다리와 목의 독특한 모습을 떠올린다. 기린의 다리는 중족부(사람으로 치면 손가락과 발가락의 뿌리에 해당하는 뼈)가 길게 발달해 있다. 또한 포유류의 목척추뼈(경추)는 일반적으로 7개로 이루어지는데, 기린도 예외는 아니며 단지 각 목척추뼈가 길어진 것이다. 즉, 뼈의 기본 구조를 바꾸지 않고도 높은 키를 만들어 낸 셈이다. 더불어 최근에는 기린의 첫 번째 등척추뼈(흉추)가 가동성을 지녀 마치 여덟 번째 목척추뼈처럼 기능한다는 사실도 밝혀졌다. 기린은 45cm에 달하는 긴 근육질의 혀를 가지고 있어 이를 능숙하게 움직여 나뭇잎을 뜯어 먹는다.

수컷과 암컷의 머리 무게가 다르다

뿔
소와 마찬가지로 머리뼈가 뻗어 형성된 것이지만, 어린 기린의 경우에는 뼈 돌기와 머리뼈가 아직 붙지 않아 골격 표본으로 만들면 뼈 돌기가 빠져버린다. 또 소의 뿔은 피부가 변형된 각초에 덮여 있는 반면, 기린의 뿔은 뼈로 덮여 있다.

머리뼈
(아래턱은 생략)

그림의 머리뼈는 동물원 자료실에서 빌려온 것이다. 직접 손으로 들어 보고는 머리뼈 곳곳에 구멍이 뚫릴 듯 얇은 부분이 많은 것에 놀랐다. 머리뼈를 최대한 가볍게 만들려는 정교한 구조로 여겨진다. 다만 이것은 암컷의 머리뼈로, 수컷 기린은 서로 싸우기 때문에 뼈가 두꺼워져, 암컷 머리뼈에 비해 세 배나 무겁다.

기린
Giraffa camelopardalis

가장 큰 개체는 수컷으로, 뿔 끝까지 5.88m에 달했다는 기록이 있다. 지금까지는 그물무늬기린, 마사이기린 등 여러 아종으로 나뉘어 왔지만, 이들을 몇 개의 독립된 종으로 구분하자는 견해도 제기되고 있다.

이빨
앞어금니는 어금니와 마찬가지로 식물을 갈아 으깨기에 알맞은 형태다. 또한 기린의 위턱에는 앞니도 송곳니도 없다.

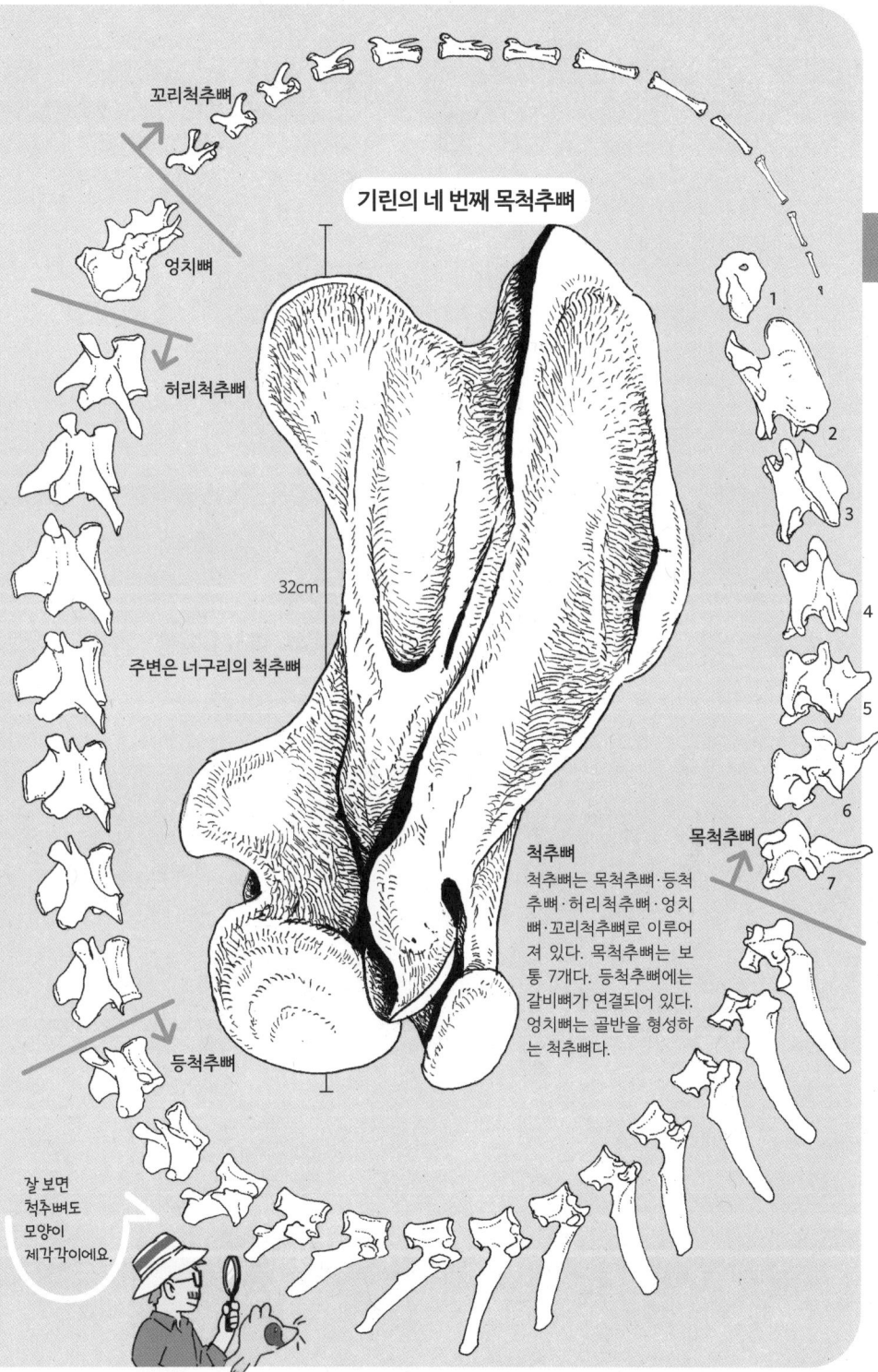

빠르게 달리기 위한 다리

말

말은 세 번째 발가락만 발달해 발끝은 발굽으로 덮여 있다. 빠르게 달리는 방향으로 진화한 동물일수록 다리의 발가락 수는 줄어든다. 말의 진화 역사를 거슬러 올라가 보자. 5,000만 년 전 말의 조상에 해당하는 히라코테리움(Hyracotherium)은 앞발에 4개, 뒷발에 3개의 발가락을 가지고 있었다. 그 후 3,600만 년 전 북미에 살았던 고대의 말 메소히푸스(Mesohippus)는 앞뒤 발 모두 3개의 발가락이 있었고, 그 후 현생 말의 조상에 가까운 고대 말인 푸리오히푸스(Pliohippus)가 되면서 1개의 발가락만 남게 되었다. 이후 말속(에쿠우스)이 북아메리카의 초원에 등장했고, 이후 유라시아와 아프리카로도 퍼져 나갔다.

앞 다리뼈

앞발허리뼈(중수골)

말은 세 번째 발가락으로만 달리기 때문에 그 발가락뼈와 앞발허리뼈이 튼튼하게 발달해 있다. 발가락이 하나로 줄어들면서 구조가 단순해지고, 다리 끝이 가벼워져 더욱 빠르고 민첩하게 움직일 수 있게 되었다. 끝마디뼈는 반달 모양이며, 그 바깥쪽이 발굽에 덮여 있다.

가운뎃발가락 끝으로만 달린다

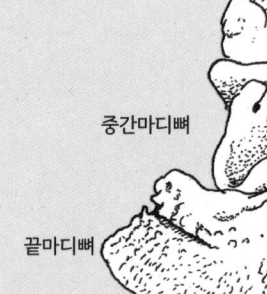

첫마디뼈

중간마디뼈

끝마디뼈

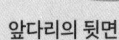

앞발허리뼈

끝마디뼈

앞다리의 뒷면
가운뎃발가락을 제외한 발가락은 퇴화했지만, 두 번째 발가락과 네 번째 발가락 뿌리 부분에 연결되어 있던 앞발허리뼈(화살표)만은 아직 완전히 사라지지 않고 남아 있다.

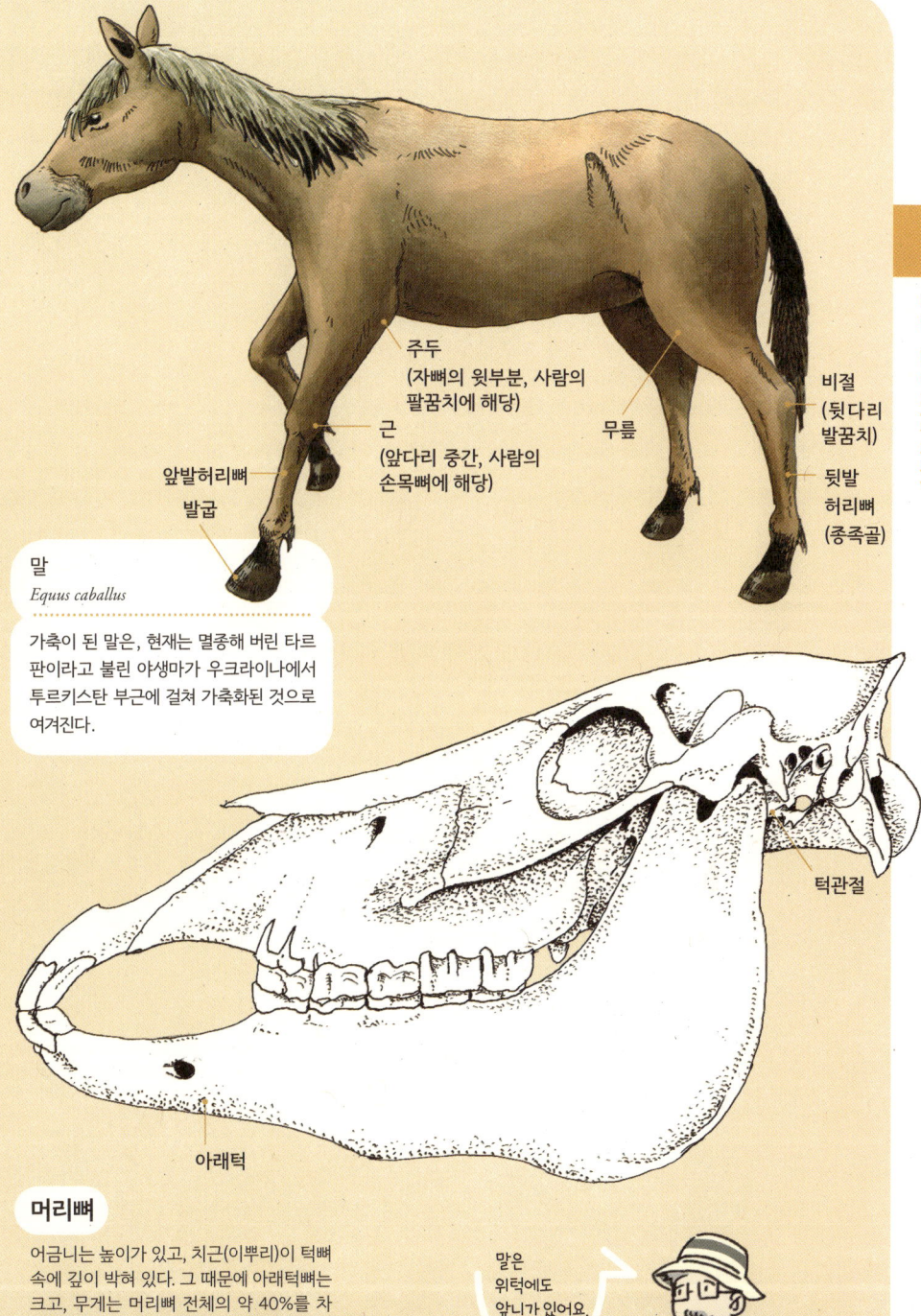

포유류 네발·달리기(우제목)

주두
(자뼈의 윗부분, 사람의 팔꿈치에 해당)

근
(앞다리 중간, 사람의 손목뼈에 해당)

무릎

비절
(뒷다리 발꿈치)

뒷발 허리뼈
(종족골)

앞발허리뼈
발굽

말
Equus caballus

가축이 된 말은, 현재는 멸종해 버린 타르판이라고 불린 야생마가 우크라이나에서 투르키스탄 부근에 걸쳐 가축화된 것으로 여겨진다.

턱관절

아래턱

머리뼈

어금니는 높이가 있고, 치근(이뿌리)이 턱뼈 속에 깊이 박혀 있다. 그 때문에 아래턱뼈는 크고, 무게는 머리뼈 전체의 약 40%를 차지한다. 참고로 사람의 경우, 아래턱뼈의 무게는 머리뼈 전체의 약 11~13% 정도다.

말은 위턱에도 앞니가 있어요.

151

손가락 수가 짝수
우제류

수업에서 "돼지의 발가락이 몇 개일까?"라고 물어보면, 많은 학생이 "3개"라고 대답한다. 그러나 실제로 돼지의 발가락은 4개이며, 사람 손으로 치면 엄지가 퇴화해 사라진 상태다. 손바닥을 책상에 대고 손가락 끝만 닿게 천천히 세워 보면, 엄지가 공중에 뜨는 것을 확인할 수 있을 것이다. 이렇게 발끝으로만 딛고 달리는 동물을 '지행성(指行性)'이라고 하며, 이때는 대개 엄지가 퇴화한다. 지행성 동물은 발끝으로 땅을 디디기 때문에 달리기에 알맞은 형태다. 돼지도 마찬가지로 4개의 발가락에 발굽이 있으나, 그중 가운데 두 발가락만 땅에 닿도록 발달해 있다. 이렇게 2개 또는 4개의 발가락이 발굽으로 덮여 있는 동물을 '우제류(偶蹄類)'라고 부른다.

돼지 뒷발의 뼈

앞발의 발가락이 붙은 뿌리에 있는 앞발허리뼈와 뒷발의 발가락이 붙는 뿌리에 있는 뒷발허리뼈(화살표)는 독립된 뼈다.

앞발허리뼈(중수골)와 뒷발허리뼈(중족골)는 각각 2개가 서로 붙어서 하나의 뼈가 되었다.

돼지의 발가락은 4개

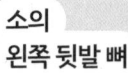
소의 왼쪽 뒷발 뼈

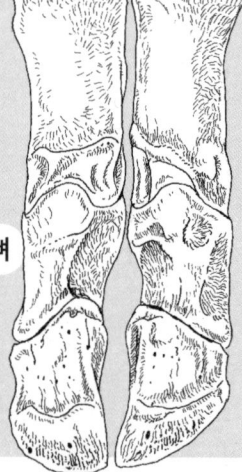

몽골에서 주사위가 된 뼈 '목말뼈'

달리기에 특화된 우제류의 뒷다리 발목에는 '목말뼈'라는 뼈가 있다. 이들은 캥거루처럼 앞뒤로 점프하는 것이 아니라 발을 앞뒤로 내딛는 방식으로 움직인다. 그래서 발목의 목말뼈는 위아래로 미끄러지듯 움직일 수 있는 구조로 되어 있다. 우제류는 현재 고래류까지 포함한 '경우제류'라는 그룹에 속한다. 실제로 고래의 조상으로 여겨지는 동물의 화석에서도 발목뼈인 목말뼈가 발견되었는데, 이것이 고래와 우제류를 같은 그룹으로 묶는 중요한 근거가 되었다.

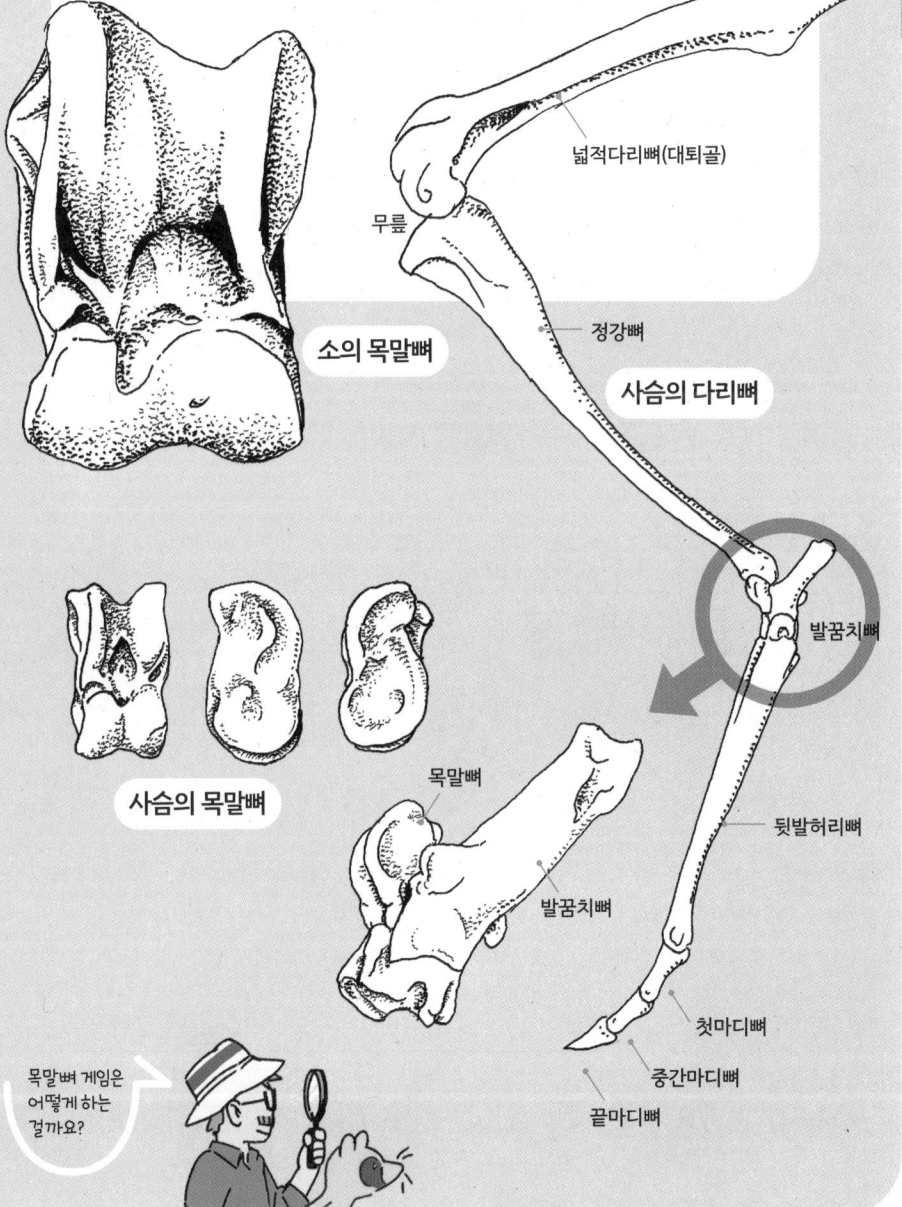

포유류 네발 · 달리기(우제목)

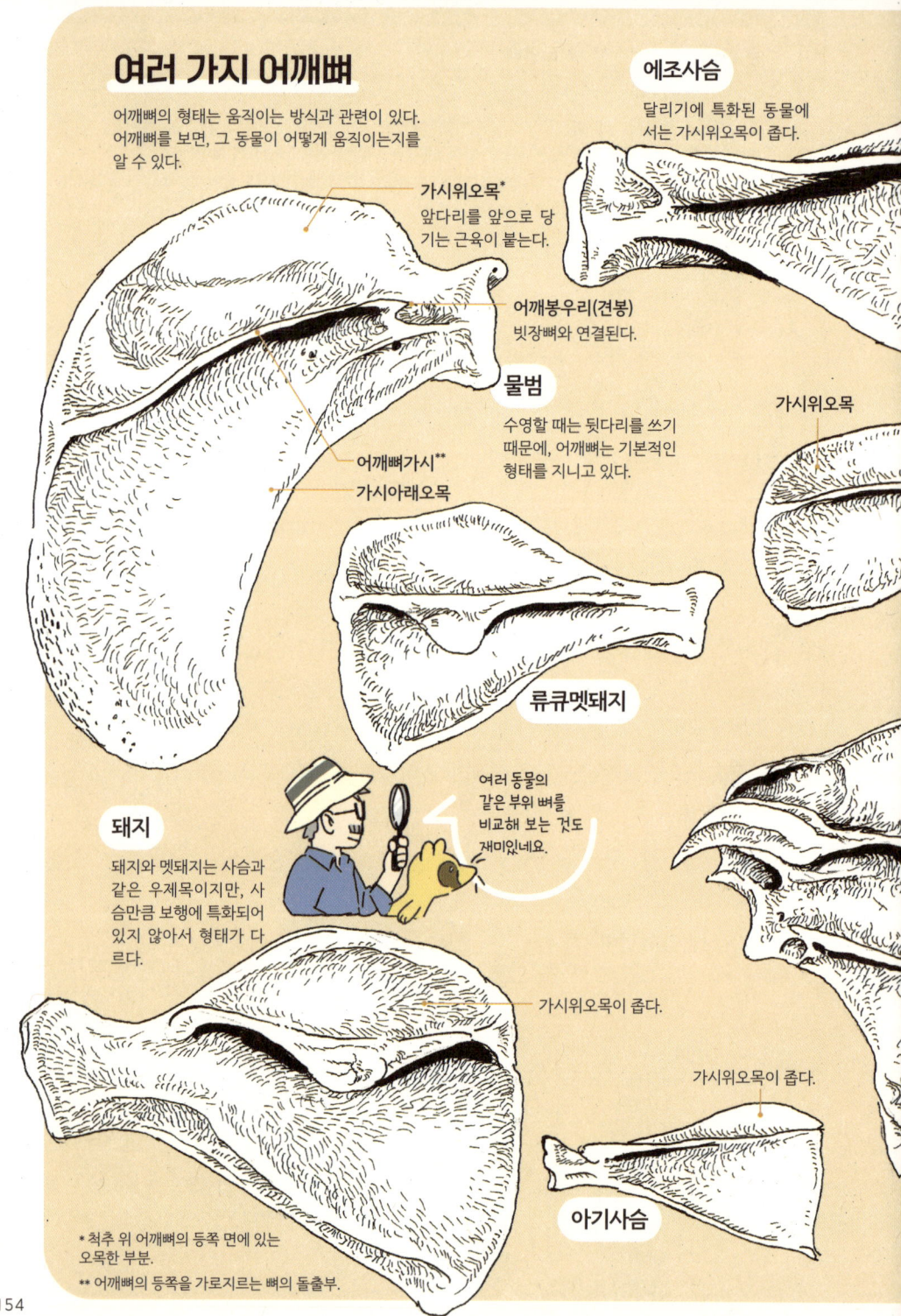

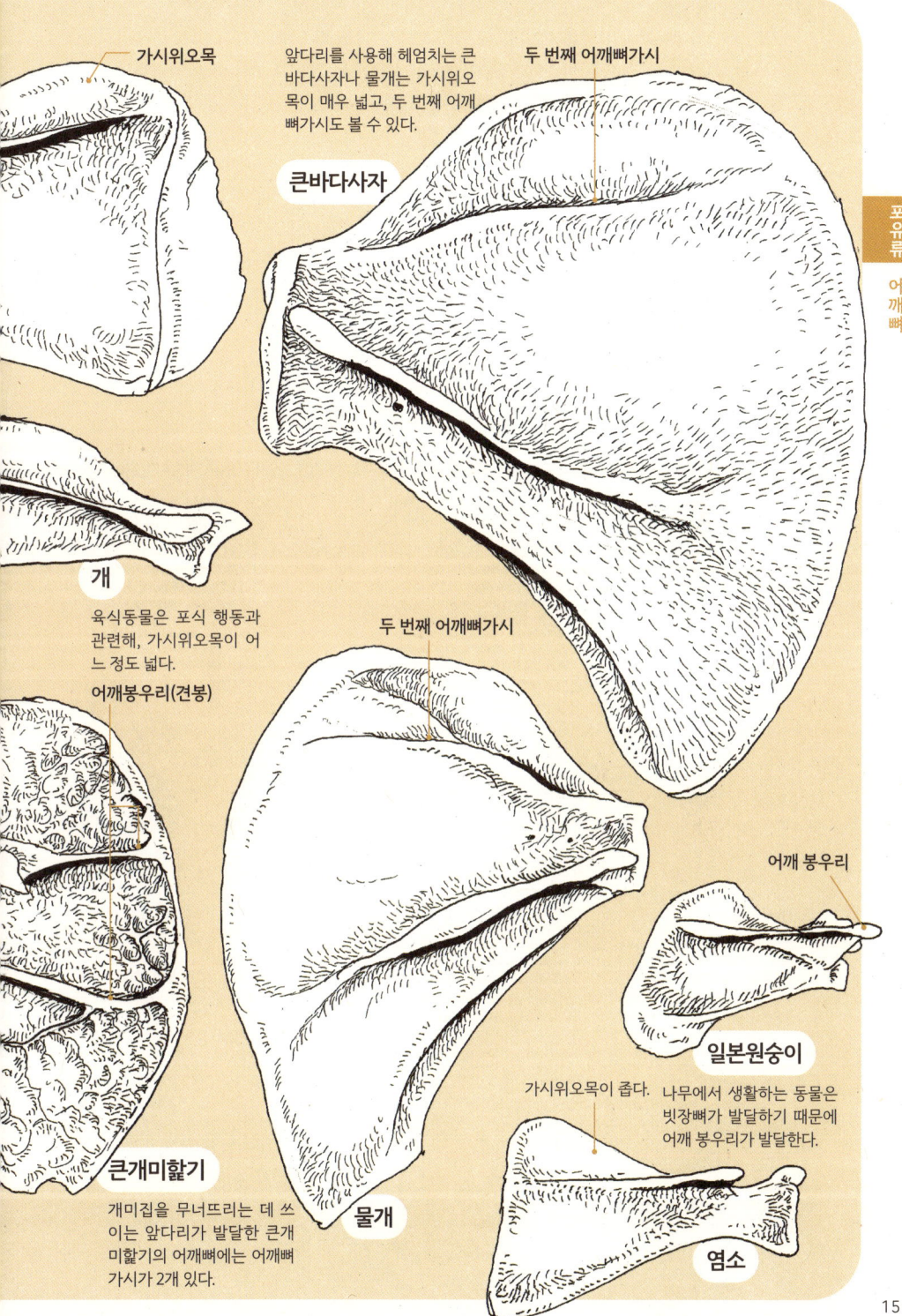

주머니를 지탱하는 뼈

캥거루

호주와 뉴기니에는 유대류(有袋類)에 속하는 캥거루 무리가 산다. 이 가운데 몸집이 작은 것은 관습적으로 '왈라비'라고 부르지만, 이는 생물학적인 분류는 아니다. 캥거루의 특징 가운데 하나는 발달한 뒷다리로 '호핑(Hopping)', 즉 도약으로 이동한다는 점이다. 또 다른 유대류와 마찬가지로 배에는 육아낭(주머니)이 있으며, 종에 따라 0.3~1g 정도밖에 안 되는 아주 작은 새끼가 태어나 주머니 안 젖꼭지에 달라붙어 젖을 빨면서 자란다.

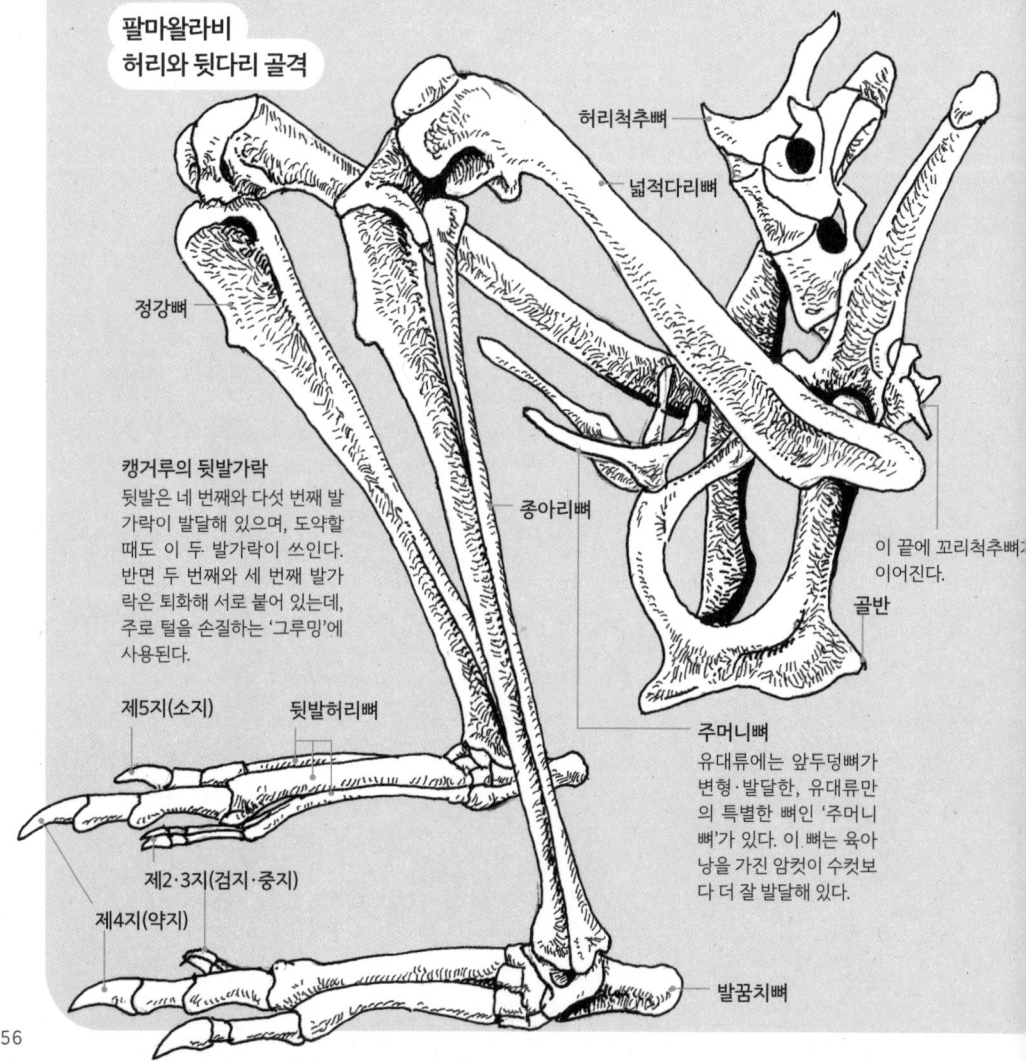

팔마왈라비 허리와 뒷다리 골격

- 허리척추뼈
- 넓적다리뼈
- 정강뼈
- 종아리뼈
- 이 끝에 꼬리척추뼈 이어진다.
- 골반
- 주머니뼈

캥거루의 뒷발가락
뒷발은 네 번째와 다섯 번째 발가락이 발달해 있으며, 도약할 때도 이 두 발가락이 쓰인다. 반면 두 번째와 세 번째 발가락은 퇴화해 서로 붙어 있는데, 주로 털을 손질하는 '그루밍'에 사용된다.

주머니뼈
유대류에는 앞두덩뼈가 변형·발달한, 유대류만의 특별한 뼈인 '주머니뼈'가 있다. 이 뼈는 육아낭을 가진 암컷이 수컷보다 더 잘 발달해 있다.

- 제5지(소지)
- 뒷발허리뼈
- 제2·3지(검지·중지)
- 제4지(약지)
- 발꿈치뼈

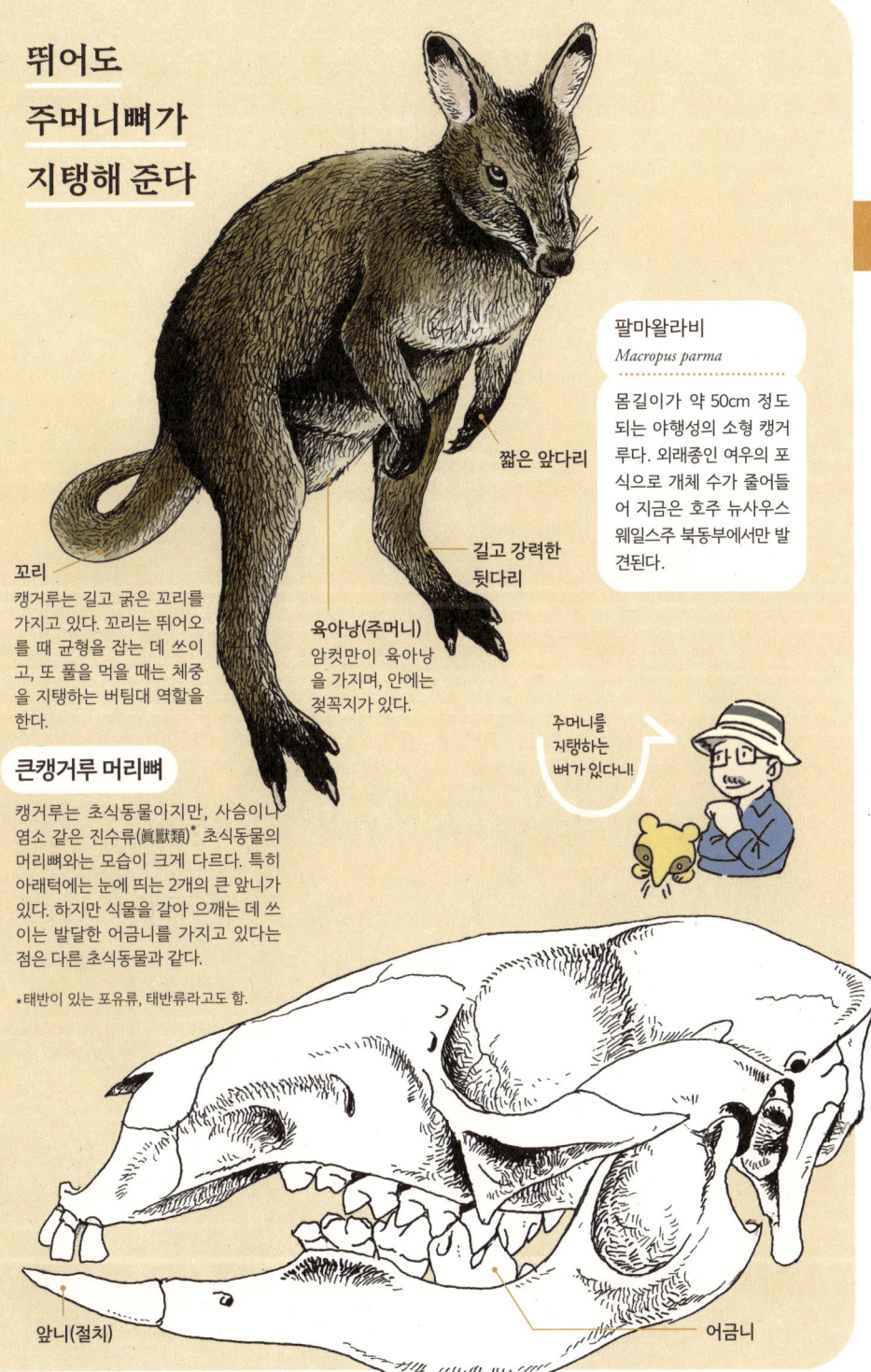

땅 파기의 달인
두더지

두더지는 땅속 생활에 적응한 포유류다. 유럽의 한 연구에 따르면, 두더지 한 마리는 약 50m×30cm 정도의 타원형 범위 안에 굴을 파고 살아간다고 한다. 두더지는 이 굴 길 속을 이리저리 다니며, 때로는 굴에 떨어지거나 굴 벽에서 기어나온 지렁이나 곤충을 잡아먹는 것으로 여겨진다. 두더지의 몸은 이런 굴 생활에 알맞게 발달했다. 예를 들어 좁은 굴 안에서도 몸을 구부려 방향을 바꾸기 쉽도록 골반이 매우 가늘다.

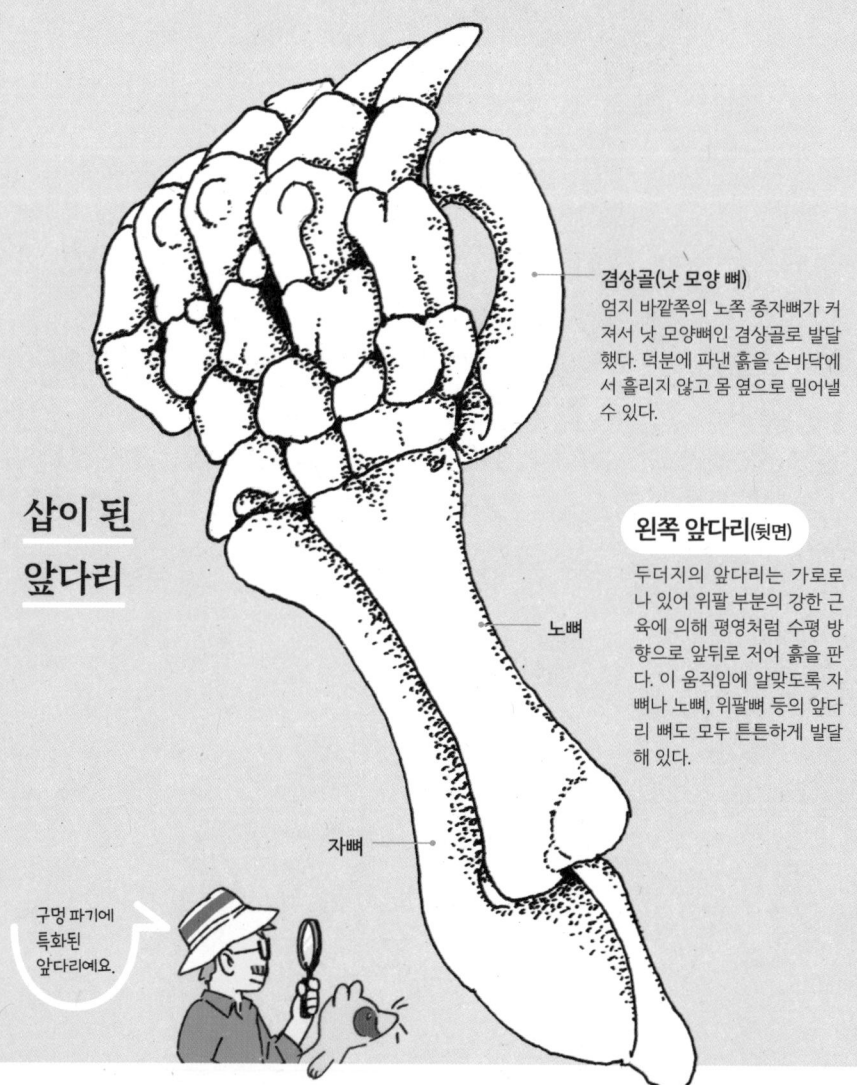

삽이 된 앞다리

겸상골(낫 모양 뼈)
엄지 바깥쪽의 노쪽 종자뼈가 커져서 낫 모양뼈인 겸상골로 발달했다. 덕분에 파낸 흙을 손바닥에서 흘리지 않고 몸 옆으로 밀어낼 수 있다.

왼쪽 앞다리(뒷면)
두더지의 앞다리는 가로로 나 있어 위팔 부분의 강한 근육에 의해 평영처럼 수평 방향으로 앞뒤로 저어 흙을 판다. 이 움직임에 알맞도록 자뼈나 노뼈, 위팔뼈 등의 앞다리 뼈도 모두 튼튼하게 발달해 있다.

노뼈

자뼈

구멍 파기에 특화된 앞다리예요.

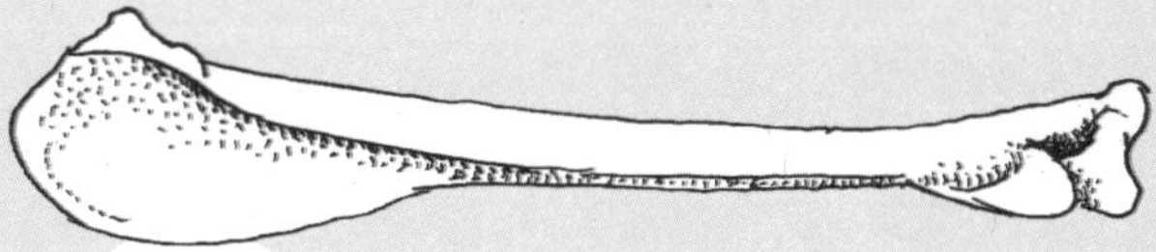

어깨뼈

가늘고 긴 어깨뼈는 앞다리를 움직이는 근육의 기점을 멀리 배치할 수 있게 해, 근육이 더 강하게 수축하도록 돕는다. 그 결과 강한 힘을 낼 수 있다.

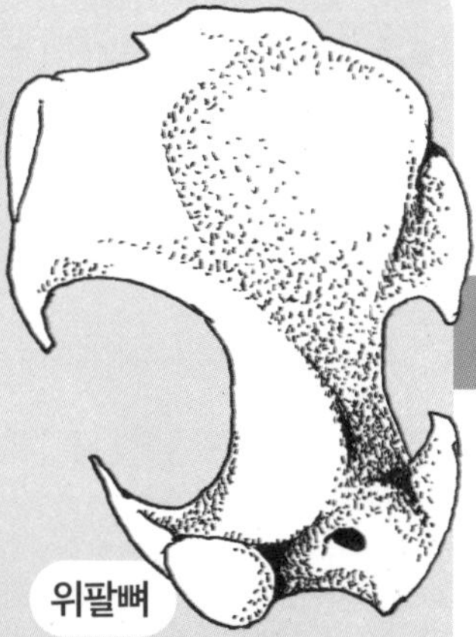

날카로운 이빨이 늘어서 있다.

아래턱

위팔뼈

짧고 굵으며 근육이 붙은 돌기가 크게 발달해 있어 일반적인 위팔뼈라고는 보기 어려운 형태다.

작은일본두더지
Mogera imaizumii

혼슈 중부 이북을 중심으로 분포한다. 혼슈 중부 이남에서 보이는 큰두더지보다 다소 작다.

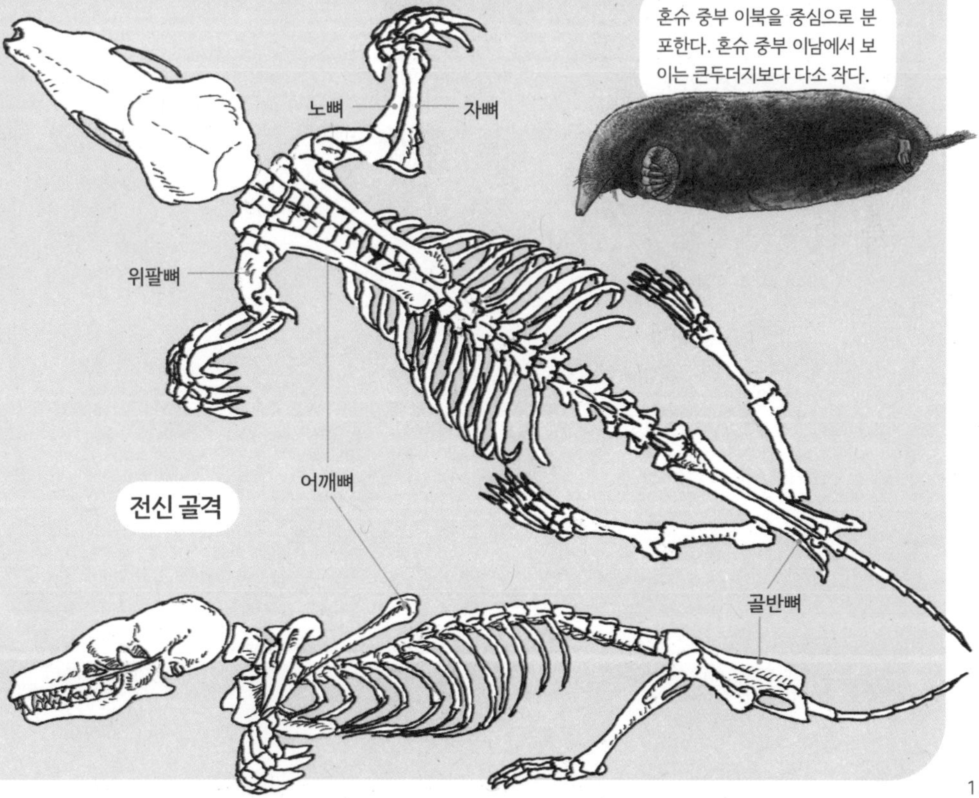

노뼈　자뼈

위팔뼈

전신 골격

어깨뼈

골반뼈

매달려 살아간다
나무늘보

나무늘보는 세발가락나무늘보 4종과 린네두발가락나무늘보 1종이 알려져 있다. 하지만 인류가 아메리카 대륙에 도착하기 전에는 많은 지상성 나무늘보 무리가 존재했다. 그중에는 체중이 약 4,000kg에 달하는 거대한 메가테리움도 있었다. 최근 유전자 연구에 따르면, 세발가락나무늘보와 린네두발가락나무늘보는 한 조상에서 갈라져 나온 것이 아니라, 각각 멸종한 지상성 나무늘보 무리와 더 가까운 관계에 있다는 사실이 밝혀졌다. 이처럼 서로 닮은 모습은, 서로 다른 조상이 수목 생활에 적응하면서 생긴 결과로 볼 수 있다.

세발가락나무늘보 머리뼈
턱에는 기둥처럼 단순한 형태의 이빨이 줄지어 나 있다.

끝마디뼈

중간마디뼈

노뼈

손뼈
세발가락나무늘보의 앞다리에는 3개의 발가락이 있다. 끝마디뼈가 발달해 있어 근육을 거의 쓰지 않고도 나뭇가지에 매달릴 수 있다. 또한 그림에 나온 개체에서는 앞발허리뼈가 붙어 있다.

자뼈

위팔뼈

어깨뼈

긴 앞다리는
옷걸이와 비슷

목척추뼈(경추)
나무늘보는 가능한 한 에너지를 적게 쓰며 살아간다. 보통 포유류의 목척추뼈는 7개지만, 나무늘보는 9개를 가지고 있어 목을 길게 뻗지 않고도 넓은 범위를 바라볼 수 있다.

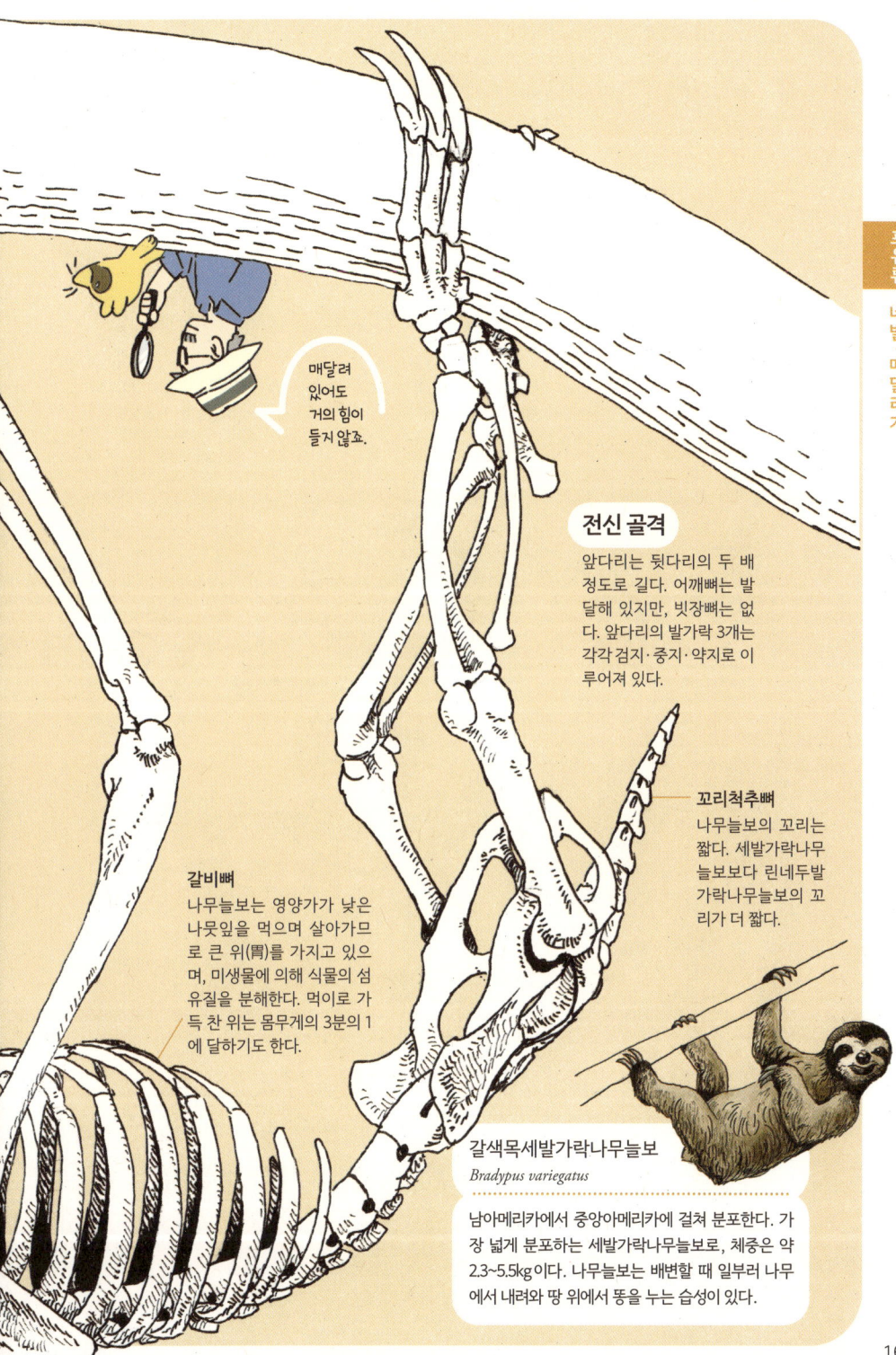

매달려 있어도 거의 힘이 들지 않죠.

전신 골격
앞다리는 뒷다리의 두 배 정도로 길다. 어깨뼈는 발달해 있지만, 빗장뼈는 없다. 앞다리의 발가락 3개는 각각 검지·중지·약지로 이루어져 있다.

꼬리척추뼈
나무늘보의 꼬리는 짧다. 세발가락나무늘보보다 린네두발가락나무늘보의 꼬리가 더 짧다.

갈비뼈
나무늘보는 영양가가 낮은 나뭇잎을 먹으며 살아가므로 큰 위(胃)를 가지고 있으며, 미생물에 의해 식물의 섬유질을 분해한다. 먹이로 가득 찬 위는 몸무게의 3분의 1에 달하기도 한다.

갈색목세발가락나무늘보
Bradypus variegatus

남아메리카에서 중앙아메리카에 걸쳐 분포한다. 가장 넓게 분포하는 세발가락나무늘보로, 체중은 약 2.3~5.5kg이다. 나무늘보는 배변할 때 일부러 나무에서 내려와 땅 위에서 똥을 누는 습성이 있다.

활강하는 포유류
날다람쥐

날다람쥐는 동남아시아 열대 지역에서 여러 종이 살고 있다고 알려져 있다. 지역에 따라 차이는 있지만 산기슭에서도 흔히 볼 수 있는 포유류다. 날다람쥐는 큰 나무 구멍에 둥지를 틀고 낮 동안은 그 안에서 쉰다. 그래서 잡목림에 접한 큰 나무가 있는 사찰 등에서도 자주 발견된다. 때때로 사람이 사는 가옥의 천장 속에 숨어들기도 한다. 날다람쥐가 둥지를 튼 큰 나무 아래에는 한방 환약만 한 크기의 배설물이 떨어져 있어 그것으로도 둥지의 위치를 알 수 있다.

머리뼈

날다람쥐는 설치류에 속하는 다람쥐의 한 종류다. 발달한 앞니와, 앞니와 어금니 사이에 이가 없는 점은 다른 설치류와 공통된 특징이다.

앞니

날다람쥐의 앞니는 매우 날카롭다. 앞니는 상아질과 시멘트질로 이루어져 있고, 앞쪽 면만 사기질로 덮여 있기 때문이다. 경도가 낮은 상아질과 시멘트질은 먼저 닳아 없어지고, 앞쪽의 사기질이 남기 때문에 앞니의 교합 면이 끊임없이 날카롭게 유지된다. 또한 날다람쥐의 사기질에는 철분이 풍부하여 붉은색을 띤다.

마치 하늘을 나는 방석 같다!

날다람쥐
Petaurista leucogenys

혼슈에서 규슈에 걸쳐 분포하는 일본 고유종. 나무 구멍에 둥지를 만들고, 밤에 나무 사이를 활강하며 이동한다. 다양한 나뭇잎, 꽃, 열매, 겨울눈 등을 먹는다.

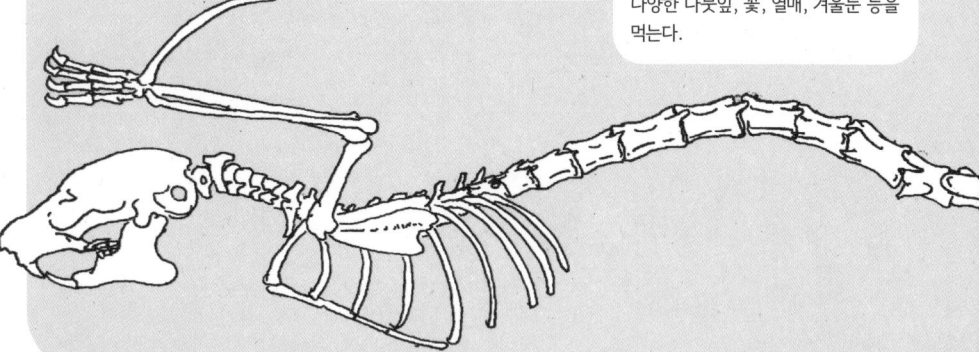

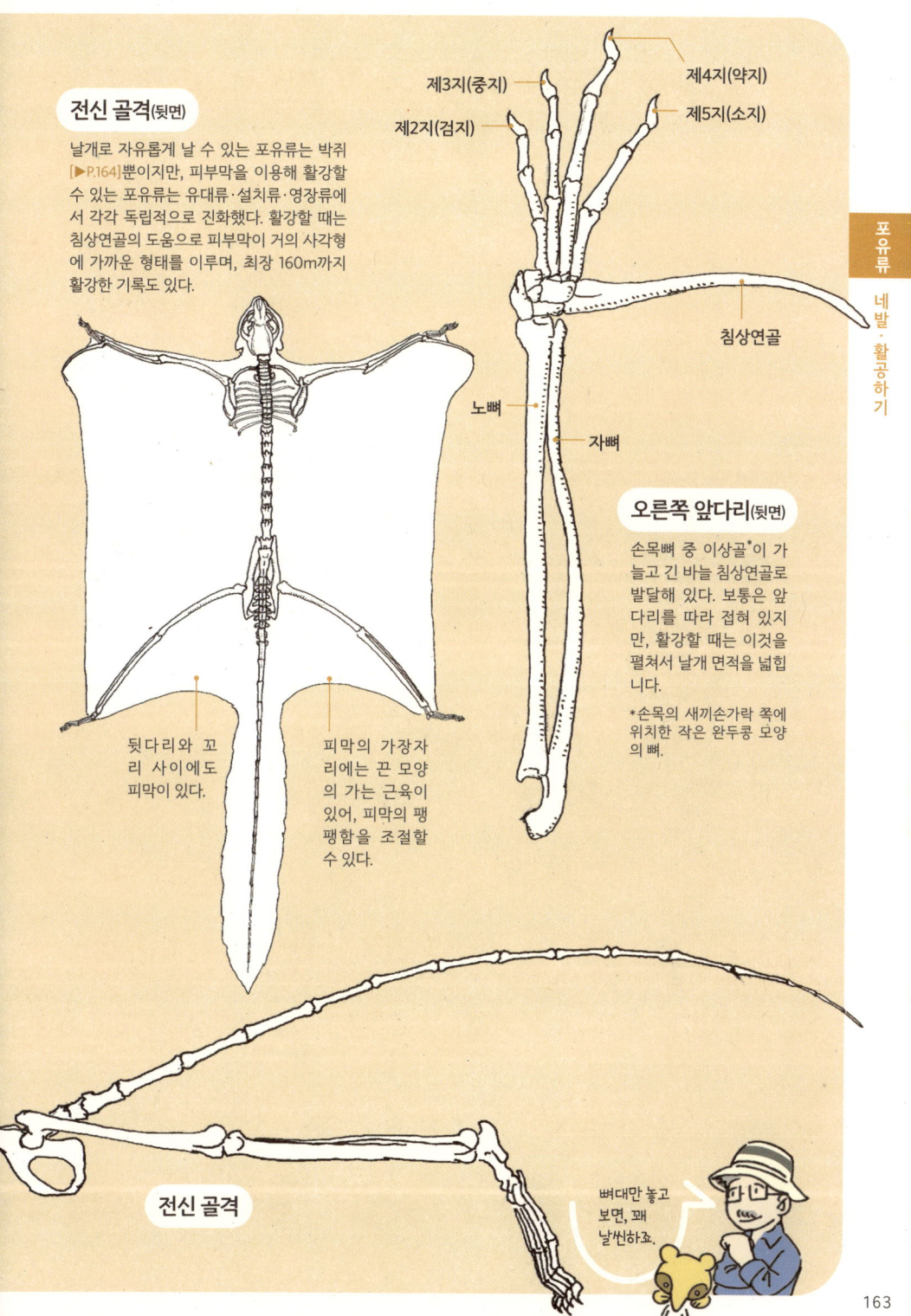

전신 골격 (뒷면)

날개로 자유롭게 날 수 있는 포유류는 박쥐 [▶P.164]뿐이지만, 피부막을 이용해 활강할 수 있는 포유류는 유대류·설치류·영장류에서 각각 독립적으로 진화했다. 활강할 때는 침상연골의 도움으로 피부막이 거의 사각형에 가까운 형태를 이루며, 최장 160m까지 활강한 기록도 있다.

제3지(중지)
제4지(약지)
제2지(검지)
제5지(소지)

침상연골

노뼈

자뼈

오른쪽 앞다리 (뒷면)

손목뼈 중 이상골*이 가늘고 긴 바늘 침상연골로 발달해 있다. 보통은 앞다리를 따라 접혀 있지만, 활강할 때는 이것을 펼쳐서 날개 면적을 넓힙니다.

*손목의 새끼손가락 쪽에 위치한 작은 완두콩 모양의 뼈.

뒷다리와 꼬리 사이에도 피막이 있다.

피막의 가장자리에는 끈 모양의 가는 근육이 있어, 피막의 팽팽함을 조절할 수 있다.

전신 골격

뼈대만 놓고 보면, 꽤 날씬하죠.

포유류 · 네발 · 활공하기

새에 견줄 만한 비행 능력

박쥐

포유류 약 5,400종 가운데 2,200종 이상이 설치류이며, 그다음으로 많은 그룹이 박쥐로 1,120종 이상이 알려져 있다. 박쥐의 진화는 아직 명확히 밝혀지지 않았지만, 유전자 연구에 따르면 박쥐는 우제목·기제목·식육목과 함께 '로라시아상목(Laurasiatheria)'에 속한다는 사실이 드러났다. 박쥐의 기본적인 형태는 약 5,600만 년 전에 이미 확립된 것으로 여겨진다. 박쥐는 종뿐만 아니라 생태도 매우 다채롭다. 예를 들어, 작은 박쥐류의 대부분은 곤충을 먹는 반면, 큰 박쥐류는 과일을 먹는다.

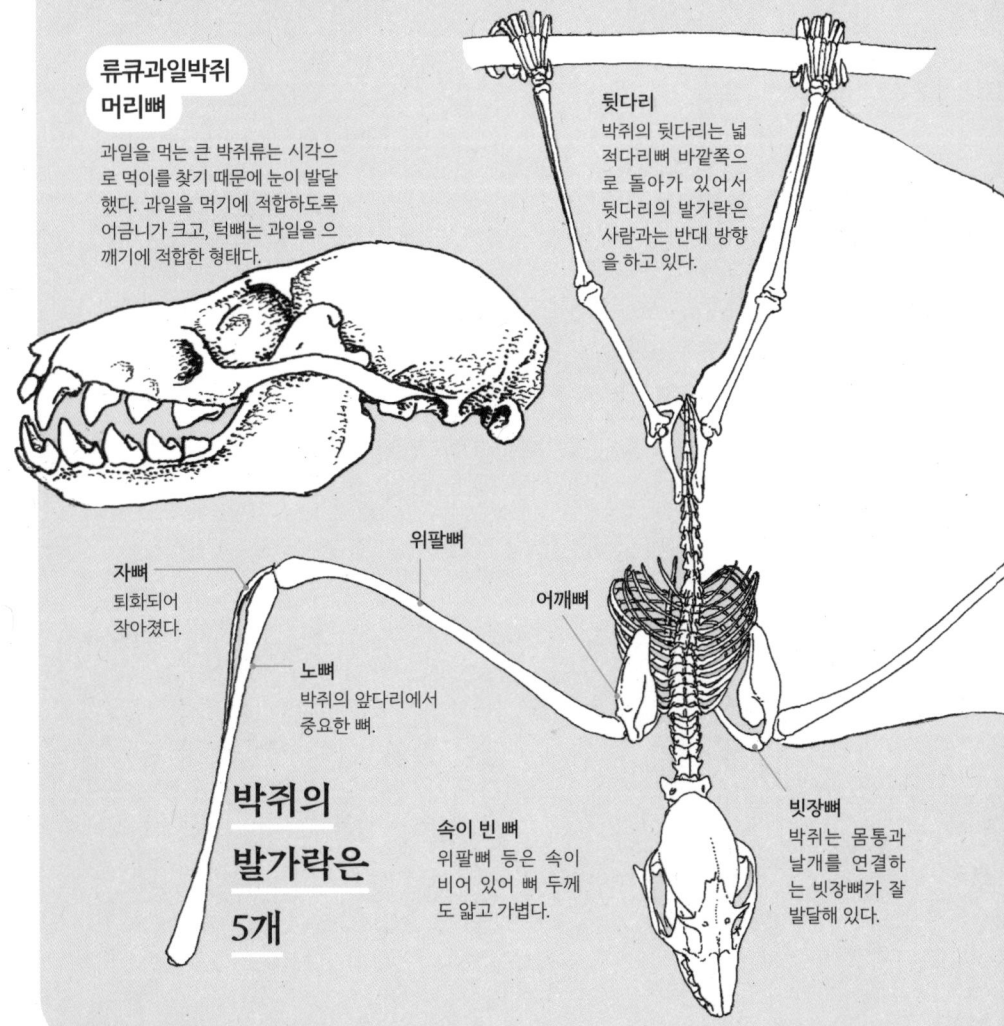

류큐과일박쥐 머리뼈
과일을 먹는 큰 박쥐류는 시각으로 먹이를 찾기 때문에 눈이 발달했다. 과일을 먹기에 적합하도록 어금니가 크고, 턱뼈는 과일을 으깨기에 적합한 형태다.

뒷다리
박쥐의 뒷다리는 넓적다리뼈 바깥쪽으로 돌아가 있어서 뒷다리의 발가락은 사람과는 반대 방향을 하고 있다.

위팔뼈

자뼈
퇴화되어 작아졌다.

노뼈
박쥐의 앞다리에서 중요한 뼈.

어깨뼈

박쥐의 발가락은 5개

속이 빈 뼈
위팔뼈 등은 속이 비어 있어 뼈 두께도 얇고 가볍다.

빗장뼈
박쥐는 몸통과 날개를 연결하는 빗장뼈가 잘 발달해 있다.

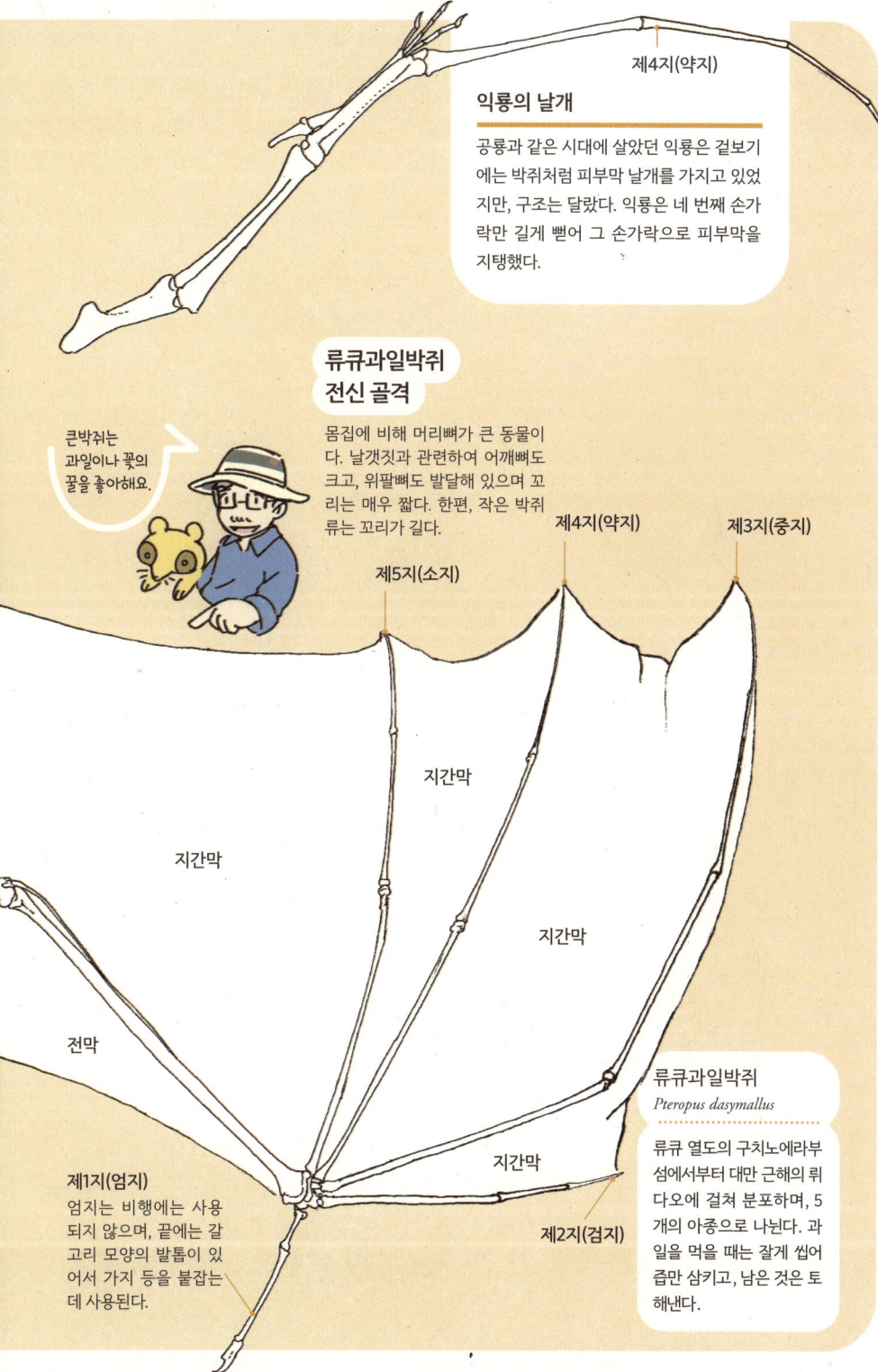

바다에 적응한 육식류

물범

물범류(19종)·바다코끼리류(1종)·바다사자류(15종)를 합쳐서 기각류(鰭脚類)라고 한다. 기각류는 네 발이 지느러미처럼 변형되어 수중 생활이 가능한 육식류에 속하는 포유류로, 조상을 거슬러 올라가면 족제비류와 가장 가까운 친척이다. 같은 기각류라도 수영할 때 바다사자류는 앞다리를 사용하는 반면, 물범류는 뒷다리를 사용한다는 차이가 있다. 물범의 뒷다리 끝은 몸 뒤쪽으로 뻗어 있어 걷기에는 알맞지 않다. 그래서 육지에서는 온몸을 쓰며 기어가듯 이동한다.

물범 머리뼈
(아래턱은 생략)

물범은 어식성이다. 물고기는 통째로 삼키거나 잘라내기만 하면 되기 때문에 물범의 이빨은 육상성 육식류와 비교하면 훨씬 형태가 단순하다.

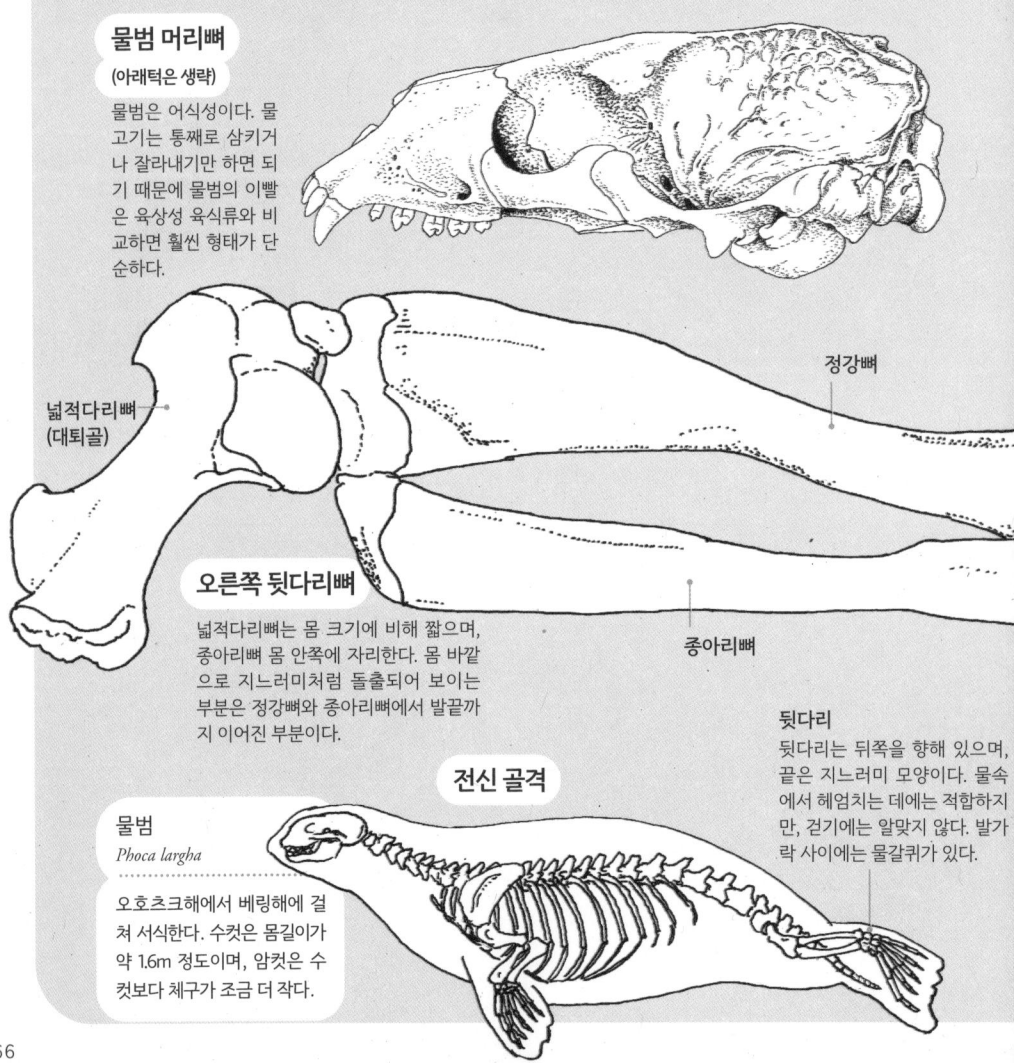

넓적다리뼈
(대퇴골)

정강뼈

오른쪽 뒷다리뼈

넓적다리뼈는 몸 크기에 비해 짧으며, 종아리뼈 몸 안쪽에 자리한다. 몸 바깥으로 지느러미처럼 돌출되어 보이는 부분은 정강뼈와 종아리뼈에서 발끝까지 이어진 부분이다.

종아리뼈

뒷다리
뒷다리는 뒤쪽을 향해 있으며, 끝은 지느러미 모양이다. 물속에서 헤엄치는 데에는 적합하지만, 걷기에는 알맞지 않다. 발가락 사이에는 물갈퀴가 있다.

전신 골격

물범
Phoca largha

오호츠크해에서 베링해에 걸쳐 서식한다. 수컷은 몸길이가 약 1.6m 정도이며, 암컷은 수컷보다 체구가 조금 더 작다.

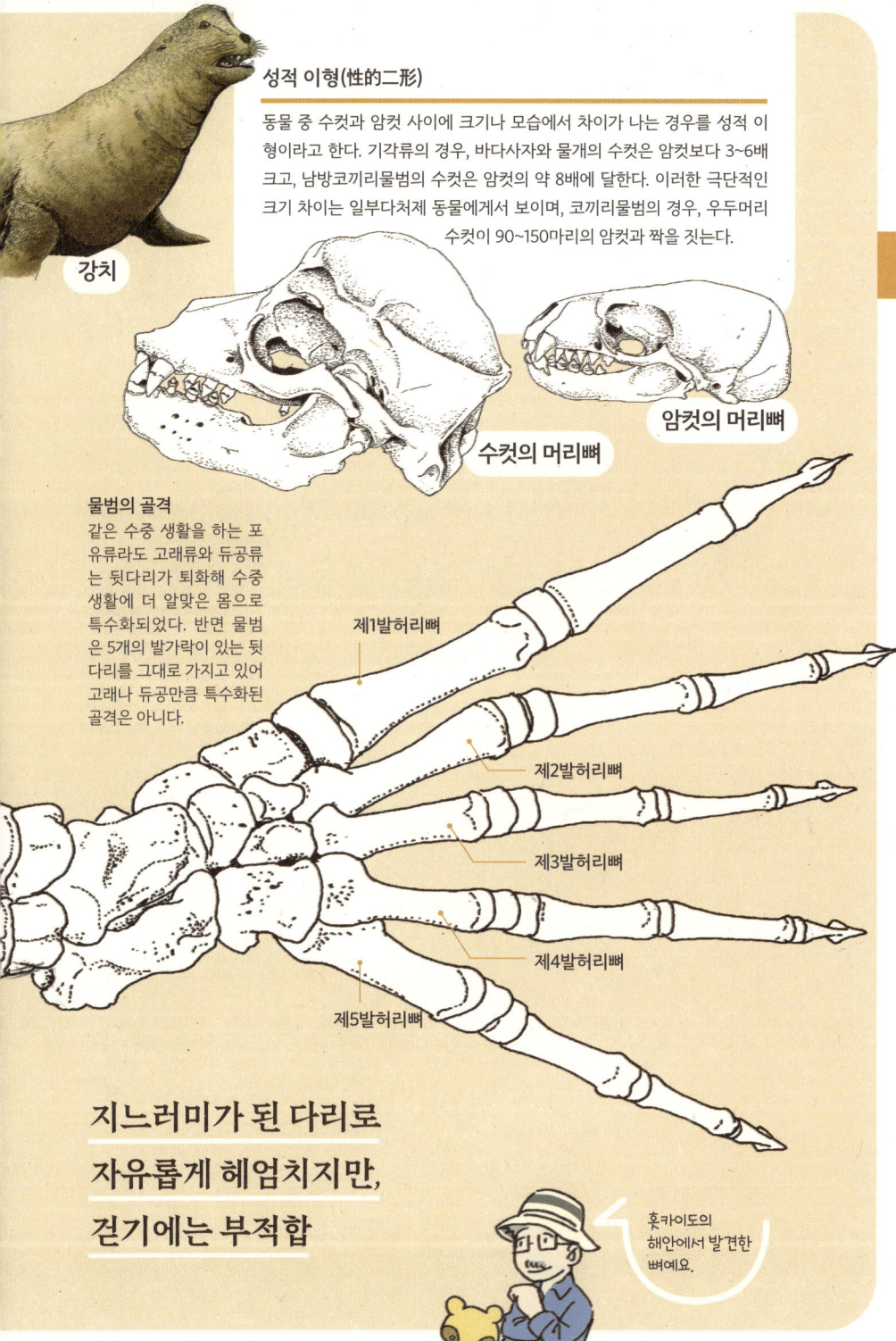

성적 이형(性的二形)

동물 중 수컷과 암컷 사이에 크기나 모습에서 차이가 나는 경우를 성적 이형이라고 한다. 기각류의 경우, 바다사자와 물개의 수컷은 암컷보다 3~6배 크고, 남방코끼리물범의 수컷은 암컷의 약 8배에 달한다. 이러한 극단적인 크기 차이는 일부다처제 동물에게서 보이며, 코끼리물범의 경우, 우두머리 수컷이 90~150마리의 암컷과 짝을 짓는다.

강치

수컷의 머리뼈

암컷의 머리뼈

물범의 골격

같은 수중 생활을 하는 포유류라도 고래류와 듀공류는 뒷다리가 퇴화해 수중 생활에 더 알맞은 몸으로 특수화되었다. 반면 물범은 5개의 발가락이 있는 뒷다리를 그대로 가지고 있어 고래나 듀공만큼 특수화된 골격은 아니다.

제1발허리뼈
제2발허리뼈
제3발허리뼈
제4발허리뼈
제5발허리뼈

지느러미가 된 다리로 자유롭게 헤엄치지만, 걷기에는 부적합

훗카이도의 해안에서 발견한 뼈예요.

포유류 네발·헤엄치기

육상 생활의 흔적을 가진 뼈

고래

기각류는 바다에서 먹이를 잡지만, 쉴 때나 새끼를 기를 때는 육지로 올라온다. 반면 고래류는 전혀 육지에 오르지 않고 일생을 바다에서 보내는 포유류다. 138쪽에서 소개한 것처럼 고래는 원래 우제류(발굽이 짝수로 난 동물)와 공통 조상에서 진화했지만, 바닷속 생활에 완전히 적응하면서 지금의 모습만으로는 한때 육상에서 살던 흔적을 떠올리기 어렵게 되었다. 그럼에도 앞다리뼈나 턱뼈에는 여전히 육상 생활의 흔적이 남아 있다.

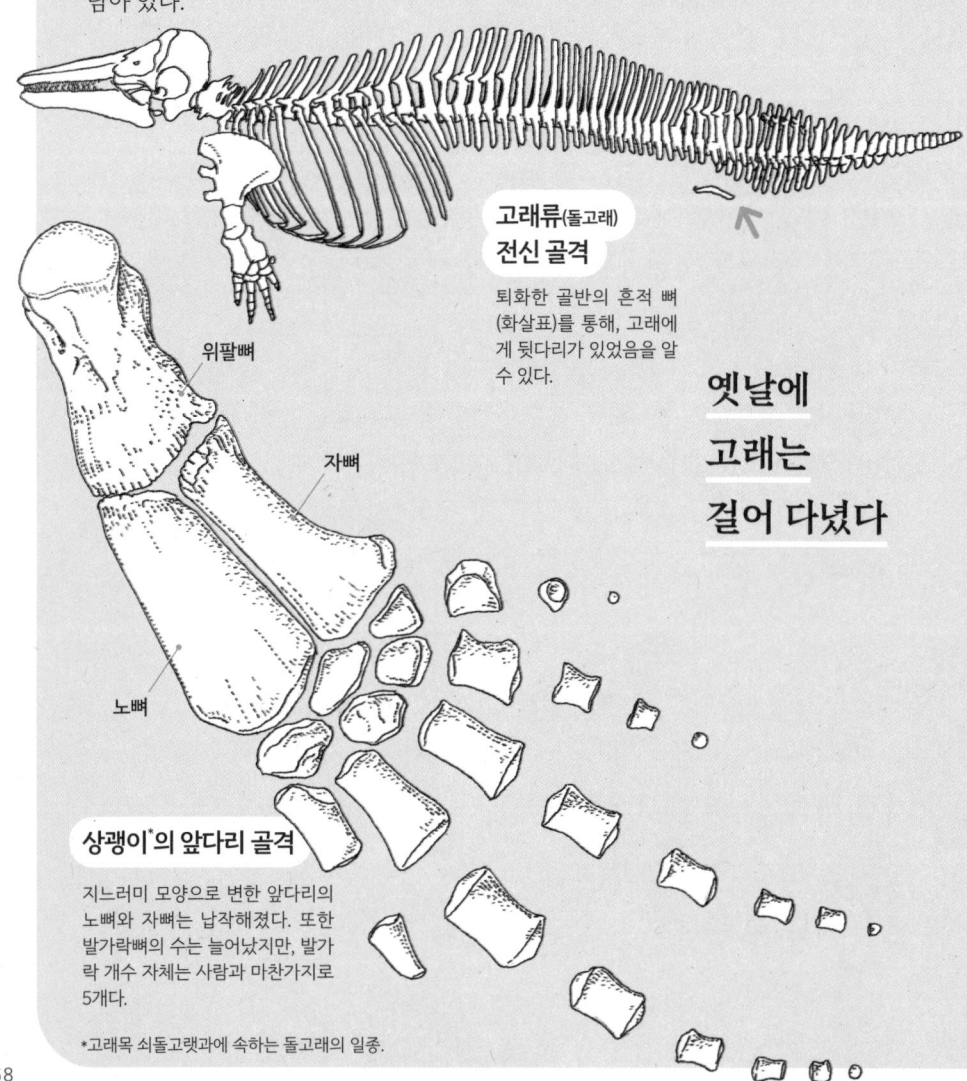

고래류(돌고래) 전신 골격

퇴화한 골반의 흔적 뼈(화살표)를 통해, 고래에게 뒷다리가 있었음을 알 수 있다.

옛날에 고래는 걸어 다녔다

상괭이*의 앞다리 골격

지느러미 모양으로 변한 앞다리의 노뼈와 자뼈는 납작해졌다. 또한 발가락뼈의 수는 늘어났지만, 발가락 개수 자체는 사람과 마찬가지로 5개다.

*고래목 쇠돌고랫과에 속하는 돌고래의 일종.

고래의 목은 잘 움직이지 않는다

포유류는 기본적으로 일곱 개의 목척추뼈를 가지고 있으며, 그 관절 덕분에 목을 앞뒤 좌우로 움직일 수 있다. 그러나 수중 생활에 적응한 고래는 물의 저항을 줄이기 위해 물고기와 비슷한 체형으로 진화하면서 겉보기에는 목이 보이지 않게 되었고, 목척추뼈가 짧아져 종에 따라 부분적으로 또는 전체가 서로 붙어 버렸다. 그 결과 고래류의 목 움직임은 제한적이다. 다만 흰돌고래(벨루가)나 향고래처럼 목척추뼈가 붙지 않은 경우에는 좀 더 자유롭게 목을 움직일 수 있다.

정면 / **옆면**

들쇠고래의 목척추뼈

포유류 / 네발·헤엄치기

코안(비강)
입 끝에 해당하는 뼈가 길게 늘어나면서 비강은 뒤쪽으로 밀려 들어간 형태가 되었다. 또한 콧구멍은 몸 위쪽으로 열려 있다.

들쇠고래 머리뼈
고래의 머리뼈는 우제류의 머리뼈와 모습이 크게 다르다.

위턱

목뿔뼈(설골)
혀의 움직임이나 먹이를 삼키는 것을 돕는 뼈. 상괭이 같은 이빨고래 무리는 물속에서 먹이를 빨아들이므로 목뿔뼈가 발달해 있다.

이빨고래 각 부위 뼈

V자 뼈
꼬리척추뼈의 배쪽에 있으며, 꼬리를 내리치는 움직임과 관련된 뼈다. 고래뿐 아니라 듀공 같은 바다소목[▶P.134]에서도 볼 수 있다.

혀뼈의 모양은 고래의 종류에 따라 달라요.

퇴화한 골반의 흔적
고래에게는 뒷다리나 골반이 없다. 대신, 퇴화한 엉덩뼈로 여겨지는 한 쌍의 막대 모양 뼈가 남아 있다.

과학실의 표본

발견 노트 - 뼈를 알다

나는 보소반도 남쪽 끝, 다테야마에서 태어나고 자랐다. 고등학교는 1948년에 설립되어 옛 중학교 학제가 이어져온 현지의 아와 고등학교에 진학했다. 내가 입학했을 때는 아직 목조 건물인 옛 교사가 남아 있었다. 중학교 시절에는 생물을 좋아하는 마음을 숨기고 운동부에 들어갔지만, 고등학교 때는 그 마음을 솔직히 드러내기로 하고 생물부의 문을 두드렸다.

내가 입학하고 1년쯤 지났을 무렵, 새 건물이 완공되어 생물 준비실의 정리와 이사를 생물부원이 도맡게 되었다. 역사가 깊은 학교답게 오래 전에 구입한 교재나 쌓아둔 표본들이 산더미처럼 많았다.

그 가운데는 오리너구리 박제도 있었다. 오리너구리는 국제적으로 보호받는 동물이지만, 전쟁 이전에는 교구로 판매되곤 했다. 내가 갖고 있는 1936년 야마코시 제작소 발간 《박물학 표본 목록》에 따르면 오리너구리 박제 가격은 1400원 정도였다. 참고로 너구리 박제는 280원 정도였으니 꽤 비싼 편이었고, 표범 박제 역시 1400원 정도로 같은 가격이었다.

아무튼 고등학교 과학실에 오리너구리 박제가 있다는 사실은 꽤 인상적이었다. 졸업 후 교육 실습으로 모교를 찾았을 때 그 박제를 실제 수업에서 곧바로 사용하게 되었다.

살아 있는 오리너구리를 실제로 본 것은 교사가 되고 나서였다. 호주 케언즈 여행 중에 '오리너구리 워칭'이라는 가이드 투어가 있어 신청해 보았는데, 강가에 지어진 작은 오두막에서 차를 마시며 기다리다 마침내 강에서 헤엄치는 오리너구리를 보고 크게 감동했다.

잘 알려져 있듯이, 오리너구리는 포유류이면서도 알을 낳고 젖을 먹여 새끼를 기르는 특이한 동물이다. 오리너구리는 짧은코가시두더지와 함께 단공류라는 독특한 무리에 속한다.

'단공류'라는 이름은 배설과 생식이 모두 몸 밖으로 하나의 총배설강을 통해 이뤄진다는 데서 유래했다. 또 수컷 오리너구리의 뒷다리에는 독을 분비하는 날카로운 발톱이 있는데, 이는 포유류 가운데 드문 특징이다. 이 독은 개 정도 크기의 동물을 죽일 수 있을 만큼 강하다.

또한 골격에서도 일반 포유류에서는 보기 힘든 특징이 있다. 어깨 부위의 골격이 사람처럼 어깨뼈와 빗장뼈(쇄골)만으로 이루어진 것이 아니라, 오구골(부리모양돌기)과 간쇄골(좌우 두 쇄골 사이의 뼈) 등 여러 뼈로 구성되어 있어 파충류와 비슷한 면을 보인다. 게다가 오리너구리의 네 다리는 일반적인 포유류처럼 몸의 아래쪽으로 곧게 뻗은 것이 아니라, 몸 옆으로 뻗어 있는 점에서도 파충류와 닮았다.

고등학교 과학실의 박제품에서는 이런 골격 특징까지 확인할 수는 없었지만, 오래된 학교의 과학실에는 이처럼 귀중한 표본이 종종 잠들어 있기도 했다.

오리너구리

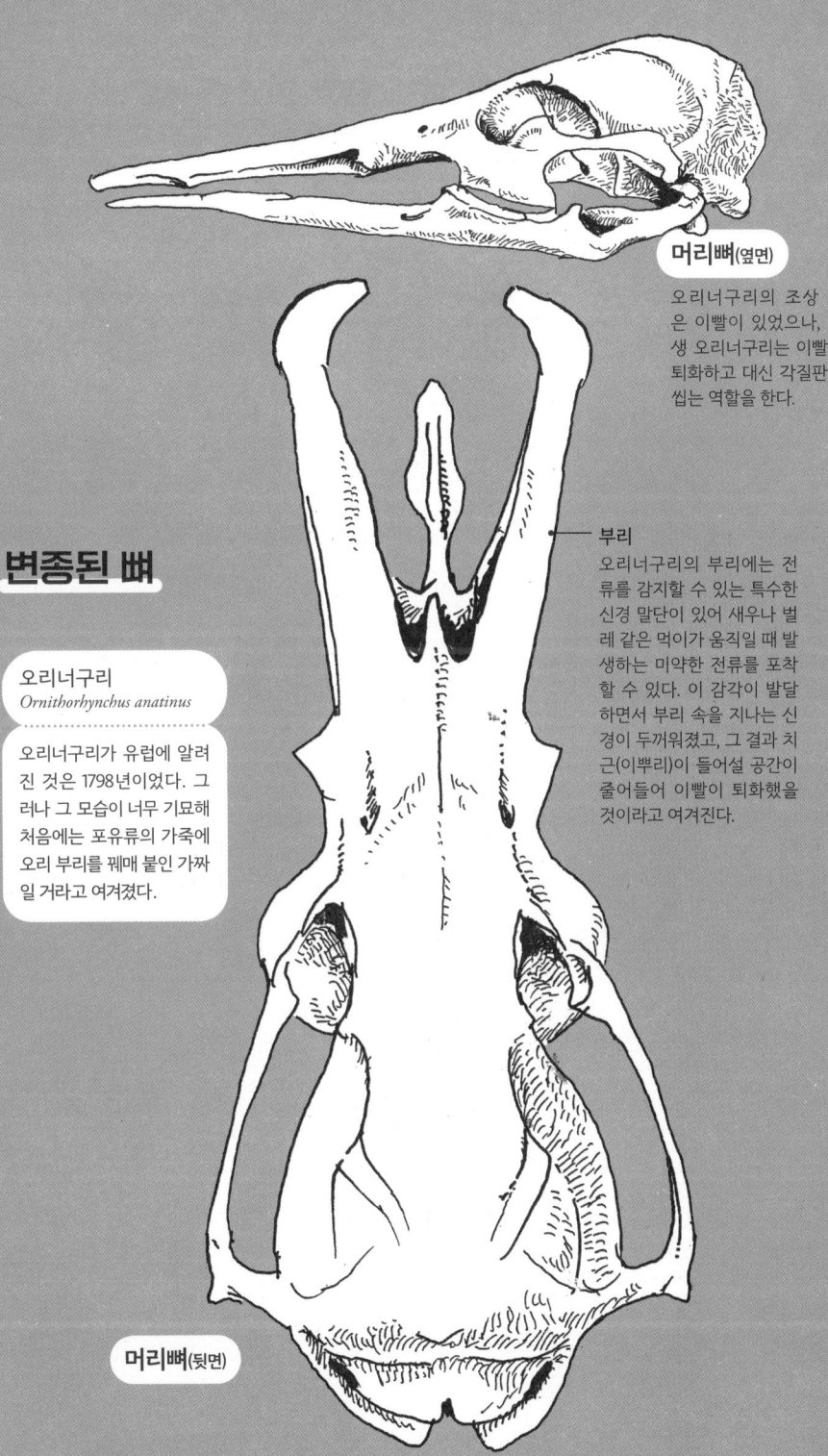

머리뼈(옆면)

오리너구리의 조상 종은 이빨이 있었으나, 현생 오리너구리는 이빨이 퇴화하고 대신 각질판이 씹는 역할을 한다.

변종된 뼈

오리너구리
Ornithorhynchus anatinus

오리너구리가 유럽에 알려진 것은 1798년이었다. 그러나 그 모습이 너무 기묘해 처음에는 포유류의 가죽에 오리 부리를 꿰매 붙인 가짜일 거라고 여겨졌다.

부리

오리너구리의 부리에는 전류를 감지할 수 있는 특수한 신경 말단이 있어 새우나 벌레 같은 먹이가 움직일 때 발생하는 미약한 전류를 포착할 수 있다. 이 감각이 발달하면서 부리 속을 지나는 신경이 두꺼워졌고, 그 결과 치근(이뿌리)이 들어설 공간이 줄어들어 이빨이 퇴화했을 것이라고 여겨진다.

머리뼈(뒷면)

표본 작업의 동반자

발견 노트 · 뼈에 빠지다

골격 표본을 만드는 일은 매우 심오하다. 사용하는 도구나 기술을 깊이 파고들자면 끝이 없다. 다만 내 경우에는 골격 표본을 자율적인 교구 제작의 일환으로 시작했기 때문에 지나치게 전문적이고 희귀한 뼈까지 다루지는 않았다. 여기서 소개하는 내용은 어디까지나 기초적인 골격 표본 제작에 관한 기록임을 미리 밝혀 둔다.

골격 표본 제작에 필요한 도구라고 해도 초보 수준이라면 많은 것이 필요하지 않다. 우선 입수한 표본을 해부하고 분해해야 한다. 메스가 있으면 좋고, 없다면 커터 칼을 써도 된다. 작은 해부용 가위도 편리한데, 이는 생물 교재를 취급하는 업자에게서 구입하거나 요리용 가위를 대신 사용해도 된다. 핀셋 역시 꼭 필요한 도구다.

이것 외에 중형 이상의 동물을 다룰 때 필요한 것은 살을 발라낸 샘플을 끓일 전용 냄비다. 내가 주로 쓰는 것은 부엌에서 사용하던 낡은 법랑 냄비로, 원래는 생선이나 일부 뼈를 삶는 데 쓰던 것이다. 뼈를 삶아낼 때 생선은 금세 익지만, 포유류는 상당히 오랜 시간 끓여야 할 때가 있다. 그래서 나는 전기로 가열할 수 있는 휴대용 인덕션과 전용 스테인리스 냄비도 함께 사용한다. 게다가 거의 쓸 일은 없지만 지름 45cm의 대형 냄비도 마련해 두었는데, 타조 다리를 삶을 때처럼 아무리 큰 뼈라도 넣을 수 있도록 하기 위해서다.

작은 동물의 경우, 가죽을 벗기고 대략적으로 살을 제거한 뒤에는 틀니 세정제를 사용해 남은 살점을 녹여 없앤다. 이때는 시중에서 판매되는 틀니 세정제를 구입해 사용한다(조금 부끄럽긴 하다). 작은 새나 쥐, 도마뱀 등은 샘플이 들어갈 만한 플라스틱 용기에 샘플과 물, 틀니 세정제를 넣고 매일 핀셋으로 섬세하게 살점을 제거한다. 뼈를 각각 분리해 골격 표본을 만들 때는 잘라낸 페트병에 샘플과 세정제를 넣어 살을 발라내기도 한다. 틀니 세정제에는 단백질 분해 효소가 들어 있어 살점 제거에 효과적이다. 다만, 효소는 일정한 고온에서 잘 작용하기 때문에 여름철에는 살이 쉽게 녹아내리지만 겨울철에는 잘 녹지 않는 문제가 생긴다. 또 여름철에는 액체가 쉽게 썩어 버리는 것도 문제다. 뼈를 분리해 골격 표본을 만들 때는 부패를 이용해 살을 제거하는 방법도 있지만, 뼈가 연결된 상태의 표본을 만들고 싶다면 샘플을 담은 플라스틱 용기를 냉장고에 보관해야 한다. 즉, 냉장고도 필수 도구 중 하나다.

나는 대학의 과학 실험실을 사용할 수 있어서, 그곳에 있는 가정용 냉장고(골격 표본 전용은 아니지만)를 박제 표본을 건조시킬 때 활용하고 있다. 또한 샘플 보존 전용의 냉동고도 따로 갖추고 있는데, 태풍이 올 때마다 정전이 걱정되기는 한다.

이 밖에도 살점을 제거한 골격을 표백하거나 지방을 없애기 위해 약품을 쓰는 경우가 있지만, 가능하면 약품을 쓰지 않으려고 여러 번 삶아 지방기를 빼거나 알코올을 이용해 탈지 처리를 하고 있다(물론 잘 안 될 때도 있지만). 덧붙여 골격 표본 제작에 관해서는 삽화가가 쓴 《뼈 학교(骨の学校)》(고다마샤)나 《표본 만들기》(오사카시립자연사박물관 간행, 도카이대학출판회) 같은 책도 참고하면 좋을 것이다.

골격 표본 만들기 도구

전용 냄비와 인덕션

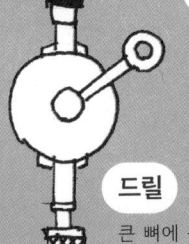
드릴
큰 뼈에 구멍을 내어 골수에서 피와 지방을 제거.

틀니 세정제
작은 동물의 뼈에서 살점을 제거하는 마무리 단계에 필수.

파이프 세정제
물고기와 파충류처럼 피부가 잘 벗겨지지 않거나 잔뼈가 많은 생물에 사용.

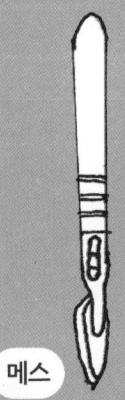
메스
커터 칼로도 대체 가능.

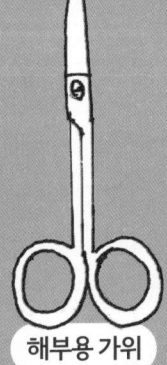
해부용 가위
섬세한 작업에 필요.

핀셋
살점 제거에 필수.

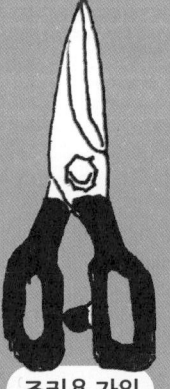
조리용 가위
단단한 피부를 자를 때 의외로 편리.

알코올이 든 작은 병
위 내용물 등을 보관하는 데 사용.

냉동고
없으면 곤란하지만, 있어도 금세 가득 차 버린다.

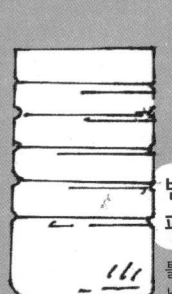
반으로 자른 페트병
틀니 세정제를 넣어 살점을 녹이는 용기로 사용.

철사
뼈를 조립할 때 척추에 꿰어 중심을 잡는 데 사용.

나의 작업장 **뼈 방**

마지막으로 나의 작업장인 과학 실험실 한구석, 이른바 '뼈 방'을 소개하고자 한다. 대형 동물의 머리뼈 같은 것은 그대로 선반에 보관하지만, 작은 뼈나 일부는 플라스틱 용기에 담아 정리해 두고 있다. 또 수업에서 자주 쓰이는 뼈는 세트로 묶어 담아 둔 용기도 있다. 어릴 적 나는 '썬더버드'(1960년대 영국 TV 공상 과학물 시리즈)를 무척 좋아했는데, 특히 임무에 맞춰 각종 장비가 들어 있는 유용한 컨테이너를 싣고 출동하는 썬더버드 2호를 좋아했다. 그래서 뼈가 들어 있는 용기를 볼 때면, 마치 수업(임무)마다 선택되는 컨테이너 같다고 생각하곤 했다.

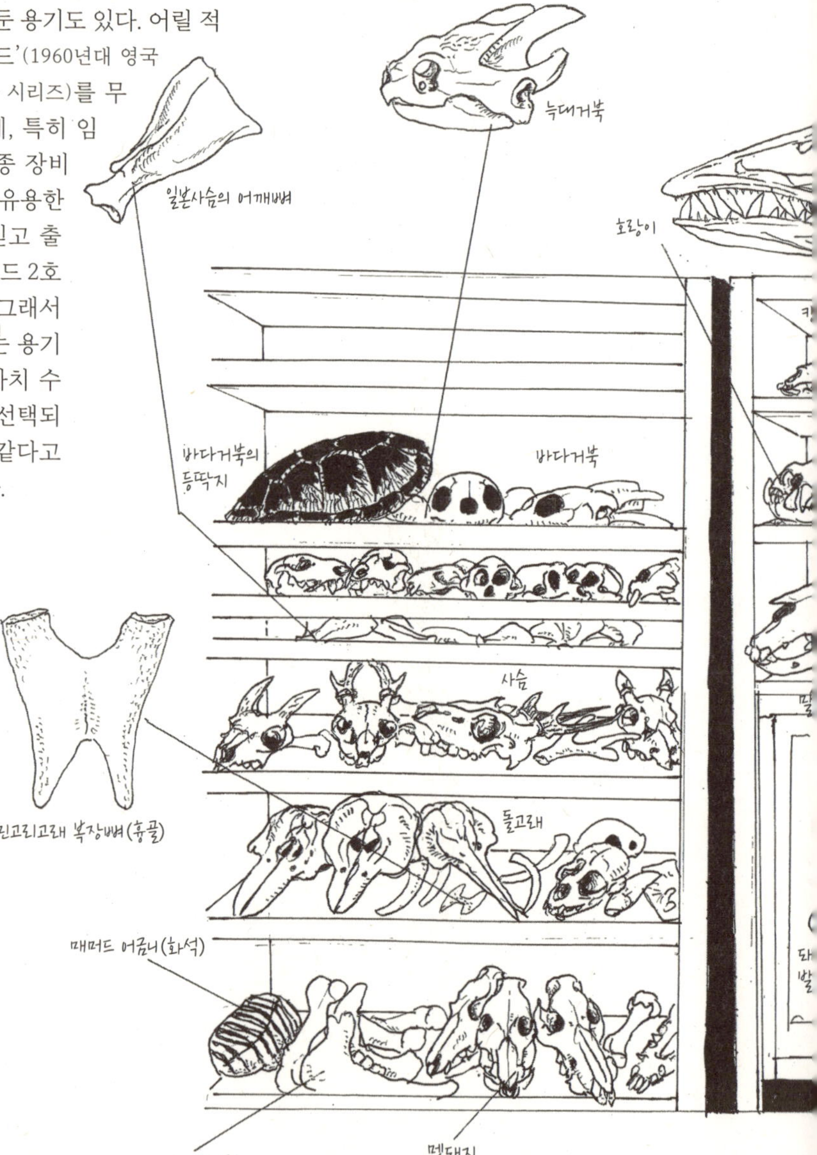

일본사슴의 어깨뼈

늑대거북

호랑이

바다거북의 등딱지

바다거북

사슴

돌고래

민고리고래 복장뼈(흉골)

매머드 어금니(화석)

소 아래턱

멧돼지

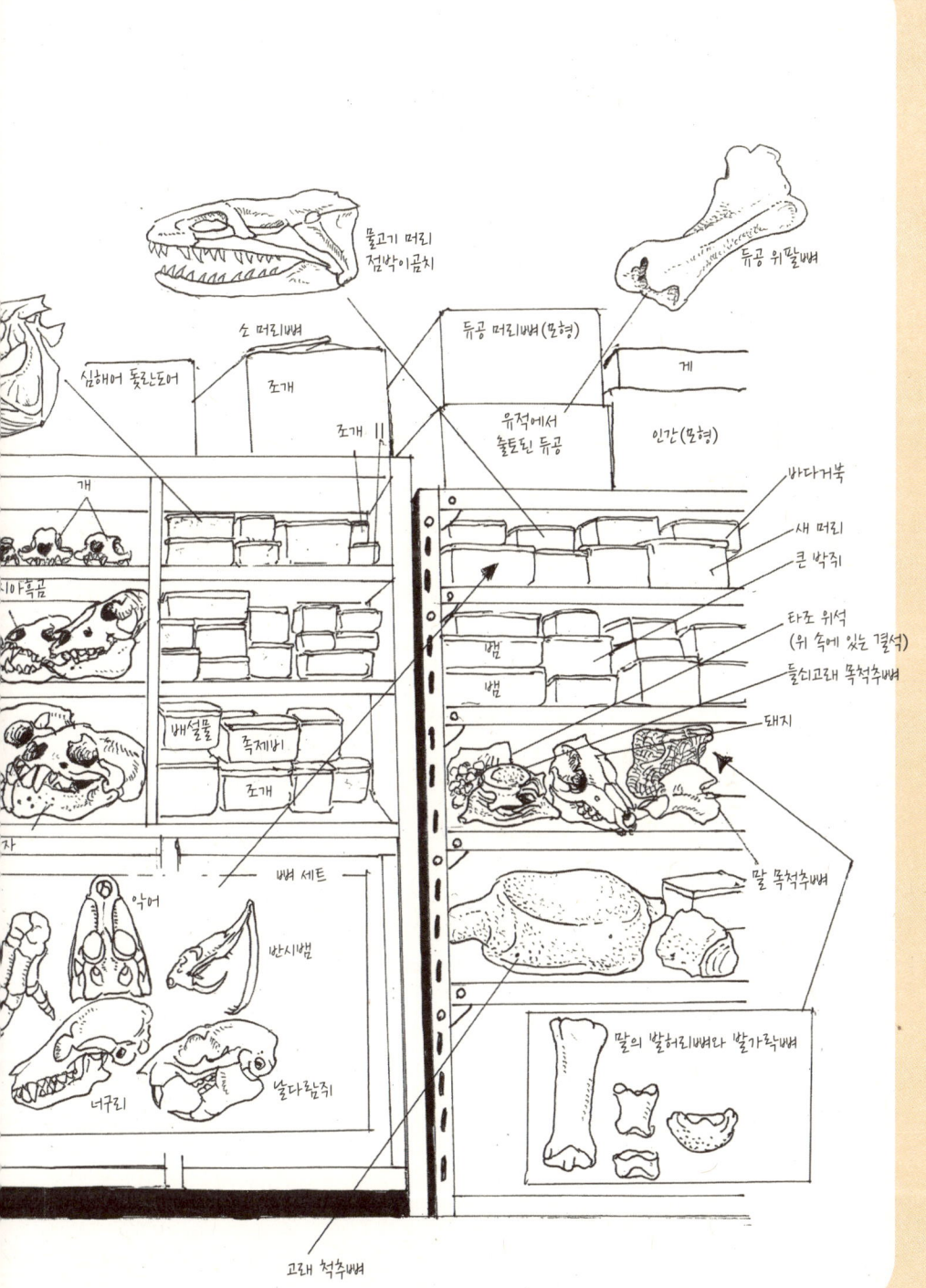

종 이름 찾아보기

가다랑어 37
갈색목세발가락나무늘보 161
강치 167
개 155
개구리 59
검은가슴물떼새 97
검은비둘기 85
검은왜가리 87, 97
검은점도미 39
검은지빠귀 99
검정눈다랑어 37
고래 110, 138, 139, 153, 167-169
고양이 111, 116, 117
공비단뱀 66
공작 87
괭이갈매기 87
괭이상어 26, 27
군함조 85, 96, 97
귀상어 24, 25
귀상엇과 24, 25, 27
기름갈치꼬치 37
꺅도요 96, 97
꽁치 23, 40, 44, 45
꿩 99

나일악어 77
너구리 56, 78, 110, 112, 113, 149, 175
노랑무늬놀래기 39
녹색이구아나 59
누치 43
눈볼도미 39

닭 85, 87-89, 107, 111
대구 39
대만 녹색비둘기 89
대백로 89
도도 108, 109
도루묵 39
돌고래 78, 111, 138, 139, 168, 169
동박새 97
돼지 78, 111, 141, 152, 154
둥근등상자거북 70, 71
듀공 134-137, 139, 167, 169, 175
들쇠고래 139, 169
딱새 99
때까치 99
띠자리돔 39

류큐과일박쥐 164, 165
류큐능구렁이 66
류큐멧돼지 154
류큐붉은물총새 96, 97
류큐뾰족코개구리 58

말똥가리 87, 89
말린 전갱이 41
멧도요 87, 98, 99
멧돼지 111, 140, 141, 154, 174
멧비둘기 109, 110
모래뱀상어 27
모잠비크틸라피아 37
목도리페커리 141
무늬바리 39
물개 27, 78, 155, 167
물범 154, 166
물범 154, 166, 167
물수리 85, 97
물왕도마뱀 66
물총고기 39
물총새 96, 97
뭉툭코여섯줄아가미상어

26, 27
미꾸리 43
밍크고래 139

ㅂ

바다거북 74, 111, 174, 175
바다사자 167
바다쇠오리 89, 103
바다오리 89
박새 39
반시뱀(하브) 64, 65, 175
백상아리 27
뱀상어 27
범고래 139
범프헤드비늘돔 37, 46, 47
별쥐치 37, 39
병치돔 37
보구치(백조기) 39
북방가넷 92, 93
붉은바다거북 75
브라미니장님뱀 67
블랙핀 호그피시 37, 39
비늘돔 39, 46, 47
비오리류 92
빛금눈돔 39

ㅅ

사슴 140, 144, 153, 154, 174
상괭이 168, 169
상어 22, 24-34, 42, 49, 50
샛줄멸 39
세발가락나무늘보 160, 161
소 153, 174
솔부엉이 84, 99
송사리 45
쇠가마우지 90
쇠돌고래 78, 79, 139
쇠부리슴새 89
쇠푸른펭귄 85
쇠향고래 139

ㅇ

순록 143-145
슴새 87, 101, 104
쏙독새 87

아기사슴 154
아홉띠아르마딜로 125
알바트로스 81, 89, 100, 101
야쿠사슴 145
양 146, 147
에뮤 89
에조사슴 145, 154
염소 146, 147, 155, 157
오리 89, 111
오리너구리 17, 170, 171
오스턴박새 96, 97
일본사슴 145, 174
일본살무사 64, 66
일본원숭이 123, 155
잉어 42, 43, 111

ㅈ

작은일본두더지 159
장수거북 74, 75
재갈매기 81, 97
점줄놀래기 39
점청어 39
주황점송놀래기 39
중국대나무자고새 99
중국자라 72
직박구리 99
집비둘기 99

ㅊ

참돔 36, 37
참새 80-82, 99
청도미 57
청둥오리 111
청상아리 27

청자갈치 39
청줄돔 37
침팬지 122, 123

ㅋ

코요테 115
크로커다일과 77
큰개미핥기 126, 127, 155
큰돌고래 138
큰바다사자 155, 174
큰부리까마귀 85
큰캥거루 157

ㅍ

팔마왈라비 156, 157
푸른바다거북 75
푸른바다뱀 69
풀잉어 22, 23

ㅎ

하스 42
향고래 139, 169
호그피시(놀래깃과) 39
호랑지빠귀 99
호로새 85, 96, 97
호박돔 37
홈볼트펭귄 105
홍살귀상어 25
황어 43
회색머리아비 89, 102, 103
흉상어 27
흰꼬리수리 87
흰날치 45
흰배지빠귀 99
흰뺨검둥오리 97

참고 문헌

가메자키 나오키 편, 《바다거북의 자연지(ウミガメの自然誌)》(도쿄대학출판회, 2012)
가미야 도시로, 《뼈의 동물지(骨の動物誌)》(도쿄대학출판회, 1995)
가미야 도시로, 《인어 박물지(人魚の博物誌)》(시소샤, 1989)
가와바타 히로토, 《도도의 주위를 도는 끝없는 순환(ドードーをめぐる堂々めぐり)》(이와나미 서점, 2021)
가와카미 가즈토, 《새 골격 표본 도감(鳥の骨格標本図鑑)》(분이치종합출판, 2019)
가와카미 가즈토, 《새 골격 표본 카탈로그(鳥の骨格標本カタログ)》<버드> (분이치 종합출판, 2011;25(2):24–34)
고이케 신스케 외, 《포유류학(哺乳類学)》(도쿄대학출판회, 2022)
곤도 세이지, 《말의 동물학 제2판(ウマの動物学 第2版)》(도쿄대학출판회, 2019)
나카보 데쓰지, 《일본산 어류 검색 전 종의 동정 제3판(日本産 魚類検索 全種の同定 第三版)》(도카이대학교출판회, 2013)
나카이 호즈레, 《독사 바이블(毒蛇バイブル)》(난포신샤, 2020)
나카이 호즈레, 《디스커버리 생물·재발견 거북 대도감: ― 잠경아목·곡경아목(ディスカバリー生き物·再発見 カメ大図鑑 潜頸亜目·曲頸亜目)》(세이분도신코샤, 2021)
나카이 호즈레, 《디스커버리 생물·재발견 도마뱀 대도감:이구아나하목 편(ディスカバリー生き物·再発見 トカゲ大図鑑 イグアナ下目編)》(세이분도신코샤, 2024)
나카이 호즈레, 《디스커버리 생물·재발견 뱀 대도감:뱀과 외편(ディスカバリー生き物·再発見 ヘビ大図鑑 ナミヘビ上科、他編)》(세이분도신코샤, 2021)
나카이 호즈레, 《디스커버리 생물·재발견 악어 대도감(ディスカバリー生き物·再発見 ワニ大図鑑)》(세이분도신코샤, 2023)
다나카 도시오, 《돼지의 동물학 제2판(ブタの動物学 第2版)》(도쿄대학출판회, 2019)
다바타 마코토, 〈신십이치고(1) 자: 열매를 갉다(新十二歯考① 子：木の実を噛る)〉, 《치계 전망(歯界展望)》(2017;130(4):773-779)
다바타 마코토, 〈신십이치고(2) 현: 마치 만능칼처럼(新十二歯考② 玄：まるで十徳ナイフ)〉, 《치계 전망(歯界展望)》(2018;132(3):647-653)
대영자연사박물관 감수, 《비주얼 박물관 제3권 골격(ビジュアル博物館 第3巻 骨格)》(도호샤 출판, 1990)
도이 데루오 외, 《포유류의 생태학(哺乳類の生態学)》(도쿄대학교출판회, 1997)
도이 데루오·이자와 마사코 편, 《이리오모테삵(イリオモテヤマネコ)》(도쿄대학교출판회, 2023)
마스다 류이치 편, 《일본의 육식류(日本の食肉類)》(도쿄대학출판회, 2018)
마쓰바라 기요마쓰 외, 《신판 어류학, 상(新版 魚類学、上)》(고세이샤 고세이카쿠, 1979)
마쓰우라 게이이치 편, 《물고기의 형태를 생각하는(魚の形を考える)》(도카이대학출판회, 2005)
마쓰이 마사후미, 《양서류의 진화(両生類の進化)》(도쿄대학출판회, 1996)
모리구치 미쓰루, 《뼈 학교3 콘티키호의 물고기들(骨の学校3 コン·ティキ号の魚たち)》(고콘샤, 2005)
모리구치 미쓰루, 《오키나와의 생물들(沖縄のいきもの)》(주코 신서, 2023)
모리구치 미쓰루, 《프라이드치킨의 공룡학(フライドチキンの恐竜学)》(사이언스·아이 신서, 2008)
모리구치 미쓰루·야스다 마모루, 《뼈 학교(骨の学校)》(고콘샤, 2001)
모토카와 마사하루 편, 《일본의 쥐(日本のネズミ)》(도쿄대학출판회, 2016)
무라야마 쓰카사 편, 《고래류학(鯨類学)》(도쿄대학출판회, 2008)
미야 마사키, 《새로운 어류 대계통(新たな魚類大系統)》(게이오기주쿠대학출판회, 2016)
미카미 오사무, 《친숙한 새 생활 도감(身近な鳥の生活図鑑)》(치쿠마신서, 2015)
쇼다 요이치 편, 《인간이 만들어낸 동물들(人間がつくった動物たち)》(도쇼센쇼, 1987)
시가 겐지, 《만들어 보자! 프라이드치킨 골격 표본(作ろう！フライドチキンの骨格標本)》(미도리쇼보, 2022)
시라이 시게루, 〈달마상어의 섭식 기능과 관련된 특이 형태에 대하여(ダルマザメの摂餌機能に関わる特異形態について)〉, 《판새류연구연락회보(板鰓類研究連絡会報)》(1985;(20):1-6)
시모세 다마키, 《오키나와 물고기 도감(沖縄さかな図鑑)》(오키나와 타임스사, 2021)
시바타니 아쓰히로 외 편, 《강좌 진화④ 형태학에서 본 진화(講座 進化④ 形態学からみた進化)》(도쿄대학출판회, 1991)
아사하라 마사카즈, 《오리너구리의 박물지(カモノハシの博物誌)》(기술평론사, 2020)
야노 가즈나리, 《상어 연골어류의 신비한 생태(サメ 軟骨魚類の不思議な生態)》(도카이대학출판회, 1998)
엔도 히데키, 《ウシの動物学 第2版》(도쿄대학출판회, 2019)
엔도 히데키, 《포유류의 진화(哺乳類の進化)》(도쿄대학출판회, 2002)
오기하라 고타 외, 〈가고시마현 가사사 앞바다에서 얻은 범프헤드비늘돔(놀래기류:비늘돔목)의 기록(鹿児島県奄美大島沖から得られたカンムリブダイ（ベラ科·ブダイ目）の記録)〉Nature of Kagoshima, 2010;36:43–37)
오사카시립자연사박물관 편, 《표본 만들기(標本の作り方)》(도카이대학출판회, 2007)
오치아이 케이지, 《일본사슴(ニホンカモシカ)》(도쿄대학출판회, 2016)
오카모토 토노, 《닭의 동물학(ニワトリの動物学)》(도쿄대학출판회, 2001)
오타니시 노리야키, 《포유류의 생물학② 형태(哺乳類の生物学② 形態)》(도쿄대학출판회, 1998)
요시이 다다시 감수, 《산세이도 세계 새 이름 사전(三省堂 世界鳥名事典)》(산세이도, 2005)
우에노 슌이치(감수), 《주간 아사히 동물들의 지구(週刊朝日 動物たちの地球)》14, 39, 51, 52, 54, 55, 57, 58, 93(아사히신문사,

1991~1993)
우에노 테루야·사카모토 가즈오,《일본의 물고기(日本の魚)》(주오코론신샤, 2004)
우에쿠사 야스히로 외,《고래류의 골학(鯨類の骨學)》(미도리쇼보, 2019)
우치다 도오루(감수)《동물분자학 제10권(상) 척추동물Ⅲ(動物分子學 第10巻(上) 脊椎動物Ⅲ)》(나카야마 서점, 2000)
이누즈카 노리히사, <포유류의 견갑골(哺乳類の肩甲骨)>《THE BONE》| 1991;12(5):125-132(1991)
이누즈카 노리히사,《공룡 골학(恐竜ホネホネ学)》(일본방송출판협회, 2006)
이마이즈미 요시하루,《하늘에 두더지가 나타났다(空中モグラあらわる)》(이와나미 주니어신서, 1987)
일본동물학회 편,《동물해부도(動物解剖図)》(마루젠주식회사, 1990)
하세가와 마사미,《계통수를 거슬러 올라가며 드러나는 진화의 역사(系統樹をさかのぼって見えてくる進化の歴史)》(베레출판, 2014)
하세가와 마사미,《진화생물학자, 친숙한 생물의 기원을 더듬다(進化生物学者、身近な生きものの起源をたどる)》(베레출판, 2023)
핫토리 가오루 편,《일본의 기각류(日本の鰭脚類)》(도쿄대학출판회, 2020)
후나코시 기미타케,《박쥐학(コウモリ学)》(도쿄대학출판회, 2020)
후쿠이 아쓰시 감수,《고단샤 동영상 도감 MOVE 물고기(講談社の動く図鑑MOVE 魚)》(고단샤, 2012)
히다카 도시타카 감수,《일본 동물 대백과 5 양서류·파충류·연골어류(日本動物大百科 5 両生類·爬虫類·軟骨魚類)》(헤이본샤, 1996)
히다카 도시타카 감수,《일본 동물 대백과1 포유류Ⅰ(日本動物大百科1 哺乳類Ⅰ)》(헤이본샤, 1996)
히다카 도시타카 감수,《일본 동물 대백과2 포유류Ⅱ(日本動物大百科2 哺乳類Ⅱ)》(헤이본샤, 1996)
히다카 도시타카 감수,《일본 동물 대백과3 조류Ⅰ(日本動物大百科3 鳥類Ⅰ)》(헤이본샤, 1996)
히라야마 렌,《거북이 걸어온 길(カメのきた道)》(일본방송출판협회, 2007)
히키다 쓰토무,《파충류의 진화(爬虫類の進化)》(도쿄대학출판회, 2002)

영미권 도서
Katrina van Grouw,《The Unfeathered Bird》(Princeton University Press, 2012)
John Sparks, Tony Soper,《Penguins》(David & Charles, 1987)
Stephen Jay Gould,《The Flamingo's Smile》(W. W. Norton & Company, 1987)
David W. Macdonald,《The Encyclopedia of Mammals》(Checkmark Books, 1984)
Victor G. Springer, Joy P. Gold,《SHARKS IN QUESTION》(Smithsonian Books, 1989)
Pauline Reilly,《Penguins of the World》(Oxford University Press, 1994)
Michael Bright,《The Private Life of Birds》(Transworld Publishers Ltd, 1993)
Compagno, L. et al.,《Sharks of the world》(Princeton University Press, 2005)

<마다가스카르에서 멸종한 거대한 새, 코끼리새의 고대 DNA 해석을 통한 주조류(走鳥類) 진화의 해명(マダガスカルの絶滅した巨大な鳥·象鳥の古代DNA解析による走鳥類進化の解明)》(2016년 12월 15일, 국립과학박물관 보도자료)
https://www.kahaku.go.jp/procedure/press/pdf/178100.pdf

영미권 논문
Dehling, J.M., 〈How lizards fly: A novel type of wing in animals〉(PLOS ONE 12(12):e0189573, 2017)
Delsuc, F. et al., 〈Ancient mitogenomes reveal the evolutionary history and biogeography of sloths〉(Current Biology 29(12):2031–2042.e6, 2019)
Hume, J.P., 〈The history of the Dodo Raphus cucullatus and the penguin of Mauritius〉(Historical Biology18(2):65–89, 2006)
Kobayashi, D. et al. 〈Bumphead Parrotfish (Bolbometopon muricatum) Status Reviw〉(NOAA Technical Memorandum. NMFS-PIFSL-26. 113pp, 2011)
Shapio, B. et al., 〈Flight of the Dodo〉(Science 295:1683, 2002)

취재 협력
아이카와 미노루
고데라 료
사토 히로유키
나카쓰카 미쓰코
나카이 호즈레
뮤지엄파크 이바라키현 자연박물관
지바시 동물공원
오키나와 어린이 왕국

동물 뼈 해부도감

초판 1쇄 인쇄 | 2025년 12월 26일
초판 1쇄 발행 | 2026년 1월 2일

저자 | 모리구치 미쓰루
옮긴이 | 장하나
감수자 | 박경한

발행인 | 김기중
주간 | 신선영
편집 | 백수연, 정진숙
경영지원 | 홍운선
펴낸곳 | 도서출판 더숲
주소 | 서울특별시 영등포구 당산로41길 11, E동 1410호 (07217)
전화 | 02-3141-8301
팩스 | 02-3141-8303
이메일 | info@theforestbook.co.kr
페이스북 | @forestbookwithu
인스타그램 | @theforest_book
출판등록 | 2009년 3월 30일 제2025-000114호

ISBN 979-11-94273-31-8 (03490)

* 이 책은 본사의 서면 허락 없이는 글, 사진, 디자인, 도표 등 이 책의 내용을 어떠한 형태나 수단으로도 이용하지 못합니다.
* 잘못된 책은 구입하신 곳에서 바꾸어 드립니다.
* 책값은 뒤표지에 있습니다.
* 원고를 기다리고 있습니다. 출판하고 싶은 원고가 있는 분은 info@theforestbook.co.kr로 기획 의도와 간단한 개요를 적어 연락처와 함께 보내주시기 바랍니다.